应用型高等院校教学改革创新教材

高等数学

（下册）

主　编　秦红兵

副主编　白　莉　王炳涛　赵吉东

中国水利水电出版社
www.waterpub.com.cn
·北京·

内 容 提 要

本书参照教育部非数学类专业数学基础课程教学指导分委员会最新的《工科类本科数学基础课程教学基本要求》（2004，修订稿），按照新形势下教材改革的精神，由多位教师结合多年教学中积累的丰富经验共同编写而成。

《高等数学》分为上、下两册，本书为下册，包括空间解析几何与向量代数、多元函数微分法及其应用、重积分、曲线积分与曲面积分、无穷级数。本书注重挖掘和凸显思政元素，以此提升学生的个人素养和职业道德；每节配有足量例题与习题，每章配有总测试题（在线测试）；部分章节插有二维码，对知识点进行拓展，更好地满足学习需要；为了更好地适应应用型高等院校理工类高等数学的教学，本书侧重数学理论在实际中的应用，极大地提高了学生的学习兴趣。

本书可作为工科院校本科非数学类各专业的教材或教学参考书。

图书在版编目（CIP）数据

高等数学. 下册 / 秦红兵主编. -- 北京 : 中国水利水电出版社，2022.2
应用型高等院校教学改革创新教材
ISBN 978-7-5226-0457-2

Ⅰ. ①高… Ⅱ. ①秦… Ⅲ. ①高等数学－高等学校－教材 Ⅳ. ①O13

中国版本图书馆CIP数据核字(2022)第017497号

策划编辑：杜 威　责任编辑：张玉玲　加工编辑：刘 瑜　封面设计：梁 燕

书　名	应用型高等院校教学改革创新教材 高等数学（下册）　GAODENG SHUXUE
作　者	主　编　秦红兵 副主编　白　莉　王炳涛　赵吉东
出版发行	中国水利水电出版社 （北京市海淀区玉渊潭南路 1 号 D 座　100038） 网址：www.waterpub.com.cn E-mail: mchannel@263.net（万水） 　　　　sales@waterpub.com.cn 电话：(010) 68367658（营销中心）、82562819（万水）
经　售	全国各地新华书店和相关出版物销售网点
排　版	北京万水电子信息有限公司
印　刷	三河市航远印刷有限公司
规　格	170mm×227mm　16 开本　14 印张　243 千字
版　次	2022 年 2 月第 1 版　2022 年 2 月第 1 次印刷
印　数	0001—3000 册
定　价	39.00 元

前　　言

高等数学是近代数学的基础，是工科各专业的必修课，也是当代科学技术、经济管理、人文科学中应用最广泛的一门课程。

本书参照教育部非数学类专业数学基础课程教学指导分委员会最新的《工科类本科数学基础课程教学基本要求》（2004，修订稿），根据新形势下教材改革的精神，由多位教师结合多年教学中积累的丰富经验共同编写而成。

为了便于学生自学，培养自主学习能力，以及运用数学知识解决实际问题的能力和思维方式；调动创新意识，提高创造力，我们经过两年的反复研讨和修订，精心编写了本教材。本教材具有以下特点：

（1）便于自学。本书除了必不可少的理论证明，还运用大量的图形和实例进行说明，并利用二维码对部分知识进行拓展，加深学生对理论知识和概念的理解。

（2）符合学习规律。本书课后习题的设计由易到难，每道大题下有两道相近题目，旨在巩固每个知识点；课后习题配有二维码，学生可直接查看答案；每章配有在线测试模式的总测试题，可提高学生做题的效率。

（3）适用范围广。本书中带星号的部分为可选章节，能够满足不同专业学生的需要。

（4）思政元素充足。本书注重挖掘和凸显思政元素，以此提升学生的个人素养和职业道德规范。

（5）应用性强。本书注重数学理论在实际中的应用，更适用于应用型高等院校理工类的高等数学教学，能有效地提高学生的学习兴趣。

本书由秦红兵任主编，白莉、王炳涛和赵吉东任副主编，秦红兵任主审。具体分工如下：第 8 章由秦红兵编写，第 9 章由白莉编写，第 10 章、第 11 章由王炳涛编写，第 12 章由赵吉东编写。其中微视频的制作：第 8 章、第 9 章由白莉录制；第 10 章、第 11 章由王炳涛录制；第 12 章由赵吉东录制。

本书理论体系完整，逻辑清晰，语言通俗易懂，精选了例题与习题，方便学生理解、学习，可作为高等学校工科类学生的教材，也可作为其他专业学生的参考资料。

我们在编写本书过程中，得到了山东交通学院基础教学部领导的关心和支持，还得到了中国水利水电出版社编辑的大力协助，在此致以诚挚的谢意！

由于编者水平有限，书中难免有不妥之处，恳请广大读者批评指正。

编者

2021 年 10 月

目　　录

第 8 章　空间解析几何与向量代数

8.1　空间直角坐标系

8.1.1　空间直角坐标系概念

在平面解析几何中，我们通过建立平面直角坐标系，把平面上的点与二元有序数组 (x,y) 一一对应起来. 同样，为了将空间中的任一点与三元有序数组 (x,y,z) 一一对应起来，我们建立空间直角坐标系.

在空间中取定一点 O，作三条互相垂直的数轴，它们都以 O 为原点. 这三条轴分别叫作 x 轴（**横轴**）、y 轴（**纵轴**）、z 轴（**竖轴**），统称为**坐标轴**. 点 O 称为**坐标原点**.

三条坐标轴的正方向符合**右手法则**. 即用右手握住 z 轴，当右手的四指从 x 轴正向以 $\pi/2$ 角度转向 y 轴正向时，大拇指的指向就是 z 轴的正向.

这样的三条坐标轴构成了一个**空间直角坐标系**，记为 $Oxyz$ （图 8-1）.

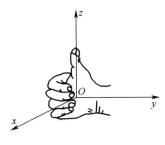

图 8-1

每两条坐标轴确定的一个平面称为**坐标面**. 由 x 轴和 y 轴确定的坐标面称为 xOy 面，由 x 轴和 z 轴确定的坐标面称为 xOz 面，由 y 轴和 z 轴确定的坐标面称为 yOz 面.

三个坐标面将空间分成八个部分，每个部分称为一个**卦限**，共八个卦限，分别记为Ⅰ、Ⅱ、Ⅲ、Ⅳ、Ⅴ、Ⅵ、Ⅶ、Ⅷ. 其中，$x>0$、$y>0$、$z>0$部分为第Ⅰ卦限，第Ⅱ、Ⅲ、Ⅳ卦限在xOy面的上方，按逆时针方向确定. 第Ⅴ、Ⅵ、Ⅶ、Ⅷ卦限在xOy面的下方，由第Ⅰ卦限正下方的第Ⅴ卦限按逆时针方向确定（图8-2）.

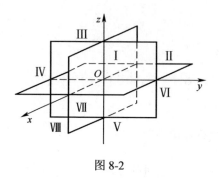

图 8-2

8.1.2　空间中点的表示

有了空间直角坐标系，就可以把空间中的点与三元有序数组(x,y,z)一一对应起来了.

设点M是空间中任意一点（图8-3），过点M分别作垂直于x轴、y轴、z轴的平面，它们与x轴、y轴、z轴分别交于P、Q、R三点. 设P、Q、R三点在三条坐标轴上的坐标分别为a、b、c，那么点M就唯一地确定了一个有序数组(a,b,c). 反过来，给定一个有序数组(a,b,c)，可依次在x轴、y轴、z轴上找到坐标分别为a、b、c的三点P、Q、R. 过这三点分别作垂直于x轴、y轴、z轴的平面，这三个平面的交点就是有序数组所确定的唯一的点M.

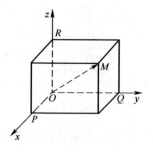

图 8-3

这样，通过建立空间直角坐标系，把空间中的点与三元有序数组(a,b,c)一一对应并通过其表示出来. 称该有序数组(a,b,c)为点M的**坐标**，记为$M(a,b,c)$，

称 a、b、c 分别为点 M 的**横坐标、纵坐标、竖坐标**.

各个卦限的点 $M(x,y,z)$ 的横坐标、纵坐标、竖坐标符号情况见表 8-1.

表 8-1

卦限	(x,y,z) 的符号	卦限	(x,y,z) 的符号
I	(+,+,+)	II	(−,+,+)
III	(−,−,+)	IV	(+,−,+)
V	(+,+,−)	VI	(−,+,−)
VII	(−,−,−)	VIII	(+,−,−)

除此之外，还有一些特殊点的表示，如坐标轴和坐标面上的点. 坐标原点 O 的坐标为 $(0,0,0)$；x 轴上的点的坐标为 $(a,0,0)$，y 轴上的点的坐标为 $(0,b,0)$，z 轴上的点的坐标为 $(0,0,c)$；xOy 面上的点的坐标为 $(a,b,0)$，yOz 面上的点的坐标为 $(0,b,c)$，xOz 面上的点的坐标为 $(a,0,c)$.

通常将二元有序数组 (x,y) 的集合、三元有序数组 (x,y,z) 的集合分别称为**二维空间、三维空间**. 以此类推，可以得到三维以上乃至 **n 维空间**概念. 尽管我们不能画出它们的图形，但仍可设想 n 元有序数组 $(x_1,x_2,\cdots,x_n)$ 与 n 维空间的"点"一一对应. 引入三维以上的 n 维空间，对于我们分析实际问题非常有益，例如经济问题，经济活动中常常对多种商品、商品的多个因素进行分析，引入多维空间的概念后就会带来极大的方便.

8.1.3 空间中任意两点间的距离

定义了空间中点的坐标，就可以利用坐标计算空间任意两点间的距离.

已知 $P_1(x_1,y_1,z_1)$ 和 $P_2(x_2,y_2,z_2)$ 为空间任意两点，为了用坐标表示两点间的距离 $|P_1P_2|$，过 P_1、P_2 分别作垂直于三条坐标轴的平面，这六个平面围成一个以 P_1P_2 为对角线的长方体（图 8-4）.

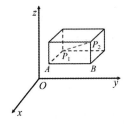

图 8-4

由图 8-4 知，　　　　　　$|P_1P_2| = \sqrt{|P_1A|^2 + |AB|^2 + |BP_2|^2}$

根据平面上两点间的距离公式可知

$$|P_1A|^2 = (x_2 - x_1)^2, \quad |AB|^2 = (y_2 - y_1)^2, \quad |BP_2|^2 = (z_2 - z_1)^2$$

从而有

$$|P_1P_2| = \sqrt{(x_2 - x_1)^2 + (y_2 - y_1)^2 + (z_2 - z_1)^2}$$

上式即为空间任意两点间的距离公式.

特别地，空间任一点 $P(x,y,z)$ 与原点 $O(0,0,0)$ 的距离为

$$|OP| = \sqrt{x^2 + y^2 + z^2}$$

若线段 P_1P_2 的中点 P_0 的坐标为 (x_0, y_0, z_0)，则

$$x_0 = \frac{x_1 + x_2}{2}, \quad y_0 = \frac{y_1 + y_2}{2}, \quad z_0 = \frac{z_1 + z_2}{2}$$

例1　在 z 轴上求一点，使之到两点 $A(-4,1,7)$ 和 $B(3,5,-2)$ 的距离相等.

解　设 $M(0,0,z)$ 为所求点，则由题意知：$|MA| = |MB|$，即

$$\sqrt{(0+4)^2 + (0-1)^2 + (z-7)^2} = \sqrt{(3-0)^2 + (5-0)^2 + (-2-z)^2}$$

解方程得　　　　　　　　　　$z = \dfrac{14}{9}$

所求点为 $M\left(0, 0, \dfrac{14}{9}\right)$.

例2　证明以 $M_1(4,3,1)$，$M_2(7,1,2)$，$M_3(5,2,3)$ 三点为顶点的三角形是等腰三角形.

证明　因为 $|M_1M_2| = \sqrt{(7-4)^2 + (1-3)^2 + (2-1)^2} = \sqrt{14}$，

$$|M_2M_3| = \sqrt{(5-7)^2 + (2-1)^2 + (3-2)^2} = \sqrt{6},$$

$$|M_3M_1| = \sqrt{(4-5)^2 + (3-2)^2 + (1-3)^2} = \sqrt{6},$$

所以 $|M_2M_3| = |M_3M_1|$. 因此，$\Delta M_1M_2M_3$ 为等腰三角形.

例3　求与两定点 $P_1(1,2,1)$ 和 $P_2(2,1,3)$ 等距离点的轨迹方程.

解　设与点 P_1 和 P_2 等距离的点为 $P(x,y,z)$，由题意知 $|P_1P| = |P_2P|$，所以

$$\sqrt{(x-1)^2 + (y-2)^2 + (z-1)^2} = \sqrt{(x-2)^2 + (y-1)^2 + (z-3)^2}$$

化简得 $x - y + 2z - 4 = 0$，即为所求轨迹方程.

习题 8.1

1. 指出下列各点所在空间直角坐标系的卦限.

（1）$(1,-4,2)$；　　　　　　（2）$(1,1,-3)$；

（3）$(2,-1,-3)$；　　　　　（4）$(-5,-1,2)$.

2. 求点 $M(a,b,c)$ 关于下面各条件下的对称点.

（1）坐标原点；　　　　（2）各坐标轴；　　　　（3）各坐标面.

3. 证明以三点 $A(4,1,9)$、$B(10,-1,6)$、$C(2,4,3)$ 为顶点的三角形是等腰直角三角形.

4. 求点 $M(4,-3,5)$ 到各坐标轴的距离.

5. 在 yOz 面上，求与三点 $A(3,1,2)$、$B(4,-2,-2)$、$C(0,5,1)$ 等距离的点.

6. 已知动点 $P(x,y,z)$ 到平面 yOz 的距离与到点 $(-1,1,2)$ 的距离相等，求点 P 的轨迹方程.

8.2　向量及其运算

8.2.1　向量的概念

1. 向量

既有大小，又有方向的量叫作**向量**（或**矢量**）.

向量常用字母 a、$\bar{a}$ 或者 $\overrightarrow{AB}$ 的形式来表示. 其中 $\overrightarrow{AB}$ 表示以 A 为起点，B 为终点的向量（图 8-5）.

图 8-5

2. 向量的模

向量的大小叫作向量的模，用 $|a|$ 或 $\left|\overrightarrow{AB}\right|$ 表示.

如果两个向量 a 和 b 的大小相等，且方向相同，则称向量 a 和 b 是**相等**的，记

作 $a = b$. 由于我们只研究与起点无关的向量，即自由向量，所以两向量经过平行移动后能完全重合则必相等.

3. 单位向量

模为1的向量称为单位向量.

4. 零向量

模为0的向量称为零向量，记作 $\boldsymbol{0}$. 规定零向量的方向为任意方向.

5. 两向量的夹角

设有两个非零向量 a、b，任取空间一点 O，作 $\overrightarrow{OA} = a$，$\overrightarrow{OB} = b$. 规定不超过 π 的 $\angle AOB$ 为向量 a 与 b 的夹角（图 8-6），记作 $(\stackrel{\wedge}{a,b})$ 或 $(\stackrel{\wedge}{b,a})$.

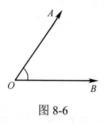

图 8-6

如果向量 a 与 b 中有一个是零向量，规定它们的夹角可以在 0 到 π 之间任意取值. 特别地，当 $(\stackrel{\wedge}{a,b}) = 0$ 或 π 时，称向量 a 与 b 平行，记作 $a /\!/ b$；当 $(\stackrel{\wedge}{a,b}) = \dfrac{\pi}{2}$ 时，称向量 a 与 b 垂直，记作 $a \perp b$.

8.2.2　向量的线性运算

1. 向量的加减运算

设有两个向量 a 与 b，以 a 的终点作为 b 的起点，则从 a 的起点到 b 的终点所作的向量称为**两向量 a 与 b 的和**，记作 $a + b$.

将向量 a 与 b 的起点相连，以 b 的终点为起点、a 的终点为终点，所作的向量称为**两向量 a 与 b 的差**，记作 $a - b$.

可用力学中**平行四边形法则**来表示 $a + b$ 与 $a - b$ 的几何意义，如图 8-7 所示.

两个向量的加法准则也可推广至有限多个向量的加法法则. 例如，求三个向量 a、b、c 的和，只需将这三个向量首尾相连，则将第一个向量的起点与最后一个向量的终点相连，所得向量即为 $a + b + c$ 的和，如图 8-8 所示.

图 8-7　　　　　　　　　　　　　　　图 8-8

向量的加法符合下列**运算律**：

（1）交换律　　$a+b=b+a$；

（2）结合律　　$(a+b)+c=a+(b+c)$．

设 a 为一向量，与 a 的模相同而方向相反的向量叫作 a 的**负向量**，记作 $-a$．由此，我们规定两个向量 b 与 a 的差 $b-a=b+(-a)$．

2．向量的数乘运算

向量 a 与实数 λ 的乘积是一个向量，记作 λa，并且 $|\lambda a|=|\lambda||a|$．当 $\lambda>0$ 时，λa 与 a 方向相同，当 $\lambda<0$ 时与 a 方向相反，当 $\lambda=0$ 时为零向量．

由于向量 λa 与 a 平行，所以由此可以得到两向量 a 与 b 平行的充要条件．

定理　设向量 $a\neq\mathbf{0}$，则向量 b 平行于 a 的充要条件是：存在唯一的实数 λ，使得 $b=\lambda a$．

该定理是建立数轴的理论依据，证明从略．

下面在该定理基础上继续讨论单位向量．设 a 是一个非零向量，e_a 是与 a 同向的单位向量，则由定理知，$a//e_a$ 且 $a=\lambda e_a$，进一步，$|a|=|\lambda\cdot e_a|=|\lambda|\cdot|e_a|=\lambda$，所以 $a=|a|\cdot e_a$，即

$$e_a=\frac{a}{|a|}$$

这是求与任一非零向量 a 同向的单位向量 e_a 的计算公式．

最后，向量与数的乘法符合下列**运算规律**：

（1）结合律　　$\lambda(\mu a)=\mu(\lambda a)=(\lambda\mu)a$；

（2）分配律　　$(\lambda+\mu)a=\lambda a+\mu a$，$\lambda(a+b)=\lambda a+\lambda b$．

向量的加法运算与数乘运算统称为**向量的线性运算**．

8.2.3　向量的坐标表示

为了更方便地进行向量的运算，我们将向量与空间直角坐标系建立连接，沿 x 轴、y 轴、z 轴的正向分别取单位向量，记为 i、j、k，称为**基本单位向量**．

　　将向量的起点放在原点 O，则起点为原点，终点为 M 的向量 $\overrightarrow{OM}$ 称为点 M 关于原点 O 的**向径**.

　　设一向量 $\boldsymbol{r}$ 的起点为坐标原点 O，终点为 $M(x,y,z)$. 过点 M 作三坐标轴的垂直平面，与 x 轴、y 轴、z 轴的交点分别为 P、Q、R（图 8-9）. 则由向量的加法法则，有

$$\boldsymbol{r} = \overrightarrow{OM} = \overrightarrow{OP} + \overrightarrow{PN} + \overrightarrow{NM} = \overrightarrow{OP} + \overrightarrow{OQ} + \overrightarrow{OR}$$

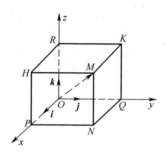

图 8-9

　　而 $\overrightarrow{OP} = x\boldsymbol{i}$，$\overrightarrow{OQ} = y\boldsymbol{j}$，$\overrightarrow{OR} = z\boldsymbol{k}$，从而 $\boldsymbol{r} = \overrightarrow{OM} = x\boldsymbol{i} + y\boldsymbol{j} + z\boldsymbol{k}$.

　　我们称 $\boldsymbol{r} = x\boldsymbol{i} + y\boldsymbol{j} + z\boldsymbol{k}$ 为**向量 $\boldsymbol{r}$ 的坐标分解式**. $x\boldsymbol{i}$、$y\boldsymbol{j}$、$z\boldsymbol{k}$ 分别称为向量 $\boldsymbol{r}$ 沿 x 轴、y 轴、z 轴方向的**分向量**.

　　从上面可以看出，给定向量 $\boldsymbol{r}$，就确定了点 M 与 $\overrightarrow{OP}$、$\overrightarrow{OQ}$、$\overrightarrow{OR}$ 三个分向量，从而确定了 x、y、z 三个有序数；反之，给定三个有序数 x、y、z，也就确定了点 M 与向量 $\boldsymbol{r}$. 于是，点 M 和向量 $\boldsymbol{r}$ 与三个有序数 x、y、z 之间存在一一对应关系，我们称有序数 x、y、z 为**向量 $\boldsymbol{r}$ 的坐标**，记为 $\boldsymbol{r} = (x,y,z)$. 上述定义表明，一个点与该点的向径有相同的坐标. (x,y,z) 既表示点 M，又表示向量 $\overrightarrow{OM}$.

　　1. 利用坐标作向量的线性运算

　　有了向量在空间直角坐标系中的坐标表达式，就可以把向量的加减运算与数乘运算用坐标来表示.

　　设两向量 $\boldsymbol{a} = (a_x, a_y, a_z)$，$\boldsymbol{b} = (b_x, b_y, b_z)$，即 $\boldsymbol{a} = a_x\boldsymbol{i} + a_y\boldsymbol{j} + a_z\boldsymbol{k}$，$\boldsymbol{b} = b_x\boldsymbol{i} + b_y\boldsymbol{j} + b_z\boldsymbol{k}$. 利用向量的线性运算法则，有

$$\boldsymbol{a} + \boldsymbol{b} = (a_x + b_x)\boldsymbol{i} + (a_y + b_y)\boldsymbol{j} + (a_z + b_z)\boldsymbol{k}$$

$$\boldsymbol{a} - \boldsymbol{b} = (a_x - b_x)\boldsymbol{i} + (a_y - b_y)\boldsymbol{j} + (a_z - b_z)\boldsymbol{k}$$

$$\lambda\boldsymbol{a} = \lambda a_x\boldsymbol{i} + \lambda a_y\boldsymbol{j} + \lambda a_z\boldsymbol{k} \quad (\lambda \text{ 为实数})$$

即
$$a + b = (a_x + b_x, a_y + b_y, a_z + b_z)$$
$$a - b = (a_x - b_x, a_y - b_y, a_z - b_z)$$
$$\lambda a = (\lambda a_x, \lambda a_y, \lambda a_z)$$

由此可见，对向量进行加、减及数乘运算时，只需对向量的各个坐标分别进行相应的数量运算即可.

在上述定理中，我们讨论了两个向量 a 与 b 平行的充要条件，现也将其以坐标的形式表达出来，即 $b = \lambda a \Rightarrow (b_x, b_y, b_z) = \lambda(a_x, a_y, a_z)$.

于是有 $b_x = \lambda a_x$，$b_y = \lambda a_y$，$b_z = \lambda a_z$，即两个向量 a 与 b 平行，必有对应坐标成比例，$\dfrac{b_x}{a_x} = \dfrac{b_y}{a_y} = \dfrac{b_z}{a_z}$.

3. 向量的模

设向量 $r = (x, y, z)$，作 $\overrightarrow{OM} = r$，如图 8-9 所示，有 $r = \overrightarrow{OM} = \overrightarrow{OP} + \overrightarrow{OQ} + \overrightarrow{OR}$，由勾股定理可得

$$|r| = \left|\overrightarrow{OM}\right| = \sqrt{\left|\overrightarrow{OP}\right|^2 + \left|\overrightarrow{OQ}\right|^2 + \left|\overrightarrow{OR}\right|^2} \ .$$

因为 $\overrightarrow{OP} = x\boldsymbol{i}$，$\overrightarrow{OQ} = y\boldsymbol{j}$，$\overrightarrow{OR} = z\boldsymbol{k}$，所以 $\left|\overrightarrow{OP}\right| = |x|$，$\left|\overrightarrow{OQ}\right| = |y|$，$\left|\overrightarrow{OR}\right| = |z|$，于是向量 r 的模为 $|r| = \sqrt{x^2 + y^2 + z^2}$.

进一步，设有两点 $A(x_1, y_1, z_1)$ 和 $B(x_2, y_2, z_2)$，则向量

$$\overrightarrow{AB} = \overrightarrow{OB} - \overrightarrow{OA} = (x_2, y_2, z_2) - (x_1, y_1, z_1) = (x_2 - x_1, y_2 - y_1, z_2 - z_1)$$

于是，
$$|AB| = \left|\overrightarrow{AB}\right| = \sqrt{(x_2 - x_1)^2 + (y_2 - y_1)^2 + (z_2 - z_1)^2}$$

即得 A 与 B 两点间的距离 $|AB|$ 就是向量 $\overrightarrow{AB}$ 的模.

例 1　已知两点 $A(0,1,2)$ 和 $B(1,-1,0)$，用坐标表示向量 $\overrightarrow{AB}$，$-2\overrightarrow{AB}$ 及与向量 $\overrightarrow{AB}$ 同向的单位向量 $e_{\overrightarrow{AB}}$.

解　$\overrightarrow{AB} = \overrightarrow{OB} - \overrightarrow{OA} = (1 - 0, -1 - 1, 0 - 2) = (1, -2, -2)$
$$-2\overrightarrow{AB} = -2(1, -2, -2) = (-2, 4, 4)$$

而 $\left|\overrightarrow{AB}\right| = \sqrt{1^2 + (-2)^2 + (-2)^2} = 3$，所以与向量 $\overrightarrow{AB}$ 同向的单位向量

$$e_{\overrightarrow{AB}} = \frac{\overrightarrow{AB}}{\left|\overrightarrow{AB}\right|} = \left(\frac{1}{3}, -\frac{2}{3}, -\frac{2}{3}\right)$$

4. 向量的方向角与方向余弦

设非零向量 $r = (x, y, z)$，作 $\overrightarrow{OM} = r$，向量 r 与三条坐标轴的正向夹角 α、β、γ 称为向量 r 的**方向角**（图 8-10），且规定 $0 \leqslant \alpha$、β、$\gamma \leqslant \pi$.

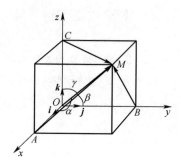

图 8-10

称 $\cos\alpha$、$\cos\beta$、$\cos\gamma$ 为向量 r 的**方向余弦**，有

$$\cos\alpha = \frac{x}{|r|} = \frac{x}{\sqrt{x^2 + y^2 + z^2}}$$

$$\cos\beta = \frac{y}{|r|} = \frac{y}{\sqrt{x^2 + y^2 + z^2}}$$

$$\cos\gamma = \frac{z}{|r|} = \frac{z}{\sqrt{x^2 + y^2 + z^2}}$$

显然 $\cos^2\alpha + \cos^2\beta + \cos^2\gamma = 1$. 这说明以方向余弦 $\cos\alpha$、$\cos\beta$、$\cos\gamma$ 为分量构成的向量 $(\cos\alpha, \cos\beta, \cos\gamma)$ 是一个与非零向量 r 同方向的单位向量. 即

$$(\cos\alpha, \cos\beta, \cos\gamma) = \frac{1}{|r|}(x, y, z) = \frac{r}{|r|} = e_r$$

例 2 已知两点 $P_1(4, \sqrt{2}, 1)$ 和 $P_2(3, 0, 2)$，计算向量 $\overrightarrow{P_1P_2}$ 的模、方向余弦和方向角.

解 因为 $\overrightarrow{P_1P_2} = (3-4, 0-\sqrt{2}, 2-1) = (-1, -\sqrt{2}, 1)$，所以它的模

$$\left|\overrightarrow{P_1P_2}\right| = \sqrt{(-1)^2 + (-\sqrt{2})^2 + 1^2} = \sqrt{4} = 2$$

其方向余弦分别为 $\cos\alpha = -\dfrac{1}{2}$， $\cos\beta = -\dfrac{\sqrt{2}}{2}$， $\cos\gamma = \dfrac{1}{2}$.

方向角分别为 $\alpha = \dfrac{2}{3}\pi$ ，$\beta = \dfrac{3}{4}\pi$ ，$\gamma = \dfrac{1}{3}\pi$.

8.2.4　两向量的数量积

1. 数量积的定义

由物理学知道，物体在力 $\boldsymbol{F}$ 的作用下，沿直线移动的位移为 $\boldsymbol{s}$ 时，所做的功为 $W = |\boldsymbol{F}||\boldsymbol{s}|\cos\theta$ ，其中 θ 为 $\boldsymbol{F}$ 与 $\boldsymbol{s}$ 的夹角，如图 8-11 所示.

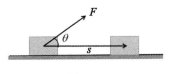

图 8-11

我们发现，公式 $W = |\boldsymbol{F}||\boldsymbol{s}|\cos\theta$ 是两个向量间的一种运算，即两个向量的模乘以它们夹角的余弦，其结果是一个数. 在物理学的其他问题中，也会遇到类似的运算，因此，我们将这种运算抽象出来，由此得出数量积的概念.

定义 1　设有向量 $\boldsymbol{a}$ 、$\boldsymbol{b}$ ，它们的夹角为 θ ，乘积 $|\boldsymbol{a}||\boldsymbol{b}|\cos\theta$ 称为**向量 $\boldsymbol{a}$ 与 $\boldsymbol{b}$ 的数量积**（或称为**内积、点积**），记作 $\boldsymbol{a}\cdot\boldsymbol{b}$ ，即 $\boldsymbol{a}\cdot\boldsymbol{b} = |\boldsymbol{a}||\boldsymbol{b}|\cos\theta$.

于是，上述力 $\boldsymbol{F}$ 所做的功 W 就可看作是力 $\boldsymbol{F}$ 与位移 $\boldsymbol{s}$ 的数量积，即 $W = \boldsymbol{F}\cdot\boldsymbol{s}$.

2. 数量积的运算性质

数量积的运算具有下列规律：

（1）交换律　$\boldsymbol{a}\cdot\boldsymbol{b} = \boldsymbol{b}\cdot\boldsymbol{a}$ ；

（2）分配律　$(\boldsymbol{a}+\boldsymbol{b})\cdot\boldsymbol{c} = \boldsymbol{a}\cdot\boldsymbol{c} + \boldsymbol{b}\cdot\boldsymbol{c}$ ；

（3）结合律　$\lambda(\boldsymbol{a}\cdot\boldsymbol{b}) = (\lambda\boldsymbol{a})\cdot\boldsymbol{b} = \boldsymbol{a}\cdot(\lambda\boldsymbol{b})$ ，其中 λ 为实数.

证明从略.

例 3　已知 $|\boldsymbol{a}| = 2$ ，$|\boldsymbol{b}| = 1$ ，$(\widehat{\boldsymbol{a},\boldsymbol{b}}) = \dfrac{\pi}{3}$ ，求：

（1）$(2\boldsymbol{a}+\boldsymbol{b})\cdot(\boldsymbol{a}-4\boldsymbol{b})$ ；（2）$|\boldsymbol{a}+\boldsymbol{b}|$.

解　（1）$(2\boldsymbol{a}+\boldsymbol{b})\cdot(\boldsymbol{a}-4\boldsymbol{b}) = 2\boldsymbol{a}\cdot\boldsymbol{a} - 8\boldsymbol{a}\cdot\boldsymbol{b} + \boldsymbol{b}\cdot\boldsymbol{a} - 4\boldsymbol{b}\cdot\boldsymbol{b}$

$$= 2|\boldsymbol{a}|^2 - 7|\boldsymbol{a}||\boldsymbol{b}|\cos\dfrac{\pi}{3} - 4|\boldsymbol{b}|^2$$

$$= 2\times 2^2 - 7\times 2\times 1\times \dfrac{1}{2} - 4\times 1^2 = -3$$

（2）$\left| \boldsymbol{a} + \boldsymbol{b} \right|^2 = (\boldsymbol{a} + \boldsymbol{b}) \cdot (\boldsymbol{a} + \boldsymbol{b}) = \boldsymbol{a} \cdot \boldsymbol{a} + 2\boldsymbol{a} \cdot \boldsymbol{b} + \boldsymbol{b} \cdot \boldsymbol{b}$

$$= \left| \boldsymbol{a} \right|^2 + 2\left| \boldsymbol{a} \right| \left| \boldsymbol{b} \right| \cos \frac{\pi}{3} + \left| \boldsymbol{b} \right|^2 = 2^2 + 2 \times 2 \times 1 \times \frac{1}{2} + 1^2 = 7$$

故　　　　　　　　　　　　　　　　$\left| \boldsymbol{a} + \boldsymbol{b} \right| = \sqrt{7}$

3. 数量积的代数表示

设两向量　$\boldsymbol{a} = a_x \boldsymbol{i} + a_y \boldsymbol{j} + a_z \boldsymbol{k}$，$\boldsymbol{b} = b_x \boldsymbol{i} + b_y \boldsymbol{j} + b_z \boldsymbol{k}$，则

$$\boldsymbol{a} \cdot \boldsymbol{b} = a_x b_x + a_y b_y + a_z b_z$$

证明

$$\boldsymbol{a} \cdot \boldsymbol{b} = (a_x \boldsymbol{i} + a_y \boldsymbol{j} + a_z \boldsymbol{k}) \cdot (b_x \boldsymbol{i} + b_y \boldsymbol{j} + b_z \boldsymbol{k})$$

$$= a_x b_x \boldsymbol{i} \cdot \boldsymbol{i} + a_x b_y \boldsymbol{i} \cdot \boldsymbol{j} + a_x b_z \boldsymbol{i} \cdot \boldsymbol{k}$$

$$+ a_y b_x \boldsymbol{j} \cdot \boldsymbol{i} + a_y b_y \boldsymbol{j} \cdot \boldsymbol{j} + a_y b_z \boldsymbol{j} \cdot \boldsymbol{k}$$

$$+ a_z b_x \boldsymbol{k} \cdot \boldsymbol{i} + a_z b_y \boldsymbol{k} \cdot \boldsymbol{j} + a_z b_z \boldsymbol{k} \cdot \boldsymbol{k}$$

这里，$\boldsymbol{i} \cdot \boldsymbol{i} = \left| \boldsymbol{i} \right| \cdot \left| \boldsymbol{i} \right| \cos 0 = 1$，类似地，有

$$\boldsymbol{j} \cdot \boldsymbol{j} = \boldsymbol{k} \cdot \boldsymbol{k} = 1$$

又因为$\boldsymbol{i}$、$\boldsymbol{j}$、$\boldsymbol{k}$是两两垂直的单位向量，从而有它们两两之间的夹角余弦值$\cos \theta = 0$，所以

$$\boldsymbol{i} \cdot \boldsymbol{j} = \boldsymbol{j} \cdot \boldsymbol{k} = \boldsymbol{k} \cdot \boldsymbol{i} = 0$$

于是，得到数量积的坐标表达式为

$$\boldsymbol{a} \cdot \boldsymbol{b} = a_x b_x + a_y b_y + a_z b_z$$

4. 数量积在几何上的应用

（1）向量的模：$\left| \boldsymbol{a} \right| = \sqrt{\boldsymbol{a} \cdot \boldsymbol{a}}$．

证明　因为$\boldsymbol{a} \cdot \boldsymbol{a} = \left| \boldsymbol{a} \right|^2 \cos 0 = \left| \boldsymbol{a} \right|^2$，所以$\left| \boldsymbol{a} \right| = \sqrt{\boldsymbol{a} \cdot \boldsymbol{a}}$．

（2）求两个向量的夹角：

$$\cos \theta = \cos(\overset{\wedge}{\boldsymbol{a}, \boldsymbol{b}}) = \frac{\boldsymbol{a} \cdot \boldsymbol{b}}{\left| \boldsymbol{a} \right| \left| \boldsymbol{b} \right|} = \frac{a_x b_x + a_y b_y + a_z b_z}{\sqrt{a_x{}^2 + a_y{}^2 + a_z{}^2} \cdot \sqrt{b_x{}^2 + b_y{}^2 + b_z{}^2}}$$

特别地，向量$\boldsymbol{a} \perp \boldsymbol{b}$的充分必要条件是$\boldsymbol{a} \cdot \boldsymbol{b} = 0$，即向量$\boldsymbol{a} \perp \boldsymbol{b}$的充分必要条件是$a_x b_x + a_y b_y + a_z b_z = 0$．

例 4　已知 $\boldsymbol{a}=(3,-1,-2)$，$\boldsymbol{b}=(1,2,-1)$，求（1）$\boldsymbol{a}\cdot\boldsymbol{b}$；（2）$\boldsymbol{a}$ 与 $\boldsymbol{b}$ 夹角的余弦.

解　（1）$\boldsymbol{a}\cdot\boldsymbol{b}=(3,-1,-2)\cdot(1,2,-1)=3\times1+(-1)\times2+(-2)\times(-1)=3$.

（2）$\cos\theta=\dfrac{\boldsymbol{a}\cdot\boldsymbol{b}}{|\boldsymbol{a}|\cdot|\boldsymbol{b}|}=\dfrac{3}{\sqrt{3^2+(-1)^2+(-2)^2}\cdot\sqrt{1^2+2^2+(-1)^2}}=\dfrac{3}{2\sqrt{21}}$.

8.2.5　两向量的向量积

1. 向量积的定义

类似于两向量的数量积，两向量的向量积的概念也是从物理学中的某些概念中抽象出来的，下面直接给出其定义.

定义 2　设向量 $\boldsymbol{c}$ 由向量 $\boldsymbol{a}$ 与 $\boldsymbol{b}$ 以下列方式所确定：

（1）$\boldsymbol{c}$ 的模 $|\boldsymbol{c}|=|\boldsymbol{a}||\boldsymbol{b}|\sin\theta$，其中 θ 为 $\boldsymbol{a}$ 与 $\boldsymbol{b}$ 的夹角；

（2）$\boldsymbol{c}$ 的方向既垂直于 $\boldsymbol{a}$ 又垂直于 $\boldsymbol{b}$，即垂直于两向量所决定的平面；$\boldsymbol{c}$ 的指向按右手规则从 $\boldsymbol{a}$ 转向 $\boldsymbol{b}$ 来确定（图 8-12）.

则称 $\boldsymbol{c}$ 为**向量 $\boldsymbol{a}$ 与 $\boldsymbol{b}$ 的向量积**（或称外积、叉积），记作 $\boldsymbol{a}\times\boldsymbol{b}$，即

$$\boldsymbol{c}=\boldsymbol{a}\times\boldsymbol{b}$$

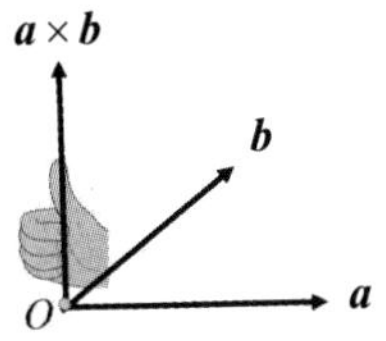

图 8-12

2. 向量积的运算性质

向量积的运算符合下列规律：

（1）反交换律　$\boldsymbol{a}\times\boldsymbol{b}=-(\boldsymbol{b}\times\boldsymbol{a})$；

（2）分配律　$(\boldsymbol{a}+\boldsymbol{b})\times\boldsymbol{c}=\boldsymbol{a}\times\boldsymbol{c}+\boldsymbol{b}\times\boldsymbol{c}$；

（3）结合律　$\lambda(\boldsymbol{a}\times\boldsymbol{b})=(\lambda\boldsymbol{a})\times\boldsymbol{b}=\boldsymbol{a}\times(\lambda\boldsymbol{b})$.

例 5　求 $\boldsymbol{i}\times\boldsymbol{i}$，$\boldsymbol{j}\times\boldsymbol{j}$，$\boldsymbol{k}\times\boldsymbol{k}$，$\boldsymbol{i}\times\boldsymbol{j}$，$\boldsymbol{j}\times\boldsymbol{k}$，$\boldsymbol{k}\times\boldsymbol{i}$.

解　根据向量积的定义，$|\boldsymbol{i}\times\boldsymbol{i}|=|\boldsymbol{i}|\times|\boldsymbol{i}|\sin0=0$，所以同理 $|\boldsymbol{j}\times\boldsymbol{j}|=|\boldsymbol{k}\times\boldsymbol{k}|=0$，从而

$$\boldsymbol{i}\times\boldsymbol{i}=\boldsymbol{j}\times\boldsymbol{j}=\boldsymbol{k}\times\boldsymbol{k}=\boldsymbol{0}$$

对于向量 $\boldsymbol{i}\times\boldsymbol{j}$，由于 $|\boldsymbol{i}\times\boldsymbol{j}|=|\boldsymbol{i}||\boldsymbol{j}|\sin\dfrac{\pi}{2}=1$，且 $\boldsymbol{i}\times\boldsymbol{j}$ 的方向与 $\boldsymbol{k}$ 相同，从而

$i \times j = k$.

因此类似地，有　　　　　　　　　　$j \times k = i$ ，　$k \times i = j$

3. 向量积的代数表示

下面来推导向量积的坐标表达式.

设两向量　$a = a_x i + a_y j + a_z k$ ，　$b = b_x i + b_y j + b_z k$ ，则

$$a \times b = (a_x i + a_y j + a_z k) \times (b_x i + b_y j + b_z k)$$
$$= a_x b_x i \times i + a_x b_y i \times j + a_x b_z i \times k$$
$$+ a_y b_x j \times i + a_y b_y j \times j + a_y b_z j \times k$$
$$+ a_z b_x k \times i + a_z b_y k \times j + a_z b_z k \times k ,$$

由例 5 所得结果知，

$$i \times i = j \times j = k \times k = 0$$
$$i \times j = k , \quad j \times k = i , \quad k \times i = j$$
$$j \times i = -k, \quad k \times j = -i, \quad i \times k = -j$$

于是，得到向量积的坐标表达式为

$$a \times b = (a_y b_z - a_z b_y) i + (a_z b_x - a_x b_z) j + (a_x b_y - a_y b_x) k$$

为了方便记忆，可利用三阶行列式将上式表示成如下形式：

$$a \times b = \begin{vmatrix} a_y & a_z \\ b_y & b_z \end{vmatrix} i + \begin{vmatrix} a_z & a_x \\ b_z & b_x \end{vmatrix} j + \begin{vmatrix} a_x & a_y \\ b_x & b_y \end{vmatrix} k = \begin{vmatrix} i & j & k \\ a_x & a_y & a_z \\ b_x & b_y & b_z \end{vmatrix}$$

三阶行列式

例 6　已知 $a = (1, 2, 3)$ ，　$b = (3, 0, 1)$ ，求 $a \times b$.

解　$a \times b = \begin{vmatrix} i & j & k \\ 1 & 2 & 3 \\ 3 & 0 & 1 \end{vmatrix} = 2i + 0 \cdot k + 9j - 6k - j - 0 \cdot i = 2i + 8j - 6k$.

4. 向量积在几何上的应用

（1）求同时垂直于 a 和 b 的向量：$a \times b$.

例 7　求与 $a = (1, 0, -1)$ ，　$b = (0, 1, 2)$ 都垂直的单位向量.

解　令 $c = a \times b$ ，则 c 与 a、b 均垂直. 因为

$$c = a \times b = \begin{vmatrix} i & j & k \\ 1 & 0 & -1 \\ 0 & 1 & 2 \end{vmatrix} = i - 2j + k$$

而 $|c| = \sqrt{1^2 + (-2)^2 + 1^2} = \sqrt{6}$ ，故所求的单位向量为

$$e = \pm \frac{c}{|c|} = \pm \left(\frac{1}{\sqrt{6}} i - \frac{2}{\sqrt{6}} j + \frac{1}{\sqrt{6}} k \right)$$

（2）判定两向量的平行.

设 a、b 为两非零向量，则 $a \parallel b$ 的充分必要条件是 $a \times b = 0$.

证明　如果 $a \times b = 0$，由于 $|a| \neq 0$，$|b| \neq 0$，则有 $\sin \theta = 0$，从而 $\theta = 0$ 或 $\theta = \pi$，即 $a \parallel b$；反之，如果 $a \parallel b$，则有 $\theta = 0$ 或 $\theta = \pi$，从而 $\sin \theta = 0$，于是

$$|a \times b| = |a||b| \sin \theta = 0$$

即

$$a \times b = 0$$

以 a 和 b 为邻边的平行四边形面积：$S = |a \times b|$.

特别地，以 a 和 b 为邻边的三角形面积：$S = \frac{1}{2} |a \times b|$.

例 8　已知 $\overrightarrow{OA} = i + 3k$，$\overrightarrow{OB} = j + 3k$，求 ΔAOB 的面积.

解　由向量积在几何上的应用知，三角形 AOB 的面积 $S_{\Delta AOB} = \frac{1}{2} \left| \overrightarrow{OA} \times \overrightarrow{OB} \right|$，而

$$\overrightarrow{OA} \times \overrightarrow{OB} = \begin{vmatrix} i & j & k \\ 1 & 0 & 3 \\ 0 & 1 & 3 \end{vmatrix} = (-3, -3, 1)$$

$$\left| \overrightarrow{OA} \times \overrightarrow{OB} \right| = \sqrt{(-3)^2 + (-3)^2 + 1} = \sqrt{19}$$

故　$S_{\Delta AOB} = \frac{\sqrt{19}}{2}$.

习题 8.2

1．已知两点 $A(1,2,3)$ 和 $B(4,2,6)$，求与向量 $\overrightarrow{AB}$ 同向的单位向量 $e_{\overrightarrow{AB}}$.

2．已知两点 $M(4,0,5)$ 和 $N(7,1,3)$，求与向量 $\overrightarrow{MN}$ 同向的单位向量 $e_{\overrightarrow{MN}}$.

3．已知空间两点 $M(2,2,\sqrt{2})$ 和 $N(1,3,0)$，计算向量 $\overrightarrow{MN}$ 的模、方向余弦和方向角.

4．设向量 a 的两个方向余弦为 $\cos \alpha = \frac{1}{3}$，$\cos \beta = \frac{2}{3}$，又 $|a| = 6$，求向量 a 的坐标.

5．已知点 $A(1,-1,-2)$，$B(2,0,3)$，$C(0,1,-1)$，求：

（1）$\overrightarrow{AB} + 2\overrightarrow{BC} - 3\overrightarrow{CA}$；

（2）向量 $\overrightarrow{AB}$ 的模、方向余弦及单位向量.

6. 求在 xOy 坐标面上与向量 $\boldsymbol{a} = -4\boldsymbol{i} + 3\boldsymbol{j} + 7\boldsymbol{k}$ 垂直的单位向量.

7. 求与向量 $\boldsymbol{a} = (1,2,2)$ 平行，且满足 $\boldsymbol{a} \cdot \boldsymbol{b} = 12$ 的向量 $\boldsymbol{b}$.

8. 已知 $\boldsymbol{a}$、$\boldsymbol{b}$、$\boldsymbol{c}$ 为单位向量，且满足 $\boldsymbol{a} + \boldsymbol{b} + \boldsymbol{c} = 0$，计算 $\boldsymbol{a} \cdot \boldsymbol{b} + \boldsymbol{b} \cdot \boldsymbol{c} + \boldsymbol{c} \cdot \boldsymbol{a}$.

9. 求同时垂直于 $\boldsymbol{a} = (1,-1,2)$ 和 $\boldsymbol{b} = (2,-2,2)$ 的单位向量.

10. 求同时垂直于 $\boldsymbol{a} = 3\boldsymbol{i} - 2\boldsymbol{j} + 4\boldsymbol{k}$ 和 $\boldsymbol{b} = \boldsymbol{i} + \boldsymbol{j} - 2\boldsymbol{k}$ 的单位向量.

11. 已知 $\boldsymbol{a} = (4,-2,4)$，$\boldsymbol{b} = (6,-3,2)$，求：

（1）$\boldsymbol{a} \cdot \boldsymbol{b}$；　　　　　（2）$\boldsymbol{a} \times \boldsymbol{b}$；　　　　　（3）$(2\boldsymbol{a} - 3\boldsymbol{b}) \cdot (\boldsymbol{a} + \boldsymbol{b})$；

（4）$|\boldsymbol{a} - \boldsymbol{b}|^2$；　　　　（5）$\cos(\widehat{\boldsymbol{a}, \boldsymbol{b}})$.

12. 求以 $A(1,2,3)$、$B(3,4,5)$、$C(2,4,7)$ 为顶点的三角形 ABC 的面积.

13. 求以 $\boldsymbol{a} = (1,0,-1)$，$\boldsymbol{b} = (0,1,2)$ 为邻边的平行四边形的面积.

8.3　平面及其方程

上节我们介绍了有关向量的概念与运算，在此基础上，本节将在空间直角坐标系中研究空间中最简单的曲面——平面的方程，并进一步讨论有关它的性质.

8.3.1　平面的点法式方程

由于过空间一点能且只能作唯一一个平面与已知直线垂直，所以可以这样确定空间中一个平面的位置——找到平面上的一个定点和垂直于该平面的非零向量即可. 通常把垂直于平面的非零向量叫作该平面的法线向量，简称**法向量**. 显然，平面上的任一向量都与该平面的法向量垂直.

设平面 Π 过点 $M_0(x_0, y_0, z_0)$，法向量 $\boldsymbol{n} = (A, B, C)$，下面建立平面 Π 的方程.

设 $M(x, y, z)$ 是平面 Π 上的任一点（图 8-13），则有 $\overrightarrow{M_0M} \perp \boldsymbol{n}$，即 $\overrightarrow{M_0M} \cdot \boldsymbol{n} = 0$. 因为 $\overrightarrow{M_0M} = (x - x_0, y - y_0, z - z_0)$，所以有

$$A(x - x_0) + B(y - y_0) + C(z - z_0) = 0$$

由点 M 的任意性可知，平面 Π 上任一点都满足方程

$$A(x - x_0) + B(y - y_0) + C(z - z_0) = 0$$

反之，如果点 M 不在平面 Π 上，则向量 $\overrightarrow{M_0M}$ 与法线向量 $\boldsymbol{n}$ 不垂直，从而 $\overrightarrow{M_0M} \cdot \boldsymbol{n} \neq 0$，即不在平面 Π 上的点坐标都不满足该方程. 因此，称这个方程为

平面的**点法式方程**，而平面 Π 就是该方程的图形.

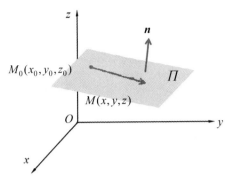

图 8-13

事实上，平面是一种特殊的曲面，而曲面一般对应着一个三元方程 $F(x,y,z)=0$，由平面的点法式方程可见，平面方程确实是一个关于 x、y 和 z 的三元方程.

例 1　求过点 $(2,1,1)$ 且与平面 $x+2y+3z-1=0$ 平行的平面方程.

解　由于所求平面与平面 $x+2y+3z-1=0$ 平行，所以可取平面的法向量为 $\boldsymbol{n}=(1,2,3)$.

由平面的点法式方程，所求平面的方程为

$$1 \cdot (x-2) + 2 \cdot (y-1) + 3 \cdot (z-1) = 0$$

即

$$x+2y+3z-7=0$$

例 2　求过三点 $A(1,-1,1)$、$B(2,-1,0)$、$C(1,0,3)$ 的平面方程.

解　先求出该平面的法向量 $\boldsymbol{n}$. 由于向量 $\overrightarrow{AB}$ 与 $\overrightarrow{AC}$ 均在平面内，且

$$\overrightarrow{AB}=(1,0,-1)，\quad \overrightarrow{AC}=(0,1,2)$$

因为法向量 $\boldsymbol{n}$ 与这两个向量都垂直，所以取

$$\boldsymbol{n}=\overrightarrow{AB}\times\overrightarrow{AC}=\begin{vmatrix} \boldsymbol{i} & \boldsymbol{j} & \boldsymbol{k} \\ 1 & 0 & -1 \\ 0 & 1 & 2 \end{vmatrix}=\boldsymbol{i}-2\boldsymbol{j}+\boldsymbol{k}$$

则由平面的点法式方程，所求平面的方程为

$$1 \cdot (x-1) - 2 \cdot (y-0) + 1 \cdot (z-3) = 0$$

即

$$x-2y+z-4=0$$

8.3.2 平面的一般式方程

由于平面的点法式方程 $A(x-x_0)+B(y-y_0)+C(z-z_0)=0$ 是关于 x、y 和 z 的一次方程，而任一平面都可以用它上面的一点及它的法向量来确定，所以任一平面都可以用三元一次方程来表示.

反过来，设有三元一次方程

$$Ax+By+Cz+D=0$$

任取满足该方程的一组数 x_0、y_0、z_0，即

$$Ax_0+By_0+Cz_0+D=0$$

将上述两式相减，得

$$A(x-x_0)+B(y-y_0)+C(z-z_0)=0$$

将其与平面的点法式方程作比较，它恰好是通过点 $M_0(x_0,y_0,z_0)$，以 $\boldsymbol{n}=(A,B,C)$ 为法向量的平面方程.

由于方程 $Ax+By+Cz+D=0$ 和方程 $A(x-x_0)+B(y-y_0)+C(z-z_0)=0$ 是同解方程，所以，任一三元一次方程

$$Ax+By+Cz+D=0$$

的图形总是一个平面，该方程称为**平面的一般式方程**. 其中，x、y 和 z 前的系数就是该平面法向量的坐标，即 $\boldsymbol{n}=(A,B,C)$.

平面的一般式方程的几种特殊情形如下.

（1）若 $D=0$，则方程为 $Ax+By+Cz=0$，该平面通过坐标原点.

（2）若 $A=0$，则方程为 $By+Cz+D=0$，该平面的法向量为 $\boldsymbol{n}=(0,B,C)$，垂直于向量 $\boldsymbol{i}=(1,0,0)$，即 x 轴，所以方程表示一个平行于 x 轴的平面.

同理，方程 $Ax+Cz+D=0$ 和 $Ax+By+D=0$ 分别表示一个平行于 y 轴和 z 轴的平面.

（3）若 $A=B=0$，则方程为 $Cz+D=0$，法线向量为 $\boldsymbol{n}=(0,0,C)$，同时垂直于 x 轴和 y 轴，即 xOy 面，则方程表示一个平行于 xOy 面的平面.

同理，方程 $Ax+D=0$ 和 $By+D=0$ 分别表示一个平行于 yOz 面和 xOz 面的平面.

例 3 求通过 z 轴和点 $(-3,1,-2)$ 的平面的方程.

解 设所求平面的一般式方程为 $Ax+By+Cz+D=0$.

由于平面通过 z 轴，所以 $C=0$，$D=0$. 从而所求平面的方程为 $Ax+By=0$.

又平面通过点 $(-3,1,-2)$，将其代入平面方程有

$$-3A + B = 0，即 B = 3A$$

于是得到所求平面的方程为

$$x + 3y = 0$$

8.3.3　平面的截距式方程

设一平面与三个坐标轴的交点依次为 $P_1(a,0,0)$、$P_2(0,b,0)$、$P_3(0,0,c)$ （图 8-14），求此平面方程.

分析　设所求平面的一般式方程为

$$Ax + By + Cz + D = 0$$

由于三点都在这个平面上，因此代入 $P_1(a,0,0)$、$P_2(0,b,0)$、$P_3(0,0,c)$ 三点坐标，有

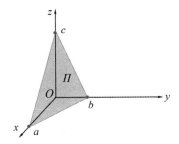

图 8-14

$$\begin{cases} aA + D = 0 \\ bB + D = 0 \\ cC + D = 0 \end{cases}$$

得 $A = -\dfrac{D}{a}$，$B = -\dfrac{D}{b}$，$C = -\dfrac{D}{c}$. 代入所设平面的方程中，得

$$\frac{x}{a} + \frac{y}{b} + \frac{z}{c} = 1$$

该方程叫作平面的**截距式方程**，a、b、c 分别叫作平面在 x、y、z 轴上的**截距**. 依据平面在三个坐标轴上的截距可以快速准确地得到平面的大概位置.

例 4　指出平面 $x - 2y + z - 4 = 0$ 在三个坐标轴上的截距.

解　由方程 $x - 2y + z - 4 = 0$，得平面的截距式方程为

$$\frac{x}{4} - \frac{y}{2} + \frac{z}{4} = 1$$

所以，在三个坐标轴 x、y、z 上的截距分别为 4、-2、4．

8.3.4 两平面的夹角

两平面法向量的夹角（通常指锐角或直角）称为两平面的夹角．

设有两平面 $\varPi_1$ 和 $\varPi_2$：

$$\varPi_1：\quad A_1 x + B_1 y + C_1 z + D_1 = 0，\quad \boldsymbol{n}_1 = (A_1, B_1, C_1)$$

$$\varPi_2：\quad A_2 x + B_2 y + C_2 z + D_2 = 0，\quad \boldsymbol{n}_2 = (A_2, B_2, C_2)$$

则平面 $\varPi_1$ 和 $\varPi_2$ 的夹角 θ 应是 $(\widehat{\boldsymbol{n}_1, \boldsymbol{n}_2})$ 和 $\pi - (\widehat{\boldsymbol{n}_1, \boldsymbol{n}_2})$ 两者中的锐角或直角（图 8-15），因此

$$\cos\theta = \left| \cos(\widehat{\boldsymbol{n}_1, \boldsymbol{n}_2}) \right|$$

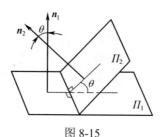

图 8-15

按照两向量夹角的余弦公式，有

$$\cos\theta = \frac{\left| A_1 A_2 + B_1 B_2 + C_1 C_2 \right|}{\sqrt{A_1^2 + B_1^2 + C_1^2} \cdot \sqrt{A_2^2 + B_2^2 + C_2^2}}$$

根据两向量垂直和平行的充要条件，可以得到：

（1） $\varPi_1 \perp \varPi_2$ 的充要条件是 $A_1 A_2 + B_1 B_2 + C_1 C_2 = 0$；

（2） $\varPi_1 /\!/ \varPi_2$ 的充要条件是 $\dfrac{A_1}{A_2} = \dfrac{B_1}{B_2} = \dfrac{C_1}{C_2}$．

特别地，两平面 $\varPi_1$ 和 $\varPi_2$ 重合的充要条件是 $\dfrac{A_1}{A_2} = \dfrac{B_1}{B_2} = \dfrac{C_1}{C_2} = \dfrac{D_1}{D_2}$．

例 5 判断下列各组中两平面的位置关系：

（1） $\varPi_1：x + 2y - 3z = 0$，$\varPi_2：2x + 4y - 6z + 1 = 0$；

（2） $\varPi_1：x - y + 2z - 6 = 0$，$\varPi_2：2x + y + z - 5 = 0$．

解　（1）两平面的法向量分别为 $\boldsymbol{n}_1 = (1,2,-3)$，$\boldsymbol{n}_2 = (2,4,-6)$，且 $\dfrac{1}{2} = \dfrac{2}{4} = \dfrac{-3}{-6}$，所以 $\varPi_1 /\!/ \varPi_2$. 又因为点 $(0,0,0) \in \varPi_1$，但 $(0,0,0) \notin \varPi_2$，所以这两平面平行但不重合.

（2）两平面的法向量分别为 $\boldsymbol{n}_1 = (1,-1,2)$，$\boldsymbol{n}_2 = (2,1,1)$，所以由公式

$$\cos\theta = \frac{\left|1 \times 2 + (-1) \times 1 + 2 \times 1\right|}{\sqrt{1^2 + (-1)^2 + 2^2} \cdot \sqrt{2^2 + 1^2 + 1^2}} = \frac{1}{2}$$

得，两平面相交且夹角为 $\dfrac{\pi}{3}$.

例 6　设平面过原点 O 及点 $P(6,-3,2)$，且与平面 $4x - y + 2z - 8 = 0$ 垂直，求此平面的方程.

解　设所求平面的法向量为 $\boldsymbol{n}$，平面 $4x - y + 2z - 8 = 0$ 的法向量为 $\boldsymbol{n}_1$，则 $\boldsymbol{n} \perp \boldsymbol{n}_1$ 且 $\boldsymbol{n} \perp \overrightarrow{OP}$，这里，$\boldsymbol{n}_1 = (4,-1,2)$，$\overrightarrow{OP} = (6,-3,2)$.

从而可取　　$\boldsymbol{n} = \boldsymbol{n}_1 \times \overrightarrow{OP} = \begin{vmatrix} \boldsymbol{i} & \boldsymbol{j} & \boldsymbol{k} \\ 4 & -1 & 2 \\ 6 & -3 & 2 \end{vmatrix} = -4\boldsymbol{i} - 4\boldsymbol{j} + 6\boldsymbol{k}$ ·

故所求平面的方程为 $-4(x - 0) - 4(y - 0) + 6(z - 0) = 0$，即

$$2x + 2y - 3z = 0.$$

例 7　设 $P_0(x_0, y_0, z_0)$ 是平面 $Ax + By + Cz + D = 0$ 外一点，求 P_0 到这平面的距离（图 8-16）.

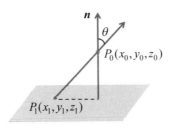

图 8-16

解　设过点 P_0 的平面法向量为 $\boldsymbol{n} = (A, B, C)$，在平面上任取一点 $P_1(x_1, y_1, z_1)$，作向量 $\overrightarrow{P_1 P_0}$，则

$$\overrightarrow{P_1 P_0} = (x_0 - x_1, y_0 - y_1, z_0 - z_1)$$

设点 P_0 到该平面的距离为 d，则如图 8-16 所示，我们有

$$d = \left| \overrightarrow{P_1P_0} \right| \cdot \cos\theta$$

其中，θ 为向量 $\overrightarrow{P_1P_0}$ 与法向量 $\boldsymbol{n}$ 之间的夹角．这里，由于向量 $\overrightarrow{P_1P_0}$ 与法向量 $\boldsymbol{n}$ 之间的夹角**有可能为钝角**，所以，

$$d = \left| \overrightarrow{P_1P_0} \right| \cdot \left| \cos\theta \right| = \left| \overrightarrow{P_1P_0} \right| \cdot \frac{\left| \overrightarrow{P_1P_0} \cdot n \right|}{\left| \overrightarrow{P_1P_0} \right| \cdot |n|} = \frac{\left| \overrightarrow{P_1P_0} \cdot n \right|}{|n|}$$

$$= \frac{\left| A(x_0 - x_1) + B(y_0 - y_1) + C(z_0 - z_1) \right|}{\sqrt{A^2 + B^2 + C^2}}$$

$$= \frac{\left| Ax_0 + By_0 + Cz_0 - (Ax_1 + By_1 + Cz_1) \right|}{\sqrt{A^2 + B^2 + C^2}}$$

由于点 $P_1(x_1, y_1, z_1)$ 在平面 $Ax + By + Cz + D = 0$ 上，所以

$$Ax_1 + By_1 + Cz_1 + D = 0$$

于是

$$d = \frac{\left| Ax_0 + By_0 + Cz_0 + D \right|}{\sqrt{A^2 + B^2 + C^2}}$$

该公式被称为**点到平面的距离公式**.

习题 8.3

1. 求过点 $(2, 4, -3)$ 且以 $\boldsymbol{n} = (2, 3, -5)$ 为法向量的平面方程.

2. 求过点 $(2, -3, 0)$ 且与平面 $x - 2y + 3z - 5 = 0$ 平行的平面方程.

3. 求过三点 $A(1, 1, -1)$、$B(-2, -2, 2)$、$C(1, -1, 2)$ 的平面方程.

4. 求过三点 $M_1(1, 1, 2)$、$M_2(3, 2, 3)$、$M_3(2, 0, 3)$ 的平面方程.

5. 求通过 x 轴和点 $(4, -3, -1)$ 的平面方程.

6. 求平行于 x 轴且经过两点 $(4, 0, -2)$ 和 $(5, 1, 7)$ 的平面方程.

7. 求过点 $(-2, 3, 0)$，且与两平面 $x + 2y + 3z - 2 = 0$ 和 $6x - y + 5z + 2 = 0$ 垂直的平面方程.

8. 一平面过点 $(1, 0, -1)$ 且平行于向量 $\boldsymbol{a} = (2, 1, 1)$ 和 $\boldsymbol{b} = (1, -1, 0)$，求该平面的方程.

9. 求平面 $2x - 2y + z + 5 = 0$ 与各坐标面夹角的余弦.

10. 求点 $(2, 1, 1)$ 到平面 $x + y - z + 1 = 0$ 的距离.

8.4　空间直线及其方程

8.4.1　空间直线的一般式方程

由上节内容知，两个平面相交，其交线为一条直线，例如两平面 $\begin{cases} x + y = 0 \\ x - y = 0 \end{cases}$ 相

交（图 8-17）.

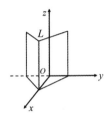

图 8-17

因此，空间直线 L 可看作是两个相交平面的交线.

设两个相交平面的方程分别为

$$\Pi_1：A_1 x + B_1 y + C_1 z + D_1 = 0$$
$$\Pi_2：A_2 x + B_2 y + C_2 z + D_2 = 0$$

那么，直线 L 上任一点的坐标应同时满足这两个平面的方程，即应满足方程组

$$\begin{cases} A_1 x + B_1 y + C_1 z + D_1 = 0 \\ A_2 x + B_2 y + C_2 z + D_2 = 0 \end{cases}$$

相反的，如果一个点不在直线 L 上，那么它不可能同时在平面 Π_1 和 Π_2 上，所以它的坐标就不会满足方程组 $\begin{cases} A_1 x + B_1 y + C_1 z + D_1 = 0 \\ A_2 x + B_2 y + C_2 z + D_2 = 0 \end{cases}$.

因此，直线 L 可以用该方程组表示. 该方程组被称为空间直线的**一般式方程**.

通过空间一条直线的平面有无限多个，只要在这无限多个平面中任取两个，把它们的方程联立起来，都可作为空间直线 L 的方程. 但是，空间平面的一般式方程虽然直观易于理解，但是不便于运算，因此，想要进一步学习空间直线的性质，还需引入其他的方程形式.

8.4.2　空间直线的对称式方程

如果一个非零向量平行于一条已知直线，这个向量就叫作这条直线的**方向向量**. 显然，直线的方向向量有无穷多个.

由于过空间一点有且仅有一条直线与已知直线平行，所以当给定直线 L 上一点 $M_0(x_0, y_0, z_0)$ 和它的一个方向向量 $s = (m, n, p)$ 时，直线 L 的位置就可以完全确定了. 下面来建立这条直线的方程.

设点 $M(x, y, z)$ 是直线 L 上任一点，那么向量 $\overrightarrow{M_0M} \parallel s$（图 8-18），所以两向量的坐标对应成比例. 即

$$\frac{x - x_0}{m} = \frac{y - y_0}{n} = \frac{z - z_0}{p}$$

这里，两向量的坐标表示分别为 $\overrightarrow{M_0M} = (x - x_0, y - y_0, z - z_0)$，$s = (m, n, p)$.

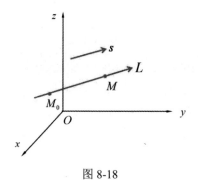

图 8-18

如果点 M 不在直线 L 上，那么 $\overrightarrow{M_0M}$ 就不可能与 s 平行，从而点 M 的坐标不满足方程 $\frac{x - x_0}{m} = \frac{y - y_0}{n} = \frac{z - z_0}{p}$，所以该方程就是直线 L 的方程，称它为**直线 L 的对称式方程**或点向式方程，m、n、p 称为直线 L 的一组**方向数**.

这里需要注意，由于 s 是非零向量，它的方向数 m、n、p 不会同时为零，但有可能其中一个或两个为零，对应以下两种情况：

（1）当 m、n、p 中有一个为零时，例如，当 s 垂直于 x 轴时，它在 x 轴上的投影 $m = 0$，此时为了保持方程的对称形式，我们仍写成 $\frac{x - x_0}{0} = \frac{y - y_0}{n} = \frac{z - z_0}{p}$.

但这时上式应理解为 $\begin{cases} x - x_0 = 0 \\ \dfrac{y - y_0}{n} = \dfrac{z - z_0}{p} \end{cases}$，其他两个方向数为零情况与之类似；

（2）当 m、n、p 中有两个为零时，例如 $m = n = 0$，方程应理解为 $\begin{cases} x - x_0 = 0 \\ y - y_0 = 0 \end{cases}$.

例 1 求过两点 $A(-1, 0, 1)$ 和 $B(1, 2, 3)$ 的直线方程.

解 所求直线的方向向量可取为

$$s = \overrightarrow{AB} = (1, 2, 3) - (-1, 0, 1) = (2, 2, 2) = 2(1, 1, 1).$$

故所求的直线方程为

$$\frac{x - 1}{1} = \frac{y - 2}{1} = \frac{z - 3}{1}$$

8.4.3 空间直线的参数式方程

由空间直线的对称式方程很容易导出直线的参数式方程. 设

$$\frac{x - x_0}{m} = \frac{y - y_0}{n} = \frac{z - z_0}{p} = t$$

则 $x - x_0 = mt$, $y - y_0 = nt$, $z - z_0 = pt$，即

$$\begin{cases} x = x_0 + mt \\ y = y_0 + nt \\ z = z_0 + pt \end{cases}$$

该方程组就称为**直线的参数式方程**.

例 2 将直线的一般式方程 $\begin{cases} x - y + z - 1 = 0 \\ 2x + y + z - 4 = 0 \end{cases}$ 表示为对称式方程与参数式方程.

解 先找出这条直线上的任意一个点 (x_0, y_0, z_0). 不妨取 $x_0 = 1$，代入方程组，得

$$\begin{cases} -y_0 + z_0 = 0 \\ y_0 + z_0 = 2 \end{cases}$$

解这个方程组，得 $y_0 = 1$，$z_0 = 1$，即得直线上的一点 $(1, 1, 1)$.

再求出这条直线的方向向量 s. 由于两平面的交线即该直线与这两平面的法向量 $n_1 = (1, -1, 1)$，$n_2 = (2, 1, 1)$ 都垂直，所以可取

$$s = n_1 \times n_2 = \begin{vmatrix} i & j & k \\ 1 & -1 & 1 \\ 2 & 1 & 1 \end{vmatrix} = -2i + j + 3k = (-2,1,3)$$

因此，所给直线的对称式方程为

$$\frac{x-1}{-2} = \frac{y-1}{1} = \frac{z-1}{3}$$

令

$$\frac{x-1}{-2} = \frac{y-1}{1} = \frac{z-1}{3} = t$$

得所给直线的参数式方程为

$$\begin{cases} x = 1 - 2t \\ y = 1 + t \\ z = 1 + 3t \end{cases}$$

例 3 求直线 $\dfrac{x-1}{2} = \dfrac{y-2}{1} = \dfrac{z-2}{1}$ 与平面 $x + y + z - 1 = 0$ 的交点.

解 令 $\dfrac{x-1}{2} = \dfrac{y-2}{1} = \dfrac{z-2}{1} = t$，得所给直线的参数式方程为 $\begin{cases} x = 2t + 1 \\ y = t + 2 \\ z = t + 2 \end{cases}$，代入

平面的方程 $x + y + z - 1 = 0$ 中，得

$$(2t+1) + (t+2) + (t+2) - 1 = 0$$

解方程得 $t = -1$．把 $t = -1$ 代回直线的参数式方程，得交点坐标为 $(-1,1,1)$．

8.4.4 两直线的夹角

两直线的方向向量间的夹角（通常指锐角或直角）称为**两直线的夹角**.

设 $s_1 = (m_1, n_1, p_1)$，$s_2 = (m_2, n_2, p_2)$ 分别是两直线 L_1、L_2 的方向向量，则直线 L_1、L_2 的夹角 θ 应是 $(\widehat{s_1, s_2})$ 和 $\pi - (\widehat{s_1, s_2})$ 两者中的锐角或直角，因此

$$\cos \theta = \left| \cos(\widehat{s_1, s_2}) \right|$$

按照两向量夹角的余弦公式，有

$$\cos \theta = \frac{|m_1 m_2 + n_1 n_2 + p_1 p_2|}{\sqrt{m_1{}^2 + n_1{}^2 + p_1{}^2} \cdot \sqrt{m_2{}^2 + n_2{}^2 + p_2{}^2}} \tag{8-1}$$

从而可以推出两直线平行和垂直的充要条件，即：

（1）$L_1 /\!/ L_2$ 的充要条件是 $\dfrac{m_1}{m_2} = \dfrac{n_1}{n_2} = \dfrac{p_1}{p_2}$；

（2）$L_1 \perp L_2$ 的充要条件是 $m_1 m_2 + n_1 n_2 + p_1 p_2 = 0$.

例 4　求直线 L_1：$\dfrac{x}{2} = \dfrac{y+2}{-2} = \dfrac{z}{-1}$ 和直线 L_2：$\dfrac{x-1}{1} = \dfrac{y}{-4} = \dfrac{z+3}{1}$ 的夹角.

解　直线 L_1、L_2 的方向向量分别为 $s_1 = (2,-2,-1)$，$s_2 = (1,-4,1)$. 设直线 L_1 和 L_2 的夹角为 θ，则由式（8-1）可得

$$\cos\theta = \frac{\left|2\times1 + (-2)\times(-4) + (-1)\times1\right|}{\sqrt{2^2 + (-2)^2 + (-1)^2} \cdot \sqrt{1^2 + (-4)^2 + 1^2}} = \frac{\sqrt{2}}{2}$$

所以 $\theta = \dfrac{\pi}{4}$.

8.4.5　直线与平面的夹角

当直线与平面不垂直时，直线和它在平面上的投影直线的夹角 $\varphi\left(0 \leqslant \varphi < \dfrac{\pi}{2}\right)$ 称为**直线与平面的夹角**. 当直线与平面垂直时，规定直线与平面的夹角为 $\dfrac{\pi}{2}$.

设直线 L 的方向向量为 $s = (m,n,p)$，平面 $\varPi$ 的法向量为 $n = (A,B,C)$，直线 L 与平面 $\varPi$ 的夹角为 φ.

（1）若直线的方向向量 s 与平面的法向量 n 夹角为锐角，如图 8-19（a）所示，显然有

$$\varphi = \frac{\pi}{2} - \overset{\wedge}{(s,n)}$$

（2）若直线的方向向量 s 与平面的法向量 n 夹角为钝角，如图 8-19（b）所示，则

$$\varphi = \overset{\wedge}{(s,n)} - \frac{\pi}{2}$$

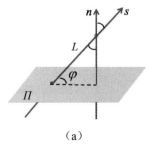
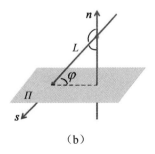

（a）　　　　　　　　　　　　（b）

图 8-19

综上所述，$\varphi = \left| \dfrac{\pi}{2} - (\overset{\wedge}{\boldsymbol{s}, \boldsymbol{n}}) \right|$，因此 $\sin\varphi = \left| \cos(\overset{\wedge}{\boldsymbol{s}, \boldsymbol{n}}) \right|$．按照两向量夹角的余弦公式，有

$$\sin\varphi = \frac{|Am + Bn + Cp|}{\sqrt{A^2 + B^2 + C^2} \cdot \sqrt{m^2 + n^2 + p^2}}$$

这是直线与平面夹角正弦公式，由该公式可得：

（1）$L \perp \mathit{\Pi}$ 的充要条件是 $\dfrac{A}{m} = \dfrac{B}{n} = \dfrac{C}{p}$；

（2）$L \parallel \mathit{\Pi}$ 的充要条件是 $Am + Bn + Cp = 0$．

例 5　设直线 $L: \dfrac{x}{3} = \dfrac{y}{2} = \dfrac{z}{1}$，平面 $\mathit{\Pi}: 3x + 2y + z - 1 = 0$，求直线 L 与平面 $\mathit{\Pi}$ 的夹角．

解　直线 L 的方向向量为 $\boldsymbol{s} = (3, 2, 1)$，平面 $\mathit{\Pi}$ 的法向量为 $\boldsymbol{n} = (3, 2, 1)$，由于 $\boldsymbol{s} = \boldsymbol{n}$，可知直线与平面垂直，即 $L \perp \mathit{\Pi}$，夹角为 $\dfrac{\pi}{2}$．

或者，也可由公式得到

$$\sin\varphi = \frac{|3 \times 3 + 2 \times 2 + 1 \times 1|}{\sqrt{3^2 + 2^2 + 1^2} \cdot \sqrt{3^2 + 2^2 + 1^2}} = 1$$

则所求的夹角为 $\varphi = \dfrac{\pi}{2}$．

例 6　已知点 $P(2, 1, 3)$，直线 $L: \dfrac{x+1}{3} = \dfrac{y-1}{2} = \dfrac{z}{-1}$．求：

（1）点 P 到直线 L 的距离；

（2）过点 P 与直线 L 垂直相交的直线方程．

解　（1）先过点 $P(2, 1, 3)$ 作一平面 $\mathit{\Pi}$ 与直线 L 垂直，如图 8-20 所示，则直线 L 与平面 $\mathit{\Pi}$ 的交点 Q 为垂足，所以点 P 到直线 L 的距离即 $|PQ|$．

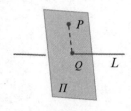

图 8-20

平面 Π 的方程为

$$3(x-2)+2(y-1)-(z-3)=0$$

现求直线 L 和平面 Π 的交点 Q，直线 L 的参数方程为

$$\begin{cases} x=-1+3t \\ y=1+2t \\ z=-t \end{cases}$$

把其代入平面 Π 的方程中，得 $t=\dfrac{3}{7}$，从而求得交点为 $Q\left(\dfrac{2}{7},\dfrac{13}{7},-\dfrac{3}{7}\right)$.

所以，点 $P(2,1,3)$ 到直线 L 的距离为 $d=\left|PQ\right|=\dfrac{6}{7}\sqrt{21}$.

（2）由图 8-21 可知，过点 P 与直线 L 垂直相交的直线就是直线 PQ，为此，先求出该直线的一个方向向量，由所求交点 Q 与已知点 P，我们可得

$$\overrightarrow{PQ}=\left(\dfrac{2}{7}-2,\dfrac{13}{7}-1,-\dfrac{3}{7}-3\right)=-\dfrac{6}{7}(2,-1,4).$$

于是，所求直线方程为

$$\dfrac{x-2}{2}=\dfrac{y-1}{-1}=\dfrac{z-3}{4}$$

8.4.6　平面束

下面引入平面束的概念，它对某些问题的求解非常方便.

通过同一直线的所有平面的全体称为**平面束**. 如图 8-21 所示.

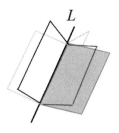

图 8-21

设空间直线 L 的一般式方程为

$$\begin{cases} A_1x+B_1y+C_1z+D_1=0 \\ A_2x+B_2y+C_2z+D_2=0 \end{cases}$$

则方程
$$\left(A_1 x + B_1 y + C_1 z + D_1\right) + \lambda\left(A_2 x + B_2 y + C_2 z + D_2\right) = 0$$
称为**过直线 L 的平面束方程**，其中 λ 为参数，系数 A_1、B_1、C_1 与 A_2、B_2、C_2 不成比例．

显然，若点在直线 L 上，则它的坐标一定同时满足两个平面方程
$$A_1 x + B_1 y + C_1 z + D_1 = 0 \quad \text{与} \quad A_2 x + B_2 y + C_2 z + D_2 = 0$$
也就满足了方程
$$\left(A_1 x + B_1 y + C_1 z + D_1\right) + \lambda\left(A_2 x + B_2 y + C_2 z + D_2\right) = 0$$

所以，该方程表示通过直线 L 的平面方程，且随着 λ 值的变化，它代表着通过直线 L 的不同的平面方程，即平面束．

这里需要注意的是，上面平面束方程包含了除平面 $A_2 x + B_2 y + C_2 z + D_2 = 0$ 之外的所有过直线 L 的平面．

例 7 过直线 $L:\begin{cases} x + 2y - z - 6 = 0 \\ x - 2y + z = 0 \end{cases}$ 作平面 Π，使它垂直于平面 $x + 2y + z = 0$，求平面 Π 的方程．

解 设通过直线 L 的平面束方程为
$$(x + 2y - z - 6) + \lambda(x - 2y + z) = 0$$
即
$$(1 + \lambda)x + 2(1 - \lambda)y + (\lambda - 1)z - 6 = 0$$

由于所求平面与已知平面 $x + 2y + z = 0$ 垂直，所以两平面的法向量必垂直，从而
$$1 \cdot (1 + \lambda) + 4(1 - \lambda) + (\lambda - 1) = 0$$

解得 $\lambda = 2$，故所求平面的方程为
$$3x - 2y + z - 6 = 0$$

习题 8.4

1. 求过空间两点 $M_1(2, -1, 4)$ 和 $M_2(2, 3, -2)$ 的直线方程．

2. 求过点 $M_1(4, -1, 3)$ 且平行于直线 $\dfrac{x-3}{2} = \dfrac{y}{1} = \dfrac{z-1}{5}$ 的直线方程．

3. 求过点 $(1, -3, 2)$ 且平行于两平面 $3x - y + 5z + 2 = 0$ 及 $x + 2y - 3z + 4 = 0$ 的直线方程．

4. 求过点 $M(1, 1, 1)$ 且与直线 $L:\begin{cases} x - 2y + z = 0 \\ 2x + 2y + 3z - 6 = 0 \end{cases}$ 平行的直线方程．

5．将下列直线的一般式方程化为对称式方程与参数式方程．

（1）$\begin{cases} x+y+z+2=0 \\ 2x-y+3z+4=0 \end{cases}$；　　　　　（2）$\begin{cases} x-y+z=1 \\ 2x+y+z=4 \end{cases}$．

6．求直线 $\dfrac{x-1}{1}=\dfrac{y-5}{-2}=\dfrac{z+6}{1}$ 与直线 $\begin{cases} x-y=6 \\ 2y+z=3 \end{cases}$ 的夹角．

7．求直线 $\begin{cases} 5x-3y+3z-9=0 \\ 3x-2y+z-1=0 \end{cases}$ 与直线 $\begin{cases} 2x+2y-z+23=0 \\ 3x+8y+z-18=0 \end{cases}$ 的夹角余弦．

8．试确定直线 L: $\dfrac{x+3}{-2}=\dfrac{y+4}{-7}=\dfrac{z}{3}$ 和平面 Π：$4x-2y-2z=3$ 的关系．

9．设直线 L: $\dfrac{x}{1}=\dfrac{y}{2}=\dfrac{z}{-1}$，平面 Π：$x-y-z+1=0$，求直线 L 与平面 Π 的夹角．

10．求点 $P(3,-1,2)$ 到直线 $\begin{cases} x+y-z+1=0 \\ 2x-y+z-4=0 \end{cases}$ 的距离．

11．求过直线 $\begin{cases} x+y-z-1=0 \\ x-y+z+1=0 \end{cases}$ 且与平面 $x+y+z=0$ 垂直的平面方程．

8.5　空间曲面及其方程

在平面解析几何中，二元方程 $f(x,y)=0$ 一般对应一条平面曲线；类似地，三元方程 $F(x,y,z)=0$ 对应空间一个曲面．事实上，生活中很多元素都与曲面有关，例如许多著名的建筑物的表面都是曲面，这是曲面在建筑中的直观体现．再例如许多生活用品、蔬菜水果等，它们的外观也可看作是由某种类型的曲面构造而成．学习中可注意数形结合，并联系实际生活原型，加深对曲面及其方程的印象，锻炼空间想象能力，感受数学之美，为学习后续章节打好基础．下面给出曲面及其方程的定义．

定义 1　在空间直角坐标系中，若曲面 S 上任一点的坐标都满足方程 $F(x,y,z)=0$，而不在曲面 S 上的点的坐标都不满足该方程，则方程 $F(x,y,z)=0$ 称为曲面 S 的方程，而曲面 S 就称为方程 $F(x,y,z)=0$ 的图形（图 8-22）．

建立了空间曲面与其方程的联系后，我们就可以通过研究方程的解析性质来研究曲面的几何性质．空间曲面研究的两个基本问题是：

（1）已知曲面上的点所满足的几何轨迹，建立曲面的方程；

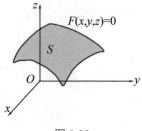

图 8-22

（2）已知曲面方程，研究曲面的几何形状.

下面我们学习几种常见的曲面方程.

8.5.1　球面及其方程

先来看一个引例：建立球心在 $M_0(x_0, y_0, z_0)$，半径为 R 的球面的方程.

分析　设 $M(x, y, z)$ 是球面上任一点（图 8-23），则

$$|MM_0| = R$$

因为　　　　　　　$|MM_0| = \sqrt{(x-x_0)^2 + (y-y_0)^2 + (z-z_0)^2}$

所以　　　　　　　$(x-x_0)^2 + (y-y_0)^2 + (z-z_0)^2 = R^2$

这就是球心在 $M_0(x_0, y_0, z_0)$、半径为 R 的**球面的标准方程**. 因为球面上所有点的坐标满足该方程，而不在球面上的点的坐标都不满足这个方程.

特别地，当球心在坐标原点 $(0,0,0)$ 时，球面方程为 $x^2 + y^2 + z^2 = R^2$.

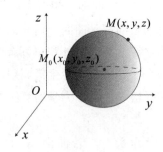

图 8-23

例 1　方程 $x^2 + y^2 + z^2 - 2x + 4y + 2z = 0$ 表示什么曲面？

解　原方程配方整理得

$$(x-1)^2 + (y+2)^2 + (z+1)^2 = (\sqrt{6})^2$$

所以，方程表示以 $(1,-2,-1)$ 为球心、$\sqrt{6}$ 为半径的球面.

一般地，设三元二次方程

$$Ax^2 + Ay^2 + Az^2 + Bx + Cy + Dz + E = 0$$

这个方程的特点是二次项系数相同，没有 xy、yz、zx 这样的交叉项，所以，只要将方程配方整理就可得到一个球面的标准方程，将其称为**球面的一般方程**.

8.5.2　柱面

1. 柱面的定义

我们知道，对于二元方程 $x^2 + y^2 = 1$，在平面直角坐标系里，它表示圆心在原点 O、半径为 1 的单位圆. 那么在空间直角坐标系中，方程 $x^2 + y^2 = 1$ 在空间中表示一个怎样的曲面呢？

分析　由于方程 $x^2 + y^2 = 1$ 不含竖坐标 z，因此，对空间一点 (x,y,z)，不论其竖坐标 z 是什么，只要它的横坐标 x 和纵坐标 y 能满足方程，这一点就在此曲面上. 即在空间直角坐标系中，凡是通过 xOy 面内圆 $x^2 + y^2 = 1$ 上一点 $M(x,y,0)$，且平行于 z 轴的直线 L 都在该曲面上. 因此，该曲面可以看作是平行于 z 轴的直线 L 沿着 xOy 面上的圆 $x^2 + y^2 = 1$ 移动而形成的，称该曲面为**圆柱面**（图 8-24）.

这里，我们称平行于 z 轴的动直线 L 为母线，xOy 面上的圆 $x^2 + y^2 = 1$ 为准线（图 8-25）. 为此，给出如下定义.

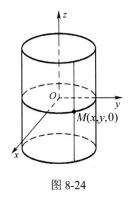
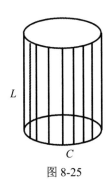

图 8-24　　　　　　　　　　　　　　图 8-25

定义 2　平行于定直线的动直线 L 沿曲线 C 平行移动所形成的轨迹称为柱面. 曲线 C 称为柱面的准线，直线 L 称为柱面的母线.

这里只讨论母线平行于坐标轴的柱面.

2．几种常见的柱面

（1）**圆柱面** $x^2+y^2=R^2$，$y^2+z^2=R^2$，$x^2+z^2=R^2$．

由前面分析知，方程 $x^2+y^2=R^2$ 表示的是一个母线平行于 z 轴的圆柱面，类似地，方程 $y^2+z^2=R^2$ 与 $x^2+z^2=R^2$ 也表示圆柱面，不同的是，它们的母线分别平行于 x 轴和 y 轴．

一般地，在空间解析几何中，不含 z 而仅含 x、y 的方程 $F(x,y)=0$ 表示母线平行于 z 轴的柱面，xOy 面上的曲线 $F(x,y)=0$ 是这个柱面的准线．

同理，不含 y 而仅含 x、z 的方程 $G(x,z)=0$ 表示母线平行于 y 轴的柱面；不含 x 而仅含 y、z 的方程 $H(y,z)=0$ 表示母线平行于 x 轴的柱面．

（2）**椭圆柱面** $\dfrac{x^2}{a^2}+\dfrac{y^2}{b^2}=1$，$\dfrac{y^2}{a^2}+\dfrac{z^2}{b^2}=1$，$\dfrac{x^2}{a^2}+\dfrac{z^2}{b^2}=1$．

由前面圆柱面的讨论知，方程 $\dfrac{x^2}{a^2}+\dfrac{y^2}{b^2}=1$ 是一个母线平行于 z 轴的椭圆柱面，其他两种形式只是母线平行于不同的坐标轴而已．

例如，给出方程 $x^2+4z^2=4$，将其化简得 $\dfrac{x^2}{4}+\dfrac{z^2}{1}=1$，则该方程表示的是母线平行于 y 轴的椭圆柱面（图 8-26）．

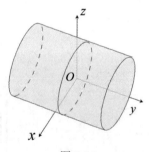

图 8-26

（3）**抛物柱面** $y^2=2px$，$x^2=2py$，
$$z^2=2px，\quad x^2=2pz，$$
$$z^2=2py，\quad y^2=2pz．$$

不同方程形式对应不同形状的曲面．例如，方程 $y^2=2x$ 表示母线平行于 z 轴，准线为 xOy 面上的抛物线 $y^2=2x$ 的抛物柱面（图 8-27）．

（4）**双曲柱面** $\dfrac{x^2}{a^2} - \dfrac{y^2}{b^2} = 1$.

直接画出 $\dfrac{x^2}{a^2} - \dfrac{y^2}{b^2} = 1$ 的图形（图 8-28），其他形式的双曲柱面及其图形请读者自行画出.

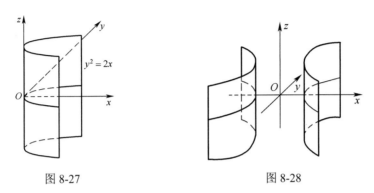

图 8-27　　　　　　　　　　　图 8-28

有时，某些平面也可看作柱面，例如方程 $y - z = 0$ 表示的是母线平行于 x 轴，准线为 yOz 面上的直线 $y - z = 0$ 的柱面（图 8-29）.

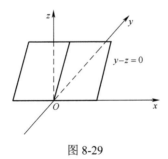

图 8-29

8.5.3　旋转曲面

定义 3　一条平面曲线 C 绕其平面上的一条定直线 l 旋转一周所生成的曲面称为**旋转曲面**. 定直线 l 称为旋转曲面的**轴**，平面曲线 C 称为旋转曲面的**母线**.

下面我们来推导旋转曲面的方程，我们仅研究旋转曲面的轴为坐标轴的情况. 先假设在 yOz 坐标面上有一曲线 C，其方程为

$$f(y, z) = 0$$

设曲线 C 上有一点 $M_1(0, y_1, z_1)$，则有 $f(y_1, z_1) = 0$.

将这条曲线绕 z 轴旋转一周，就得到一个以 z 轴为轴的旋转曲面（图 8-30），假设此时的点 $M_1(0, y_1, z_1)$ 旋转到这个曲面上另一点 $M(x, y, z)$ 的位置，则由旋转曲面的定义知，$z_1 = z$，且点 M 到 z 轴的距离 $\sqrt{x^2 + y^2}$ 与 M_1 到 z 轴的距离 $|y_1|$ 相等，即

$$\begin{cases} |y_1| = \sqrt{x^2 + y^2} \\ z_1 = z \end{cases}$$

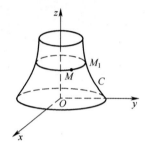

图 8-30

又由于 $f(y_1, z_1) = 0$，将上述两个条件代入，我们有

$$f(\pm\sqrt{x^2 + y^2}, z) = 0$$

由点 $M(x, y, z)$ 的任意性知，该方程就是所求旋转曲面的方程.

由此可见，在 yOz 面上的曲线 $f(y, z) = 0$，如果将其绕 z 轴旋转，则旋转曲面方程可看作是这样得到的：

保持 z 不变，将 y 换成 $\pm\sqrt{x^2 + y^2}$，再代入 $f(y, z) = 0$ 即可.

类似地，该曲线绕 y 轴旋转所生成的旋转曲面的方程为

$$f(y, \pm\sqrt{x^2 + z^2}) = 0$$

即保持 y 不变，将 z 换成 $\pm\sqrt{x^2 + z^2}$，再代入方程 $f(y, z) = 0$.

综上所述：设有 yOz 面上的曲线 C，它的方程为 $f(y, z) = 0$，则

（1）曲线绕 y 轴旋转得到的旋转曲面方程为 $f(y, \pm\sqrt{x^2 + z^2}) = 0$；

（2）曲线绕 z 轴旋转得到的旋转曲面方程为 $f(\pm\sqrt{x^2 + y^2}, z) = 0$.

其他在 xOy 面或 xOz 面上的曲线，绕其所在坐标面上的坐标轴旋转得到的旋转曲面方程的方法与之类似，这里不再赘述.

例 2 将 yOz 坐标面上的直线 $z = ay$（$a \neq 0$）绕 z 轴旋转一周，求所得的旋转

曲面方程.

解 因为在坐标面 yOz 上，直线 $z = ay$（$a \neq 0$）绕 z 轴旋转，所以保持 z 不变，将 y 换成 $\pm\sqrt{x^2 + y^2}$，得

$$z = a(\pm\sqrt{x^2 + y^2})$$

即

$$z^2 = a^2(x^2 + y^2)$$

该旋转曲面称为**圆锥面**，点 O 称为圆锥的顶点（图 8-31）.

例 3 将 xOz 坐标面上的抛物线 $z = ax^2$（$a > 0$）绕 z 轴旋转一周，求所生成的旋转曲面的方程.

解 因为在坐标面 xOz 上，抛物线 $z = ax^2$ 绕 z 轴旋转，所以保持 z 不变，将 x 换成 $\pm\sqrt{x^2 + y^2}$，得

$$z = a(\pm\sqrt{x^2 + y^2})^2$$

即

$$z = a(x^2 + y^2)$$

称这个旋转曲面为**旋转抛物面**（图 8-32）.

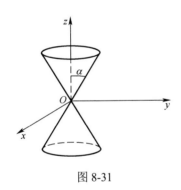

图 8-31

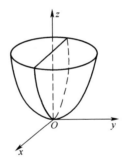

图 8-32

例 4 将 xOz 坐标面上的双曲线 $\dfrac{x^2}{a^2} - \dfrac{z^2}{c^2} = 1$ 分别绕 z 轴或 x 轴旋转一周，求所生成的旋转曲面的方程.

解 绕 z 轴旋转，保持 z 不变，将 x 换成 $\pm\sqrt{x^2 + y^2}$，所得的旋转曲面方程为

$$\frac{x^2 + y^2}{a^2} - \frac{z^2}{c^2} = 1$$

称这个旋转曲面为**旋转单叶双曲面**（图 8-33）.

绕 x 轴旋转，保持 x 不变，将 z 换成 $\pm\sqrt{y^2 + z^2}$，所得的旋转曲面方程为

$$\frac{x^2}{a^2} - \frac{y^2 + z^2}{c^2} = 1$$

称这个旋转曲面为**旋转双叶双曲面**（图 8-34）.

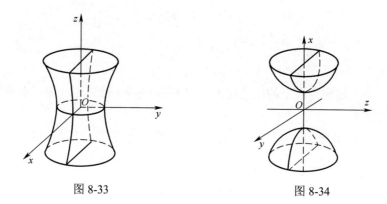

图 8-33　　　　　　　　　　　　图 8-34

8.5.4　二次曲面

在空间直角坐标系中，方程 $F(x, y, z) = 0$ 一般表示曲面：若 $F(x, y, z) = 0$ 为一次方程，则它的图形是一个**平面**；若 $F(x, y, z) = 0$ 为二次方程，则它的图形称为**二次曲面**.

下面先给出几种常见的二次曲面，再介绍如何利用"截痕法"得到曲面的形状.

1. 常见的二次曲面

（1）椭圆锥面　　$\dfrac{x^2}{a^2} + \dfrac{y^2}{b^2} = z^2$　（图 8-35）.

（2）椭球面　　$\dfrac{x^2}{a^2} + \dfrac{y^2}{b^2} + \dfrac{z^2}{c^2} = 1$　（图 8-36）.

特别地，当 $a = b = c = R$ 时，方程为 $x^2 + y^2 + z^2 = R^2$，它是球心在坐标原点的球面方程.

（3）单叶双曲面　　$\dfrac{x^2}{a^2} + \dfrac{y^2}{b^2} - \dfrac{z^2}{c^2} = 1$　（图 8-37）.

（4）双叶双曲面　　$\dfrac{x^2}{a^2} - \dfrac{y^2}{b^2} - \dfrac{z^2}{c^2} = 1$　（图 8-38）.

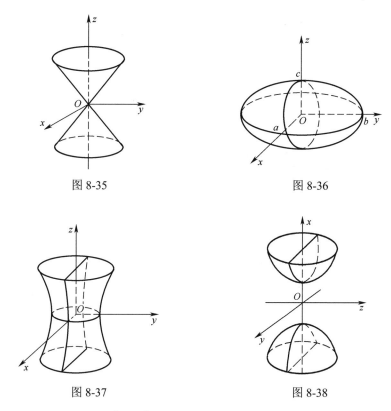

图 8-35　　　　　　　　　　　　　　　图 8-36

图 8-37　　　　　　　　　　　　　　　图 8-38

（5）椭圆抛物面　$\dfrac{x^2}{a^2}+\dfrac{y^2}{b^2}=z$ （图 8-39）.

（6）双曲抛物面（马鞍面）$\dfrac{x^2}{a^2}-\dfrac{y^2}{b^2}=z$ （图 8-40）.

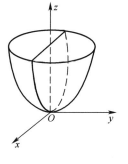

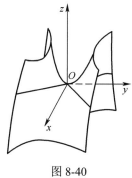

图 8-39　　　　　　　　　　　　　　　图 8-40

除此之外，还有在柱面方程里的圆柱面、椭圆柱面、抛物柱面和双曲柱面也都属于二次曲面，这里不再重复介绍．

2．截痕法

二次曲面种类繁多，方程相似度高，单纯记忆方程形式并与

其图形对应有一定困难，因此应掌握一些方法，从曲面方程形式

数学与建筑美学

出发，进行分析、综合，从而得到曲面的大致形状，一般我们采用截痕法．下面来通过一个具体例子来介绍截痕法的使用过程．

例 5　用截痕法作出椭圆抛物面 $\dfrac{x^2}{a^2}+\dfrac{y^2}{b^2}=z\,(a>0,\ b>0)$ 的图形．

解　由方程 $\dfrac{x^2}{a^2}+\dfrac{y^2}{b^2}=z$ 知，$z\geqslant 0$．当且仅当 $x=y=0$ 时，$z=0$，所以曲面

位于 xOy 面上方并与 xOy 面相切于原点 $O(0,0,0)$．

下面分别用平行于 xOy、yOz、zOx 的平面去截曲面，观察所截得的曲线特征．

用平行于 xOy 平面的平面 $z=z_1(z_1>0)$ 去截曲面，联立方程 $\begin{cases}\dfrac{x^2}{a^2}+\dfrac{y^2}{b^2}=z \\ z=z_1\end{cases}$，得

$$\begin{cases}\dfrac{x^2}{(\sqrt{z_1}a)^2}+\dfrac{y^2}{(\sqrt{z_1}b)^2}=1 \\ z=z_1\end{cases}$$

这是位于平面 $z=z_1$ 上的一个椭圆，且当 z_1 增大时，椭圆半轴随之增大，如图 8-41 所示．

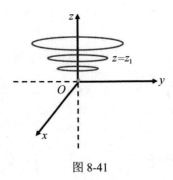

图 8-41

用平行于 yOz 平面的平面 $x=x_1$ 去截曲面，联立方程 $\begin{cases}\dfrac{x^2}{a^2}+\dfrac{y^2}{b^2}=z \\ x=x_1\end{cases}$，得

$$\begin{cases} z = \dfrac{y^2}{b^2} + C, \\ x = x_1 \end{cases} \qquad \left(C = \dfrac{x_1^2}{a^2} \right)$$

这是位于平面 $x = x_1$ 上的一条抛物线. 当 x_1 变化时，各个截面上的抛物线形状保持一致，只是顶点相对 xOy 面的位置高低不同而已，如图 8-42 所示.

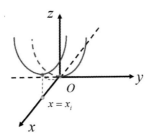

图 8-42

特别地，曲面被坐标平面 $yOz(x = 0)$ 所截，得 $\begin{cases} z = \dfrac{y^2}{b^2} \\ x = 0 \end{cases}$，是 yOz 平面上的一条以原点为顶点的抛物线.

类似地，用 zOx 平面和平行于 zOx 的平面 $y = y_1$ 去截曲面，所得亦为抛物线. 综合以上所有分析结果，得到椭圆抛物面的大致图形，如图 8-43 所示.

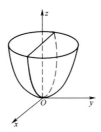

图 8-43

在椭圆抛物面中，若令 $a = b$，它则变为旋转抛物面 $z = \dfrac{x^2}{a^2} + \dfrac{y^2}{a^2}$. 旋转抛物面有一个很好的物理性质，可使置于焦点处的光源反射出平行光线，因此在生活中，探照灯、汽车照明灯的反射镜面均为旋转抛物面状.

习题 8.5

1．方程 $2x^2 + 2y^2 + 2z^2 + 2x - 2z - 1 = 0$ 表示怎样的曲面？

2．求以点 $(1, -1, 2)$ 为球心，且通过坐标原点的球面方程．

3．方程 $x^2 - y^2 = 1$ 在平面解析几何与空间解析几何中分别表示什么图形？画出它们的简图．

4．方程 $x^2 + 4y^2 = 4$ 在平面解析几何与空间解析几何中分别表示什么图形？画出它们的简图．

5．求 xOz 坐标面上的双曲线 $x^2 - 9z^2 = 18$ 绕 z 轴旋转一周生成的旋转曲面方程．

6．求 xOy 坐标面上的抛物线 $y = 5x^2$ 绕 y 轴旋转一周生成的旋转曲面方程．

7．画出下列方程所表示曲面的简图．

（1）$x^2 + 2y^2 + 3z^2 = 4$；　　　　　（2）$z = x^2 + 3y^2$；

（3）$x^2 + 4y^2 - 4z^2 = 8$；　　　　　（4）$x^2 - y^2 - z^2 = 1$．

8．下列说法正确的是（　　）．

A．$\dfrac{x^2}{9} + \dfrac{z^2}{4} = 1$ 是一个母线平行于 y 轴的圆柱面

B．$\dfrac{x^2}{9} - \dfrac{z^2}{4} = 1$ 是一个母线平行于 y 轴的双曲柱面

C．$\dfrac{x^2}{9} + \dfrac{z^2}{4} = z$ 是一个母线平行于 y 轴的圆柱面

D．$\dfrac{x^2}{9} - \dfrac{z^2}{4} = z$ 是一个母线平行于 y 轴的圆柱面

8.6　空间曲线及其方程

8.6.1　空间曲线的一般式方程

空间曲线可以看作空间两曲面 S_1、S_2 的交线．设

$$F(x, y, z) = 0 \text{ 和 } G(x, y, z) = 0$$

是两个曲面 S_1、S_2 的方程，它们的交线为 C（图 8-44）．由于曲线 C 上任何点的坐标都同时满足这两个曲面的方程，所以，该曲线应满足方程组

$$\begin{cases} F(x,y,z)=0 \\ G(x,y,z)=0 \end{cases}$$

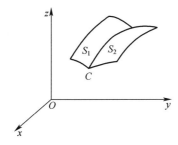

图 8-44

反之，任何不在曲线 C 上的点，它不可能同时在两个曲面上 S_1、S_2 上，所以它的坐标就不满足方程组. 因此，曲线 C 可以用方程组 $\begin{cases} F(x,y,z)=0 \\ G(x,y,z)=0 \end{cases}$ 来表示，将该方程组称为**空间曲线 C 的一般式方程**.

例 1　画出方程组 $\begin{cases} x^2+y^2=4 \\ x+z=3 \end{cases}$ 所表示的空间曲线 C.

解　方程 $x^2+y^2=4$ 表示的是母线平行于 z 轴的柱面，其准线是 xOy 面上的圆，圆心在原点 O，半径为 2；而方程 $x+z=3$ 表示的是一个平面. 于是两面相交所得曲线 C 如图 8-45 所示.

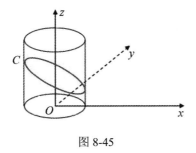

图 8-45

例 2　单叶双曲面 $x^2+4y^2-16z^2=64$ 与三个坐标面 xOy、yOz、zOx 的交线分别是什么曲线？

解　三个坐标面 xOy、yOz、zOx 可以分别看作空间中三个特殊的平面

$$z=0,\ x=0 \text{ 与 } y=0$$

所以，该曲面与 xOy 面的交线为：$\begin{cases} x^2 + 4y^2 - 16z^2 = 64 \\ z = 0 \end{cases}$，即 $\begin{cases} x^2 + 4y^2 = 64 \\ z = 0 \end{cases}$，

这是一个中心在原点 O，长轴在 x 轴，位于 xOy 面上的椭圆，如图 8-46（a）所示.

曲面与 yOz 面的交线为：$\begin{cases} x^2 + 4y^2 - 16z^2 = 64 \\ x = 0 \end{cases}$，即 $\begin{cases} y^2 - 4z^2 = 16 \\ x = 0 \end{cases}$，这是一个

中心在原点 O，实轴在 y 轴，位于 yOz 面上的双曲线，如图 8-46（b）所示.

曲面与 zOx 面的交线为：$\begin{cases} x^2 + 4y^2 - 16z^2 = 64 \\ y = 0 \end{cases}$，即 $\begin{cases} x^2 - 16z^2 = 64 \\ y = 0 \end{cases}$，这是一

个中心在原点 O，实轴在 x 轴，位于 zOx 面上的双曲线，如图 8-46（c）所示.

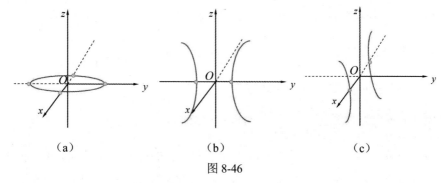

（a）　　　　　　　　　　（b）　　　　　　　　　　（c）

图 8-46

事实上，曲面与三个坐标面 xOy、yOz、zOx 的交线可以看作该曲面在这三个坐标面的截痕，这三个特殊面上的截痕对于我们了解曲面的形状很有意义.

8.6.2　空间曲线的参数式方程

由于空间曲线的一般式方程在运算时不太方便，所以下面介绍另一种形式的曲线方程. 在平面解析几何中，平面曲线可以用参数方程表示，所以类似地，在空间直角坐标系中，空间曲线也可以用参数方程来表示，即用曲线 C 上的动点坐标 x、y、z 分别表示参数为 t 的函数，其形式为

$$\begin{cases} x = x(t) \\ y = y(t) \\ z = z(t) \end{cases}$$

当给定每一个确定的 t 值时，就得到曲线上的一个点 (x, y, z)，随着参数 t 的变化就可得到曲线上全部的点. 将这个方程组称为**空间曲线的参数式方程**.

例 3　若空间一点 M 在圆柱面 $x^2 + y^2 = a^2$ 上以角速度 ω 绕 z 轴旋转，同时又以线速度 v 沿平行于 z 轴的正方向上升（其中 ω、v 都是常数），那么点 M 的运动轨迹叫作螺旋线，试建立其参数方程.

解　取时间 t 为参数. 设当 $t = 0$ 时，动点位于 x 轴上的一点 $A(a,0,0)$. 经过时间 t，动点由 A 运动到 $M(x,y,z)$，如图 8-47 所示.

记点 M 在 xOy 面上的投影为点 M'，则点 M' 的坐标为 $(x,y,0)$. 由于动点在圆柱面上以角速度 ω 绕 z 轴旋转，所以经过时间 t，$\angle AOM' = \omega t$. 如图 8-48 所示.

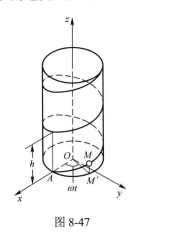

图 8-47

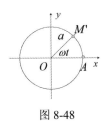

图 8-48

从而

$$x = |OM'| \cos \angle AOM' = a \cos \omega t$$
$$y = |OM'| \sin \angle AOM' = a \sin \omega t$$

由于动点同时以线速度 v 沿平行于 z 轴的正方向上升，所以 $z = M'M = vt$.
于是，螺旋线的参数方程为

$$\begin{cases} x = a \cos \omega t \\ y = a \sin \omega t \\ z = vt \end{cases}$$

若令 $\theta = \omega t$，则螺旋线的参数方程简化为 $\begin{cases} x = a \cos \theta \\ y = a \sin \theta，\text{其中 } k = \dfrac{v}{\omega}. \\ z = k\theta \end{cases}$

螺旋线是生产实践中常用的曲线. 例如，螺钉的外缘曲线就是螺旋线. 螺旋线有个重要性质：当 $\theta = 2\pi$ 时，$z = 2\pi k$，这表示点 M 从点 A 开始绕 z 轴运动一周后在 z 轴方向上所移动的距离，这个高度 $h = 2\pi k$ 在工程技术上称为**螺距**.

8.6.3　空间曲线两种方程形式的互化

有时，空间曲线的两种方程形式间可以相互转化．由于空间曲线的一般式方程与参数式方程是建立在平面曲线方程的基础之上的，因此，可以类比平面曲线两种方程间互相转化的方法．一般采用代入法、三角公式法等．

例 4　将空间曲线的参数式方程 $\begin{cases} x = 6t + 1 \\ y = (t+1)^2 \\ z = 2t \end{cases}$ 化为一般式方程．

解　由 $z = 2t$ 知，$t = \dfrac{z}{2}$．将 $t = \dfrac{z}{2}$ 分别代入方程 $x = 6t + 1$ 与 $y = (t+1)^2$，有

$$\begin{cases} x = 3z + 1 \\ y = \left(\dfrac{z}{2} + 1\right)^2 \end{cases}$$

则该方程组为空间曲线的一般式方程．

例 5　将空间曲线的一般式方程 $\begin{cases} x^2 + y^2 + z^2 = 9 \\ y = x \end{cases}$ 化为参数式方程．

解　将 $y = x$ 代入方程 $x^2 + y^2 + z^2 = 9$，得 $2x^2 + z^2 = 9$，即 $\dfrac{2x^2}{9} + \dfrac{z^2}{9} = 1$．令 $x = \dfrac{3}{\sqrt{2}}\sin t$，则 $z = 3\cos t$．从而得到所求曲线的参数式方程为

$$\begin{cases} x = \dfrac{3}{\sqrt{2}}\sin t \\ y = \dfrac{3}{\sqrt{2}}\sin t \\ z = 3\cos t \end{cases} \quad (0 \leqslant t \leqslant 2\pi).$$

8.6.4　空间曲线在坐标面上的投影

设空间曲线 C 的一般式方程为 $\begin{cases} F(x, y, z) = 0 \\ G(x, y, z) = 0 \end{cases}$，下面给出有关投影的定义．

定义　以曲线 C 为准线、母线平行于 z 轴的柱面 Γ 称为曲线 C 关于 xOy 面的**投影柱面**．投影柱面 Γ 与 xOy 面的交线 C' 称为空间曲线 C 在 xOy 面上的**投影曲线**，简称**投影**（图 8-49）．

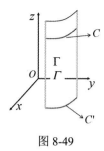

图 8-49

下面研究投影柱面和投影曲线的求法.

由方程组 $\begin{cases} F(x,y,z)=0 \\ G(x,y,z)=0 \end{cases}$ 消去变量 z 后得到的方程为 $H(x,y)=0$，这是一个母

线平行于 z 轴的柱面.

当 x、y 和 z 满足方程组 $\begin{cases} F(x,y,z)=0 \\ G(x,y,z)=0 \end{cases}$ 时，前两个变量 x、y 必满足方程

$H(x,y)=0$，这说明曲线 C 上所有点都在由方程 $H(x,y)=0$ 所表示的柱面上，即
该柱面必定包含曲线 C. 因此，方程 $H(x,y)=0$ 必定包含曲线 C 关于 xOy 面的投
影柱面.

而曲线 C 在 xOy 面上的投影就为

$$\begin{cases} H(x,y)=0 \\ z=0 \end{cases}$$

类似地，从方程组 $\begin{cases} F(x,y,z)=0 \\ G(x,y,z)=0 \end{cases}$ 中消去 x，得到曲线 C 在 yOz 面上的投影曲

线方程：

$$\begin{cases} R(y,z)=0 \\ x=0 \end{cases}$$

从方程组 $\begin{cases} F(x,y,z)=0 \\ G(x,y,z)=0 \end{cases}$ 中消去 y，得到曲线 C 在 zOx 面上的投影曲线方程：

$$\begin{cases} T(x,z)=0 \\ y=0 \end{cases}$$

例 6　求曲线 C: $\begin{cases} x^2+y^2-z=0 \\ z=x+1 \end{cases}$ 在三个坐标面 xOy、yOz、zOx 上的投影曲线

方程.

解　从已知方程组分别消去变量 x、y、z 后，得

$$\begin{cases} z^2 + y^2 - 3z + 1 = 0 & (1) \\ z - x - 1 = 0 & (2) \\ x^2 + y^2 - x - 1 = 0 & (3) \end{cases}$$

其中（1）、（2）、（3）式分别是曲线对坐标面 yOz、zOx、xOy 的投影柱面方程.

于是，曲线 C 在 yOz 面上的投影曲线方程为 $\begin{cases} z^2 + y^2 - 3z + 1 = 0 \\ x = 0 \end{cases}$.

同理，在 zOx 面上的投影曲线方程为 $\begin{cases} z - x - 1 = 0 \\ y = 0 \end{cases}$.

在 xOy 面上的投影曲线方程为 $\begin{cases} x^2 + y^2 - x - 1 = 0 \\ z = 0 \end{cases}$.

在空间曲线投影的基础上，我们可以进一步研究空间中多个立体或曲面相交之后在坐标面上的投影，这为后续章节（如重积分和曲面积分的计算）的学习做好铺垫.

例 7　设一个立体由上半球面 $z = \sqrt{2 - x^2 - y^2}$ 和圆锥面 $z = \sqrt{x^2 + y^2}$ 所围成（含 z 轴部分）（图 8-50）．求它在 xOy 面上的投影.

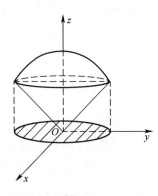

图 8-50

解　上半球面和圆锥面的交线为

$$C: \begin{cases} z = \sqrt{2 - x^2 - y^2} \\ z = \sqrt{x^2 + y^2} \end{cases}$$

从这个方程组中消去 z 得投影柱面的方程 $x^2 + y^2 = 1$．从而交线 C 在 xOy 面

上的投影曲线为 $\begin{cases} x^2+y^2=1 \\ z=0 \end{cases}$，这是一个 xOy 面上的单位圆．于是所求立体在 xOy 面上的投影，就是该圆在 xOy 面上所围的部分：$x^2+y^2\leqslant 1$．

习题 8.6

1．画出下列方程组所表示的曲线．

（1）$\begin{cases} x=0 \\ y=0 \end{cases}$；　　（2）$\begin{cases} x+y=0 \\ x-y=0 \end{cases}$；

（3）$\begin{cases} x^2+y^2+z^2=25 \\ z=4 \end{cases}$；　　（4）$\begin{cases} z=6-x^2-y^2 \\ z=\sqrt{x^2+y^2} \end{cases}$．

2．指出曲面 $x^2+y^2+16z^2=64$ 与三个坐标面 xOy、yOz、zOx 的交线分别是什么曲线．

3．下列方程组在平面解析几何和空间解析几何中各表示什么图形：

（1）$\begin{cases} y=3x-1 \\ y=2x+5 \end{cases}$；　　（2）$\begin{cases} \dfrac{x^2}{9}+\dfrac{y^2}{16}=1 \\ y=2 \end{cases}$．

4．将曲线的一般式方程 $\begin{cases} (x-1)^2+y^2+(z+1)^2=4 \\ z=0 \end{cases}$ 化为参数式方程．

5．将曲线的参数式方程 $\begin{cases} x=3\sin t \\ y=5\sin t \\ z=4\cos t \end{cases}$ （$0\leqslant t<2\pi$）化为一般式方程．

6．求下列空间曲线对坐标面 xOy 的投影曲线方程．

（1）$\begin{cases} x^2+y^2+z^2=9 \\ x+z=1 \end{cases}$；　　（2）$\begin{cases} x^2+y^2+z^2=1 \\ x^2+(y-1)^2+(z-1)^2=1 \end{cases}$．

7．求旋转抛物面 $z=x^2+y^2$（$0\leqslant z\leqslant 4$）在三个坐标面上的投影．

8．求旋转抛物面 $z=6-x^2-y^2$ 与圆锥面 $z=\sqrt{x^2+y^2}$ 所围成的立体在 xOy 坐标面的投影区域．

9．求两个椭圆抛物面 $z=x^2+2y^2$ 与 $z=6-2x^2-y^2$ 所围成的立体在 xOy 坐标面的投影区域．

第 9 章　多元函数微分法及其应用

9.1　多元函数的基本概念

在上册书中，我们学习过的函数 $y = f(x)$ 只有一个自变量 x，即研究的是一个变量 y 仅随另一个变量 x 变化的关系，这种函数称为一元函数. 但是在很多自然现象、工程技术和经济关系中所遇到的函数，往往并不仅仅依赖一个自变量，而是牵涉到多个方面的因素，如长方体的体积大小受长、宽、高三个因素的影响；再如，消费者对商品的需求量不仅受商品价格影响，还与个人收入、爱好等因素相关. 这些反映到哲学上，就是联系、变化与发展的辩证唯物主义观；反映到数学上，就是一个变量依赖多个自变量变化的情形，因此，我们需要研究多变量函数，即多元函数.

本章重点研究两个自变量的函数，即二元函数. 当把一元函数中学过的概念、理论和方法推广到二元函数时，会出现某些本质的差异，但如果进一步将二元函数的有关内容推广到多元函数时，就没有原则上的差异，仅仅是计算或叙述上变得更复杂而已.

数学与辩证思维

一元函数与二元函数的本质性差异首先体现在定义域，一元函数的定义域是在数轴上讨论的，一般是一个线点集，即区间. 而二元函数由于多了一个自变量，定义域很自然地要扩充到平面上进行讨论. 因此，下面引入平面点集的一些基本概念，并将之推广到更复杂的情形中去.

9.1.1　平面点集和区域

1. 平面点集

坐标平面上具有某种性质的点的集合，称为平面点集，记作

$$E = \{(x,y) \,|\, (x,y) \text{具有某种性质}\}$$

例如，平面上以原点为中心，以 1 为半径的圆的内部就是一个平面点集（图 9-1），它可写成

$$E = \left\{ (x,y) \mid x^2 + y^2 < 1 \right\}$$

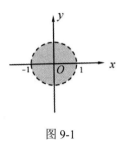

图 9-1

2. 邻域

设 $P_0(x_0, y_0)$ 是 xOy 平面上的一个点，δ 是某一正数．与点 $P_0(x_0, y_0)$ 的距离小于 δ 的点 $P(x,y)$ 的全体，称为点 P_0 的 δ 邻域，记为 $U(P_0, \delta)$，即

$$U(P_0, \delta) = \{(x,y) \mid \sqrt{(x-x_0)^2 + (y-y_0)^2} < \delta\}$$

在几何上，$U(P_0, \delta)$ 就是 xOy 平面上以 P_0 为中心，δ 为半径的圆的内部点 $P(x,y)$ 的全体（图 9-2）．

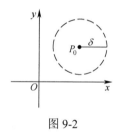

图 9-2

若在 $U(P_0, \delta)$ 中去掉中心 P_0，则该点集称为点 P_0 的去心邻域，记为 $\overset{\circ}{U}(P_0, \delta)$，即

$$\overset{\circ}{U}(P_0, \delta) = \{(x,y) \mid 0 < \sqrt{(x-x_0)^2 + (y-y_0)^2} < \delta\}$$

有了邻域的概念，就可以描述平面上点与点集的关系．

3. 内点、外点与边界点

（1）内点．设 E 是平面上的一个点集，如果存在 P 的一个邻域 $U(P, \delta)$，使 $U(P, \delta) \subset E$，则称 P 为 E 的内点．

（2）外点．设 E 是平面上的一个点集，如果存在 P 的一个邻域 $U(P, \delta)$，使 $U(P, \delta) \not\subset E$，则称 P 为 E 的外点．

（3）边界点．如果点 P 的任何一个邻域内既有属于 E 的点又有不属于 E 的点，则称 P 为 E 的边界点（图 9-3）. E 的边界点的全体称为 E 的边界.

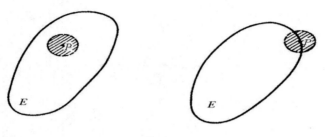

图 9-3

显然，E 的内点必属于 E，E 的外点必不属于 E，E 的边界点可能属于 E，也可能不属于 E.

（4）聚点. 若点 P 的任意去心邻域 $\overset{\circ}{U}(P)$ 内总有 E 中的点，则称 P 为 E 的聚点. 聚点描述的是点 P 的邻近是否聚集着 E 的无穷多个点，聚点本身可以属于 E，也可以不属于 E.

例如，平面点集 $E = \{(x,y) \mid 1 < x^2 + y^2 \leqslant 4\}$ 及它的边界上的一切点都是 E 的聚点，这里需要注意的是，满足 $x^2 + y^2 = 1$ 的一切边界点 (x,y) 虽不属于 E，但也是 E 的聚点.

4. 区域

下面，根据点集所属点的特征，可以定义一些重要的平面点集.

（1）开集与闭集. 若点集 E 中的任意一点都是内点，则称 E 为开集. 若点集 E 的边界属于 E，则称 E 为闭集.

例如，集合 $E_1 = \left\{(x,y) \mid 1 < x^2 + y^2 < 4\right\}$ 是开集，$E_2 = \left\{(x,y) \mid 1 \leqslant x^2 + y^2 \leqslant 4\right\}$ 是闭集，而集合 $E_3 = \left\{(x,y) \mid 1 < x^2 + y^2 \leqslant 4\right\}$ 既非开集，也非闭集.

（2）连通集. 若集合 E 中任意两点都可用一条完全属于 E 的折线相连，则称 E 是连通集.

（3）开区域与闭区域. 连通的开集称为开区域，简称区域. 开区域与其边界点的并集称为闭区域. 例如，$E = \{(x,y) \mid x^2 + y^2 < 1\}$ 是开区域，而 $E = \{(x,y) \mid x^2 + y^2 \leqslant 1\}$ 是闭区域.

（4）有界集与无界集. 对于平面点集 E，若存在某一正数 r，使得 $E \subset U(O,r)$，其中 O 是坐标原点，则称 E 为有界集，否则就称它是无界集. 如 $E = \{(x,y) \mid 1 \leqslant x^2 + y^2 \leqslant 4\}$ 为有界集（图 9-4（a）），$E = \{(x,y) \mid x + y > 0\}$ 是无界

集（图 9-4（b）).

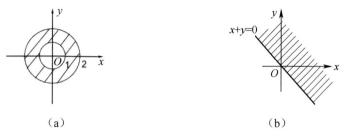

图 9-4

从一元函数到二元函数，定义域范围从线点集到平面点集，那么很自然地将之推广到空间点集：$E = \{(x,y,z) \mid (x,y,z)$ 具有某种性质 $P\}$. 如果将坐标平面上所有二元有序数组 (x,y) 的全体构成的集合用 $\boldsymbol{R}^2 = \{(x,y) \mid x,y \in \boldsymbol{R}\}$ 表示，那么空间直角坐标系中所有点构成的集合则可表示为 $\boldsymbol{R}^3 = \{(x,y,z) \mid x,y,z \in \boldsymbol{R}\}$. 类似地，可得到 n 维空间中的点集：$E = \{(x_1,x_2,\cdots,x_n) \mid (x_1,x_2,\cdots,x_n)$ 具有某种性质 $P\}$. n 维空间中所有点构成的集合可用 $\boldsymbol{R}^n = \{(x_1,x_2,\cdots,x_n) \mid x_i \in \boldsymbol{R}, i=1,2,\cdots,n\}$ 来表示.

9.1.2　多元函数的概念

下面我们以二元函数为例，介绍多元函数的概念.

1. 二元函数的概念

定义 1　设 D 是一平面点集，如果对于 D 中每个点 $P(x,y)$，变量 z 按照一定的法则总有确定的数值和它们对应，则称变量 z 是变量 x、y 的二元函数，记作 $z = f(x,y)$. 其中，x、y 称为自变量，z 称为因变量，x、y 的变化范围 D 称为函数的定义域. 设点 $(x_0,y_0) \in D$，则 $f(x_0,y_0)$ 称为 $f(x,y)$ 在点 (x_0,y_0) 处的函数值，函数值的全体称为值域.

类似地，可以定义三元函数 $u = f(x,y,z)$，$(x,y,z) \in D$ 及三元以上的函数，即 n 元函数 $z = f(x_1,x_2,\cdots,x_n)$，$(x_1,x_2,\cdots,x_n) \in D$. 二元及二元以上的函数统称为多元函数.

2. 二元函数的定义域

与一元函数相类似，二元函数的定义域 D 也是指使函数表达式有意义的切点 (x,y) 构成的集合，即自然定义域. 如果二元函数表示实际问题，则其定义域由实际意义确定.

例 1　求函数 $z = \dfrac{1}{\sqrt{x-y+2}}$ 的定义域并画出其图形.

解　欲使函数 z 有意义，自变量 x, y 必须满足不等式 $x-y+2>0$，即
$$y-x<2$$
所以，其定义域为：$D = \left\{(x,y)\,\middle|\,y-x<2\right\}$，如图 9-5 所示.

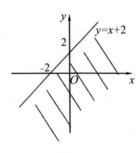

图 9-5

例 2　求函数 $z = \ln(x-y) + \arcsin(x^2+y^2)$ 的定义域.

解　欲使函数 z 有意义，自变量 x、y 需满足不等式组：
$$\begin{cases} x-y>0 \\ x^2+y^2 \leqslant 1 \end{cases}$$
所以，其定义域 D 为：$D = \left\{(x,y)\,\middle|\,x-y>0, x^2+y^2 \leqslant 1\right\}$，如图 9-6 所示.

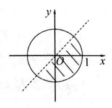

图 9-6

例 3　求函数 $z = f(x,y) = e^{x+y} - xy + 8$ 在点 $(0,0)$ 和点 $(0,\ln a)$ 处的函数值.

解　函数 z 在 $(0,0)$ 点处的函数值为：$f(0,0) = e^{0+0} - 0\times 0 + 8 = 9$，

函数 z 在 $(0,\ln a)$ 点处的函数值为：$f(0,\ln a) = e^{0+\ln a} - 0\times \ln a + 8 = a+8$.

3. 二元函数的几何图形

设函数 $z = f(x,y)$ 的定义域是 xOy 坐标面上的一个点集 D，对于 D 上每一点 $P(x,y)$，对应的函数值为 $z = f(x,y)$. 这样，在空间直角坐标系下，以 x 为横坐

标，y 为纵坐标，$z = f(x, y)$ 为竖坐标，在空间就确定了一个点 $M(x, y, z)$. 当点 $P(x, y)$ 在 D 上变动时，点 $M(x, y, z)$ 就相应地在空间变动，一般说来，它的轨迹是一个曲面，这个曲面就称为二元函数 $z = f(x, y)$ 的图形（图 9-7）.

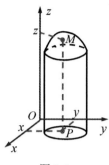

图 9-7

例如，函数 $z = \sqrt{1 - x^2 - y^2}$ 的图形是以原点为球心，以 1 为半径的上半球面；函数 $z = y^2 - x^2$ 的图形是一个双曲抛物面.

9.1.3　二元函数的极限

二元函数极限的定义与一元函数类似，即当动点 $P(x, y)$ 趋向于定点 $P_0(x_0, y_0)$ 时，如果函数 $f(x, y)$ 能无限地趋近某个确定的常数 A，则称在此条件下该函数的极限存在. 不同的地方在于，由于二元函数的定义域是平面点集，所以点 P 趋向于 P_0（或 $x \to x_0$，$y \to y_0$）时的方式有无数种，而二元函数的极限存在，是指点 $P(x, y)$ 以任何方式趋向于 $P_0(x_0, y_0)$ 时，函数都无限趋近于同一个常数 A.

定义 2　设函数 $z = f(x, y)$ 在 $\overset{\circ}{U}(P_0, \delta)$ 内有定义，$P(x, y)$ 是 $\overset{\circ}{U}(P_0, \delta)$ 内的任意一点. 如果存在一个确定的常数 A，点 $P(x, y)$ 以任何方式趋向于定点 $P_0(x_0, y_0)$ 时，函数 $f(x, y)$ 都无限地趋近于 A，则称常数 A 为函数 $z = f(x, y)$ 当 $P \to P_0$（或 $x \to x_0$，$y \to y_0$）时的极限. 记作

$$\lim_{P \to P_0} f(x, y) = A \qquad \text{或} \qquad \lim_{\substack{x \to x_0 \\ y \to y_0}} f(x, y) = A$$

除了描述性定义，二元函数极限也有精确的 "$\varepsilon - \delta$" 定义，具体如下：

定义 3　设函数 $z = f(x, y)$ 在 $\overset{\circ}{U}(P_0, \delta)$ 内有定义，如果对于任意给定的正数 ε，总存在正数 δ，使得对于满足不等式

$$0 < \sqrt{(x - x_0)^2 + (y - y_0)^2} < \delta$$

的一切点 $P(x,y)$ 都有

$$|f(x,y)-A|<\varepsilon$$

则称常数 A 为二元函数 $z=f(x,y)$ 当 $P\to P_0$（或 $x\to x_0$, $y\to y_0$）时的极限.

显然，用二元函数极限的定义去判断极限的存在是困难的，如果点 $P(x,y)$ 以一种特殊方式，例如沿某一条直线或定曲线趋向于 $P_0(x_0,y_0)$ 时，即使函数无限趋近于某一确定的值，我们也不能断定函数的极限存在. 但是反过来，如果当点 $P(x,y)$ 以某种方式趋向于 $P_0(x_0,y_0)$ 时极限不存在，或者以不同方式趋向于 $P_0(x_0,y_0)$ 时，函数趋向于不同的数值，则可断定函数的极限不存在.

例4 讨论二元函数

$$f(x,y)=\begin{cases} \dfrac{xy}{x^2+y^2}, & x^2+y^2\neq 0 \\ 0, & x^2+y^2=0 \end{cases}$$

当 $P(x,y)\to(0,0)$ 时的极限是否存在.

解 当 $P(x,y)$ 沿直线 $y=\lambda x$ 趋于原点 $(0,0)$ 时，

$$\lim_{\substack{x\to 0 \\ y\to 0}}f(x,y)=\lim_{\substack{x\to 0 \\ y\to 0}}\frac{\lambda x^2}{x^2+(\lambda x)^2}=\frac{\lambda}{1+\lambda^2}$$

可见，当 $P(x,y)$ 沿直线 $y=\lambda x$ 趋于原点 $(0,0)$ 时，函数 $f(x,y)$ 的变化趋势与 λ 有关，它随着 λ 的变化而变化，所以当 $P(x,y)\to(0,0)$ 时 $f(x,y)$ 的极限不存在.

以上关于二元函数的极限概念，可相应地推广到多元函数上去. 除此之外，一元函数的极限四则运算法则和复合函数极限运算法则也可推广至多元函数.

例5 计算下列函数的极限.

（1）$\displaystyle\lim_{\substack{x\to 0 \\ y\to 1}}\frac{1}{x+y}$；

（2）$\displaystyle\lim_{\substack{x\to 0 \\ y\to 0}}\frac{\sin(x^2y)}{xy}$；

（3）$\displaystyle\lim_{\substack{x\to 0 \\ y\to 0}}\frac{xy}{\sqrt{xy+1}-1}$；

（4）$\displaystyle\lim_{\substack{x\to 0 \\ y\to 0}}(x^2+y^2)\sin\frac{1}{x^2+y^2}$.

解 （1）$\displaystyle\lim_{\substack{x\to 0 \\ y\to 1}}\frac{1}{x+y}=\frac{1}{0+1}=1$.

（2）$\displaystyle\lim_{\substack{x\to 0 \\ y\to 0}}\frac{\sin(x^2y)}{xy}=\lim_{\substack{x\to 0 \\ y\to 0}}\frac{\sin(x^2y)}{x^2y}x=\lim_{\substack{x\to 0 \\ y\to 0}}\frac{\sin(x^2y)}{x^2y}\cdot\lim_{x\to 0}x=1\cdot 0=0$.

（3）$\displaystyle\lim_{\substack{x\to 0 \\ y\to 0}}\frac{xy}{\sqrt{xy+1}-1}=\lim_{\substack{x\to 0 \\ y\to 0}}\frac{xy(\sqrt{xy+1}+1)}{xy+1-1}=\lim_{\substack{x\to 0 \\ y\to 0}}(\sqrt{xy+1}+1)=2$.

（4）因为 $\lim\limits_{(x,y)\to(0,0)}(x^2+y^2)=0$，$\sin\dfrac{1}{x^2+y^2}$ 有界，于是

$$\lim\limits_{\substack{x\to 0\\ y\to 0}}(x^2+y^2)\sin\dfrac{1}{x^2+y^2}=0$$

9.1.4　二元函数的连续性

类比一元函数的连续性，先来看二元函数的连续性．

定义 4　设二元函数 $z=f(x,y)$ 在 $U(P_0,\delta)$ 内有定义，若

$$\lim\limits_{\substack{x\to x_0\\ y\to y_0}}f(x,y)=f(x_0,y_0)$$

则称函数 $z=f(x,y)$ 在点 $P_0(x_0,y_0)$ 处连续．

定义 5　如果函数 $f(x,y)$ 在区域 D 上每一点都连续，则称它在区域 D 上连续．

二元连续函数也具有一元连续函数的相同性质，即连续函数的和、差、积、商、复合仍是连续函数．以上关于二元函数连续性的概念，可以推广到三元及三元以上的函数．

函数的不连续点称为函数的间断点，例如 $f(x,y)=1/(y-x^2)$ 在抛物线 $y=x^2$ 上无定义，所以抛物线 $y=x^2$ 上的点都是函数 $f(x,y)$ 的间断点．再如，例 4 中，二元函数

$$f(x,y)=\begin{cases}\dfrac{xy}{x^2+y^2}, & x^2+y^2\neq 0\\[2mm] 0, & x^2+y^2=0\end{cases}$$

在点 $(0,0)$ 处极限不存在，所以点 $(0,0)$ 是该函数的一个间断点．

与一元初等函数相类似，多元初等函数是指由常数及具有不同自变量的一元基本初等函数经过有限次的四则运算和复合运算所得到的可用一个式子表示的函数．例如

$$\sqrt{x-\sqrt{y}}\,,\quad \ln(y-x)+\dfrac{\sqrt{x}}{\sqrt{1-x^2-y^2}}\,,\quad \dfrac{\arcsin(5-x^2-y^2)}{\sqrt{x-y^2}}$$

由多元函数连续的四则运算法则和多元复合函数连续的运算法则很容易得到：一切多元初等函数在其定义区域内是连续的．因此，要求多元初等函数在其定义域内任一点处极限值，只需要求出函数在该点的函数值即可．即

$$\lim\limits_{\substack{x\to x_0\\ y\to y_0}}f(x,y)=f(x_0,y_0)$$

例如，$f(x,y)=\sqrt{3y^2-x}$ 是初等函数，点 $(1,2)$ 为其定义域内的点，所以

$$\lim_{(x,y)\to(1,2)}\sqrt{3y^2-x}=\sqrt{3\times2^2-1}=\sqrt{11}$$

与闭区间上一元连续函数的性质相类似，在有界闭区域上连续的多元函数具有如下性质.

最大最小值定理：在有界闭区域 D 上连续的多元函数，在区域 D 上一定有最大值和最小值.

有界性定理：在有界闭区域 D 上连续的多元函数，在区域 D 上必定有界.

介值定理：在有界闭区域 D 上连续的多元函数必定能够取得介于最大值和最小值之间的任何值.

习题 9.1

1. 已知函数 $f\left(x+y,\dfrac{y}{x}\right)=x^2-y^2$，求 $f(x,y)$.

2. 已知函数 $f(u,v,w)=u^w+w^{u+v}$，求 $f(x+y,x-y,xy)$.

3. 求下列多元函数的定义域.

（1）$z=\sqrt{x-\sqrt{y}}$；

（2）$z=\dfrac{1}{\sqrt{x+y}}+\dfrac{1}{\sqrt{x-y}}$；

（3）$z=\ln(y^2-2x+1)$；

（4）$z=\ln(y-x)+\dfrac{\sqrt{x}}{\sqrt{1-x^2-y^2}}$；

（5）$z=\arcsin\dfrac{1}{x^2+y^2}$；

（6）$z=\dfrac{\arcsin(5-x^2-y^2)}{\sqrt{x-y^2}}$.

4. 求下列各函数极限.

（1）$\lim\limits_{(x,y)\to(1,2)}\dfrac{x+y}{xy}$；

（2）$\lim\limits_{\substack{x\to0\\y\to\frac12}}\arcsin\sqrt{x^2+y^2}$；

（3）$\lim\limits_{(x,y)\to(0,0)}\dfrac{\sqrt{xy+9}-3}{xy}$；

（4）$\lim\limits_{(x,y)\to(0,0)}\dfrac{xy}{\sqrt{2-e^{xy}}-1}$；

（5）$\lim\limits_{\substack{x\to2\\y\to0}}\dfrac{\tan(xy)}{y}$；

（6）$\lim\limits_{\substack{x\to0\\y\to0}}\dfrac{\sin(xy)}{y}+\dfrac{xy}{\sqrt{xy+1}-1}$；

（7）$\lim\limits_{\substack{x\to 0\\y\to 2}}\dfrac{\ln(1+xy^2)}{x}$；

（8）$\lim\limits_{(x,y)\to(2,0)}\dfrac{\sqrt{1+x^2y}-1}{e^{xy}-1}$．

5．证明下列极限不存在．

（1）$\lim\limits_{\substack{x\to 0\\y\to 0}}\dfrac{3x-y}{5x-2y}$；

（2）$\lim\limits_{\substack{x\to 0\\y\to 0}}\dfrac{x-y+x^2+y^2}{x+y}$．

6．下列函数在何处间断．

（1）$z=\dfrac{y^2+2x}{y^2-2x}$；

（2）$z=\sin\dfrac{1}{xy}$．

9.2 偏导数

在学习一元函数时，我们学习了导数的概念，即函数值增量与自变量增量比值的极限，也称函数对自变量的变化率．表示如下：

$$f'(x_0)=\frac{\mathrm{d}f}{\mathrm{d}x}\bigg|_{x=x_0}=\lim_{\Delta x\to 0}\frac{f(x_0+\Delta x)-f(x_0)}{\Delta x}$$

对于多元函数，我们同样要研究导数的概念，但多元函数的自变量不止一个，因变量与自变量的关系比一元函数复杂得多，因此，首先考虑多元函数仅关于其中一个自变量变化率的情形，于是产生了偏导数的概念．

9.2.1 偏导数的概念

我们先给出二元函数偏导数的概念，则二元以上的多元函数的偏导数可类似定义．

定义 设函数 $z=f(x,y)$ 在 $U(P_0,\delta)$ 内有定义，当 y 固定在 y_0，x 在 x_0 处有增量 Δx 时，相应地函数有偏增量

$$\Delta_x z=f(x_0+\Delta x,y_0)-f(x_0,y_0)$$

如果极限

$$\lim_{\Delta x\to 0}\frac{f(x_0+\Delta x,\ y_0)-f(x_0,y_0)}{\Delta x}$$

存在，则称此极限值为函数 $z=f(x,y)$ 在点 $P_0(x_0,y_0)$ 处关于 x 的偏导数．记为

$$z_x\bigg|_{\substack{x=x_0\\y=y_0}}, \quad f_x(x_0,y_0), \quad \frac{\partial z}{\partial x}\bigg|_{\substack{x=x_0\\y=y_0}} \text{ 或 } \frac{\partial f}{\partial x}\bigg|_{\substack{x=x_0\\y=y_0}};$$

即

$$f_x(x_0,y_0) = \lim_{\Delta x \to 0} \frac{\Delta_x z}{\Delta x} = \lim_{\Delta x \to 0} \frac{f(x_0 + \Delta x,\ y_0) - f(x_0,y_0)}{\Delta x}$$

同理，函数 $z = f(x,y)$ 在点 $P_0(x_0,y_0)$ 处关于 y 的偏导数定义为

$$f_y(x_0,y_0) = \lim_{\Delta x \to 0} \frac{\Delta_y z}{\Delta y} = \lim_{\Delta y \to 0} \frac{f(x_0,\ y_0 + \Delta y) - f(x_0,y_0)}{\Delta y}$$

也记为

$$z_y\bigg|_{\substack{x=x_0\\y=y_0}}, \quad f_y(x_0,y_0), \quad \frac{\partial z}{\partial y}\bigg|_{\substack{x=x_0\\y=y_0}} \text{ 或 } \frac{\partial f}{\partial y}\bigg|_{\substack{x=x_0\\y=y_0}}$$

与一元函数类似，如果函数 $z = f(x,y)$ 在平面区域 D 内的每一点 $P(x,y)$ 处都存在偏导数 $f_x(x,y)$、$f_y(x,y)$，则这两个偏导数仍是区域 D 上的函数，我们称它们为函数 $z = f(x,y)$ 的偏导函数（简称偏导数）. 记为

$$\frac{\partial z}{\partial x},\ \frac{\partial f}{\partial x},\ z_x,\ f_x(x,y), \quad \text{及 } \frac{\partial z}{\partial y},\ \frac{\partial f}{\partial y},\ z_y,\ f_y(x,y)$$

这里

$$\frac{\partial f}{\partial x} = \frac{\partial z}{\partial x} = z_x = f_x(x,y) = \lim_{\Delta x \to 0} \frac{f(x + \Delta x,\ y) - f(x,y)}{\Delta x}$$

$$\frac{\partial f}{\partial y} = \frac{\partial z}{\partial y} = z_y = f_y(x,y) = \lim_{\Delta y \to 0} \frac{f(x,\ y + \Delta y) - f(x,y)}{\Delta y}$$

且

$$f_x(x_0,y_0) = f_x(x,y)\bigg|_{\substack{x=x_0\\y=y_0}}; \qquad f_y(x_0,y_0) = f_y(x,y)\bigg|_{\substack{x=x_0\\y=y_0}}$$

将二元函数偏导数的定义推广至三元函数，例如三元函数 $u = f(x,y,z)$ 在点 (x,y,z) 处关于变量 x 的偏导数定义为

$$f_x(x,y,z) = \lim_{\Delta x \to 0} \frac{f(x + \Delta x,\ y,z) - f(x,y,z)}{\Delta x}$$

关于变量 y 和 z 的偏导数请读者自行写出，可见若函数为 n 元，它的一阶偏导数就有 n 个.

9.2.2　偏导数的计算方法

由偏导数的定义可知，多元函数求偏导时，仅有一个自变量在变化，因此在求解时，只需将其余自变量看作常数，用一元函数的求导法则求导即可.

例 1　求 $f(x, y) = x^2 y + y^3$ 在点 $(1, 2)$ 处的偏导数.

解　把 y 看作常数，对 x 求导得 $f_x(x, y) = 2xy$ ；

把 x 看作常数，对 y 求导得 $f_y(x, y) = x^2 + 3y^2$.

再把点 $(1, 2)$ 代入得　$f_x(1, 2) = 4$ ，$f_y(1, 2) = 13$.

例 2　求 $z = x^y$ 的偏导数 $\dfrac{\partial z}{\partial x}$ 、$\dfrac{\partial z}{\partial y}$.

解　把 y 看作常数，则此函数为幂函数形式，对 x 求导得　$\dfrac{\partial z}{\partial x} = yx^{y-1}$ ；

把 x 看作常数，则此函数为指数函数形式，对 y 求导得　$\dfrac{\partial z}{\partial y} = x^y \ln x$.

例 3　求 $z = \ln \dfrac{y}{x}$ 的偏导数 $\dfrac{\partial z}{\partial x}$ 、$\dfrac{\partial z}{\partial y}$.

解　把 y 看作常数，对 x 求导得　$\dfrac{\partial z}{\partial x} = \dfrac{x}{y}\left(-\dfrac{y}{x^2}\right) = -\dfrac{1}{x}$ ；

把 x 看作常数，对 y 求导得　$\dfrac{\partial z}{\partial y} = \dfrac{x}{y} \cdot \dfrac{1}{x} = \dfrac{1}{y}$.

例 4　求 $u = e^{x^2 + y^2 + z^2}$ 的偏导数 $\dfrac{\partial u}{\partial x}$ 、$\dfrac{\partial u}{\partial y}$ 、$\dfrac{\partial u}{\partial z}$.

解　把 y 、z 看作常数，对 x 求导得　$\dfrac{\partial u}{\partial x} = 2x e^{x^2 + y^2 + z^2}$ ；

把 x 、z 看作常数，对 y 求导得　$\dfrac{\partial u}{\partial y} = 2y e^{x^2 + y^2 + z^2}$ ；

把 x 、y 看作常数，对 z 求导得　$\dfrac{\partial u}{\partial z} = 2z e^{x^2 + y^2 + z^2}$.

注意到该题目函数具有对称性，因此也可以利用对称性简化计算过程.

例 5　求 $z = \dfrac{x + 1}{\sqrt{x^2 + y^2}}$ 的偏导数 $\dfrac{\partial z}{\partial x}$ 、$\dfrac{\partial z}{\partial y}$.

解　把 y 看作常数，对 x 求导得

$$\dfrac{\partial z}{\partial x} = (x^2 + y^2)^{-\frac{1}{2}} + (x + 1) \cdot \left(-\dfrac{1}{2}\right) \cdot (x^2 + y^2)^{-\frac{3}{2}} \cdot 2x$$

$$= (x^2 + y^2)^{-\frac{1}{2}} - x(x+1)(x^2 + y^2)^{-\frac{3}{2}}$$

把 x 看作常数，对 y 求导得

$$\frac{\partial z}{\partial y} = (x+1) \cdot \left(-\frac{1}{2}\right) \cdot (x^2 + y^2)^{-\frac{3}{2}} \cdot 2y = -y(x+1)(x^2 + y^2)^{-\frac{3}{2}}$$

例 6 已知理想气体的状态方程为 $pV = RT$ （ R 为常数），证明

$$\frac{\partial p}{\partial V} \cdot \frac{\partial V}{\partial T} \cdot \frac{\partial T}{\partial p} = -1 .$$

证 由 $p = \dfrac{RT}{V}$ ，得 $\dfrac{\partial p}{\partial V} = -\dfrac{RT}{V^2}$ ；由 $V = \dfrac{RT}{p}$ ，得 $\dfrac{\partial V}{\partial T} = \dfrac{R}{p}$ ；由 $T = \dfrac{pV}{R}$ ，得

$\dfrac{\partial T}{\partial p} = \dfrac{V}{R}$ ．所以， $\dfrac{\partial p}{\partial V} \cdot \dfrac{\partial V}{\partial T} \cdot \dfrac{\partial T}{\partial p} = -\dfrac{RT}{V^2} \cdot \dfrac{R}{p} \cdot \dfrac{V}{R} = -\dfrac{RT}{pV} = -1 .$

在一元函数中，导数符号 $\dfrac{\mathrm{d}y}{\mathrm{d}x}$ 是可以分离的，但由例 6 可以看出，记号 $\dfrac{\partial z}{\partial x}$ 和 $\dfrac{\partial z}{\partial y}$

是一个整体，不可分离．

9.2.3 二元函数偏导数的几何意义

设 $M_0(x_0, y_0, f(x_0, y_0))$ 为曲面 $z = f(x,y)$ 上的一点，过 M_0 作平面 $y = y_0$ 截此曲面得一曲线

$$\begin{cases} y = y_0 \\ z = f(x,y) \end{cases}$$

此曲线的方程为 $z = f(x, y_0)$ ．二元函数 $z = f(x, y)$ 在 M_0 处的偏导数 $f_x(x_0, y_0)$ 就是一元函数 $f(x, y_0)$ 在 x_0 处的导数，它在几何上表示曲线在 M_0 处的切线 $M_0 T_x$ 关于 x 轴的斜率，如图 9-8 所示．

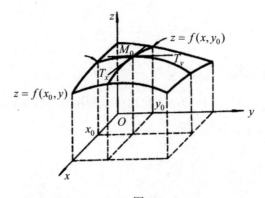

图 9-8

同理，偏导数 $f_y(x_0, y_0)$ 的几何意义是曲面 $z = f(x, y)$ 被平面 $x = x_0$ 所截得的曲线在 M_0 处的切线 M_0T_y 关于 y 轴的斜率.

9.2.4　偏导数与连续的关系

我们知道，一元函数若在某点可导，则它在该点必连续. 但对于二元函数来说，即使它在某点的偏导数都存在，也不能保证它在该点连续.

例如函数 $f(x, y) = \begin{cases} \dfrac{xy}{x^2 + y^2}, & x^2 + y^2 \neq 0 \\ 0, & x^2 + y^2 = 0 \end{cases}$ 在原点$(0,0)$处的偏导数为

$$f_x(0, 0) = \lim_{\Delta x \to 0} \frac{f(0 + \Delta x, 0) - f(0, 0)}{\Delta x} = \lim_{\Delta x \to 0} \frac{0 - 0}{\Delta x} = 0$$

$$f_y(0, 0) = \lim_{\Delta y \to 0} \frac{f(0, 0 + \Delta y) - f(0, 0)}{\Delta y} = \lim_{\Delta y \to 0} \frac{0 - 0}{\Delta y} = 0$$

即这个函数在点$(0,0)$处的两个偏导数都存在，但由 9.1 节例 4 知，该函数在点$(0,0)$处的极限不存在. 因此，这个函数在点$(0,0)$处不连续.

由此可见，偏导数的存在与在该点的连续性没有必然的联系，对于二元以上的多元函数亦是如此.

9.2.5　高阶偏导数

设函数 $z = f(x, y)$ 在区域 D 上具有偏导数 $f_x(x, y)$、$f_y(x, y)$，一般来说，它们仍是 x、y 的函数. 如果这两个偏导数 $f_x(x, y)$、$f_y(x, y)$ 又存在对 x、y 的偏导数，则称这两个偏导数的偏导数为二阶偏导数. 显然，二元函数的二阶偏导数有如下四种情形：

$$\frac{\partial}{\partial x}\left(\frac{\partial z}{\partial x}\right) = \frac{\partial^2 z}{\partial x^2} = f_{xx}(x, y), \qquad \frac{\partial}{\partial y}\left(\frac{\partial z}{\partial x}\right) = \frac{\partial^2 z}{\partial x \partial y} = f_{xy}(x, y)$$

$$\frac{\partial}{\partial x}\left(\frac{\partial z}{\partial y}\right) = \frac{\partial^2 z}{\partial y \partial x} = f_{yx}(x, y), \qquad \frac{\partial}{\partial y}\left(\frac{\partial z}{\partial y}\right) = \frac{\partial^2 z}{\partial y^2} = f_{yy}(x, y)$$

其中，$f_{xy}(x, y)$、$f_{yx}(x, y)$ 称为二阶混合偏导数.

$f_x(x, y)$、$f_y(x, y)$ 称为一阶偏导数，二阶以及二阶以上的偏导数称为高阶偏导数.

更高阶的偏导数也可类似定义，如

$$\frac{\partial^3 z}{\partial x^3} = \frac{\partial}{\partial x}\left(\frac{\partial^2 z}{\partial x^2}\right), \quad \frac{\partial^3 z}{\partial x \partial y^2} = \frac{\partial}{\partial y^2}\left(\frac{\partial z}{\partial x}\right)$$

例 7 求 $z = x\ln(x+y)$ 的二阶偏导数.

解 $\dfrac{\partial z}{\partial x} = \ln(x+y) + \dfrac{x}{x+y}$, $\dfrac{\partial z}{\partial y} = \dfrac{x}{x+y}$,

$$\frac{\partial^2 z}{\partial x^2} = \frac{1}{x+y} + \frac{x+y-x}{(x+y)^2} = \frac{x+2y}{(x+y)^2},$$

$$\frac{\partial^2 z}{\partial y^2} = -\frac{x}{(x+y)^2},$$

$$\frac{\partial^2 z}{\partial x \partial y} = \frac{1}{x+y} - \frac{x}{(x+y)^2} = \frac{y}{(x+y)^2},$$

$$\frac{\partial^2 z}{\partial y \partial x} = \frac{x+y-x}{(x+y)^2} = \frac{y}{(x+y)^2}.$$

例 8 求函数 $z = \arctan\dfrac{y}{x}$ 的二阶混合偏导数 $\dfrac{\partial^2 z}{\partial x \partial y}$ 与 $\dfrac{\partial^2 z}{\partial y \partial x}$.

解 因为 $\dfrac{\partial z}{\partial x} = \dfrac{1}{1+\left(\dfrac{y}{x}\right)^2} \cdot \dfrac{-y}{x^2} = \dfrac{-y}{x^2+y^2}$, $\dfrac{\partial z}{\partial y} = \dfrac{1}{1+\left(\dfrac{y}{x}\right)^2} \cdot \dfrac{1}{x} = \dfrac{x}{x^2+y^2}$,

所以 $\dfrac{\partial^2 z}{\partial x \partial y} = \dfrac{\partial}{\partial y}\left(\dfrac{-y}{x^2+y^2}\right) = \dfrac{(-1)\cdot(x^2+y^2)-(-y)\cdot 2y}{(x^2+y^2)^2} = \dfrac{y^2-x^2}{(x^2+y^2)^2}$,

$\dfrac{\partial^2 z}{\partial y \partial x} = \dfrac{\partial}{\partial x}\left(\dfrac{x}{x^2+y^2}\right) = \dfrac{1\cdot(x^2+y^2)-x\cdot 2x}{(x^2+y^2)^2} = \dfrac{y^2-x^2}{(x^2+y^2)^2}$.

例 7、例 8 中的两个二阶混合偏导数是相等的，但在许多情况下并非如此. 二阶混合偏导数相等应满足如下定理：

定理 如果函数 $z = f(x,y)$ 的二阶混合偏导数 $f_{xy}(x,y)$、$f_{yx}(x,y)$ 在区域 D 内连续，则在该区域内必有

$$f_{xy}(x,y) = f_{yx}(x,y)$$

例 9 验证函数 $z = \ln\sqrt{x^2+y^2}$ 满足拉普拉斯方程：

$$\frac{\partial^2 z}{\partial x^2} + \frac{\partial^2 z}{\partial y^2} = 0$$

证 因为 $z = \ln\sqrt{x^2+y^2} = \dfrac{1}{2}\ln(x^2+y^2)$，所以

$$\frac{\partial z}{\partial x}=\frac{x}{x^2+y^2}, \quad \frac{\partial^2 z}{\partial x^2}=\frac{x^2+y^2-x\cdot 2x}{(x^2+y^2)^2}=\frac{y^2-x^2}{(x^2+y^2)^2}$$

$$\frac{\partial z}{\partial y}=\frac{y}{x^2+y^2}, \quad \frac{\partial^2 z}{\partial y^2}=\frac{x^2+y^2-y\cdot 2y}{(x^2+y^2)^2}=\frac{x^2-y^2}{(x^2+y^2)^2}$$

故 $\dfrac{\partial^2 z}{\partial x^2}+\dfrac{\partial^2 z}{\partial y^2}=0$.

拉普拉斯方程是法国数学家拉普拉斯首先提出而得名的,是一种偏微分方程,在电磁学、天文学、流体力学当中都有应用. 除此之外,偏导数的概念在经济学中体现的偏弹性、交叉弹性等也有重要应用.

习题 9.2

1. 设 $f(x,y)=x+y-\sqrt{x^2+y^2}$, 求 $f_x(3,4)$ 、 $f_y(0,5)$.

2. 设 $f(x,y)=\mathrm{e}^{-x}\sin(x+2y)$, 求 $f_x\left(0,\dfrac{\pi}{4}\right)$ 、 $f_y\left(0,\dfrac{\pi}{4}\right)$.

3. 求下列函数的一阶偏导数.

（1） $z=x^3y-y^3x$ ；　　　　　　　（2） $z=xy+\dfrac{y}{x}$ ；

（3） $z=x^2\ln\dfrac{y}{x}$ ；　　　　　　（4） $u=z^2\ln(x^2+y^2)$ ；

（5） $z=\dfrac{\cos x^2}{y}$ ；　　　　　　　（6） $z=\dfrac{x^2\mathrm{e}^y}{y^3}$ ；

（7） $z=\left(\dfrac{1}{3}\right)^{-\frac{y}{x}}$ ；　　　　　　（8） $u=x^{\frac{y}{z}}$ ；

（9） $z=\arcsin(y\sqrt{x})$ ；　　　　（10） $u=\arctan(x-y)^z$ ；

（11） $z=\sin(xy)+\cos^2(xy)$ ；　　（12） $z=\mathrm{e}^{\frac{y}{x}}+x^y+y^x$.

4. 求下列函数的二阶偏导数.

（1） $z=x^4y^2-x^2y^3+x$ ；　　　（2） $z=\dfrac{y}{x^2+y^2}$ ；

（3） $z=y^x$ ；　　　　　　　　　（4） $z=\ln(x^2+y^2)$ ；

（4） $z=x\ln(x+y)$ ；　　　　　　（6） $z=\arctan\dfrac{x+y}{1-xy}$.

5. 设 $f(x,y,z) = xy^2 + yz^2 + zx^2$ ，求 $f_{zzx}(2,0,1)$.

6. 设 $z = x^3y^2 - 3xy^3 - xy + 1$ ，求 $\dfrac{\partial^3 z}{\partial x^3}$.

7. 设 $u = \mathrm{e}^{xyz}$ ，求 $\dfrac{\partial^3 u}{\partial x \partial y \partial z}$.

8. 设 $z = \mathrm{e}^{\frac{x}{y^2}}$ ，求证： $2x\dfrac{\partial z}{\partial x} + y\dfrac{\partial z}{\partial y} = 0$.

9. 设 $z = \mathrm{e}^{-\left(\frac{1}{x} + \frac{1}{y}\right)}$ ，求证： $x^2\dfrac{\partial z}{\partial x} + y^2\dfrac{\partial z}{\partial y} = 2z$.

10. 设 $z = \ln(\mathrm{e}^x + \mathrm{e}^y)$ ，求证： $\dfrac{\partial^2 z}{\partial x^2} \cdot \dfrac{\partial^2 z}{\partial y^2} - \left(\dfrac{\partial^2 z}{\partial x \partial y}\right)^2 = 0$.

9.3　全微分

一元函数 $y = f(x)$ 中，当自变量在点 x 处有增量 Δx 时，若函数的增量 Δy 可表示为 $\Delta y = A \cdot \Delta x + o(\Delta x)$ ，其中， A 与 Δx 无关而仅与 x 有关，且当 $\Delta x \to 0$ 时， $o(\Delta x)$ 是比 Δx 高阶的无穷小量，则称函数 $y = f(x)$ 在点 x 处可微，并把 $A\Delta x$ 叫作 $y = f(x)$ 在点 x 处的**微分**，记作 $\mathrm{d}y$ ，即 $\mathrm{d}y = A\Delta x$. 对于二元函数，我们有类似的微分概念，即偏微分与全微分.

偏微分与一元函数微分概念本质相同，研究一个自变量改变引起函数增量的问题，而全微分研究的是两个自变量都改变时引起函数增量的问题. 我们先重点研究二元函数全微分的概念，再将它推广到三元及以上的多元函数中去.

9.3.1　全微分的定义

定义　如果二元函数 $z = f(x,y)$ 在 $U(P,\delta)$ 内有定义，相应于自变量的增量 Δx、 Δy ，函数的增量为
$$\Delta z = f(x + \Delta x, y + \Delta y) - f(x,y)$$
称 Δz 为函数 $f(x,y)$ 在点 $P(x,y)$ 处的全增量. 若全增量 Δz 可表示为
$$\Delta z = A\Delta x + B\Delta y + o(\rho)$$
其中 A、 B 仅与 x、 y 有关，而与 Δx、 Δy 无关， $\rho = \sqrt{(\Delta x)^2 + (\Delta y)^2}$ ，当 $\rho \to 0$ 时，

$o(\rho)$ 是比 ρ 高阶的无穷小量，则称函数 $z = f(x, y)$ 在点 $P(x, y)$ 处可微．并称 $A\Delta x + B\Delta y$ 为 $f(x, y)$ 在点 $P(x, y)$ 处的全微分，记作 dz 或 d$f(x, y)$，即

$$dz = A\Delta x + B\Delta y$$

如果函数在区域 D 内的各点都可微，则称函数在区域 D 内可微．

9.3.2　全微分与连续、偏导数的关系

1. 可微必连续

在 9.2 节，我们指出，多元函数的各个偏导数即使存在，也不能保证函数是连续的．然而，从全微分的定义知，如果函数 $z = f(x, y)$ 在点 $P(x, y)$ 处可微，则函数在该点必定连续．事实上，由于此时

$$\lim_{\substack{\Delta x \to 0 \\ \Delta y \to 0}} \Delta z = 0$$

也就是 $\lim\limits_{\substack{\Delta x \to 0 \\ \Delta y \to 0}} \left[f(x + \Delta x, y + \Delta y) - f(x, y) \right] = 0$，即

$$\lim_{\substack{\Delta x \to 0 \\ \Delta y \to 0}} f(x + \Delta x, y + \Delta y) = f(x, y)$$

从而 $z = f(x, y)$ 在点 $P(x, y)$ 处连续．

在一元函数中，可导与可微是等价的，那么对二元函数，可微与偏导数存在之间有什么关系呢？下面的两个定理回答了这个问题．

2. 可微必可导

定理 1　若函数 $z = f(x, y)$ 在点 $P(x, y)$ 处可微，则函数在点 $P(x, y)$ 处的两个偏导数 $\dfrac{\partial z}{\partial x}$、$\dfrac{\partial z}{\partial y}$ 都存在，且

$$\frac{\partial z}{\partial x} = A, \quad \frac{\partial z}{\partial y} = B$$

证　因 $z = f(x, y)$ 在点 $P(x, y)$ 处可微，所以对于 $P(x, y)$ 处的某一邻域内的任意一点 $(x + \Delta x, y + \Delta y)$，都有

$$f(x + \Delta x, y + \Delta y) - f(x, y) = A\Delta x + B\Delta y + o(\rho)$$

特别地，当 $\Delta y = 0$ 时，$\rho = |\Delta x|$ 且

$$f(x + \Delta x, y) - f(x, y) = A\Delta x + o(|\Delta x|)$$

两边同除以 Δx，取极限得

$$\frac{\partial z}{\partial x} = \lim_{\Delta x \to 0} \frac{f(x + \Delta x, y) - f(x, y)}{\Delta x} = \lim_{\Delta x \to 0} \left(A + \frac{o(|\Delta x|)}{\Delta x} \right) = A$$

同理 $\dfrac{\partial z}{\partial y} = B$，所以

$$dz = \frac{\partial z}{\partial x} \Delta x + \frac{\partial z}{\partial y} \Delta y$$

由此可见，如果函数 $z = f(x, y)$ 在点 (x, y) 处可微，则一定能推出其在点 (x, y) 处两个偏导数 $\dfrac{\partial z}{\partial x}$、$\dfrac{\partial z}{\partial y}$ 存在，且与一元函数类似，全微分定义中的 A、B 恰好对应的是函数在点 (x, y) 处的两个偏导数 $\dfrac{\partial z}{\partial x}$、$\dfrac{\partial z}{\partial y}$．然而，两个偏导数存在是二元函数可微的**必要条件**，却并不是**充分条件**．

例如函数
$$f(x, y) = \begin{cases} \dfrac{xy}{x^2 + y^2}, & x^2 + y^2 \neq 0 \\ 0, & x^2 + y^2 = 0 \end{cases}$$

在原点 $(0,0)$ 处有 $f_x(0,0) = 0$，$f_y(0,0) = 0$，虽然可以写出形式上的全微分，但是由 9.1 例 4 知，该函数在原点 $(0,0)$ 处是不连续的，因此函数在原点 $(0,0)$ 处不可微．

由此可见，可微是一个最强的条件，由它能推出连续和可偏导，反之却不成立．但是可以证明，如果函数的各个偏导数存在且连续，则该函数必是可微的．

定理 2　如果函数 $z = f(x, y)$ 的两个偏导数 $f_x(x, y)$、$f_y(x, y)$ 在点 $P(x, y)$ 的某一邻域内存在，且在该点连续，则函数在该点可微．

习惯上，我们将自变量的增量 Δx、Δy 分别记作自变量的微分 dx、dy，从而函数 $z = f(x, y)$ 的全微分可以写成

$$dz = df(x, y) = f_x(x, y)dx + f_y(x, y)dy . \tag{9-1}$$

称式（9-1）为函数 $z = f(x, y)$ 在点 (x, y) 处的全微分．

这里，式（9-1）中的两个部分 $f_x(x, y)dx$ 和 $f_y(x, y)dy$ 分别称为二元函数 $z = f(x, y)$ 对 x 和 y 的**偏微分**，则二元函数的全微分就等于它的两个偏微分之和，将这称之为二元函数全微分的**叠加原理**．对于二元以上的多元函数，叠加原理依然存在，可推广至 n 元函数 $u = f(x_1, x_2, \cdots, x_n)$，其全微分表示如下：

$$du = \frac{\partial u}{\partial x_1} dx_1 + \frac{\partial u}{\partial x_2} dx_2 + \cdots + \frac{\partial u}{\partial x_n} dx_n$$

9.3.3　全微分的计算

例 1　求函数 $f(x, y) = x^2 y^3$ 在点 $(2, -1)$ 处的全微分.

解　因为　$f_x(x, y) = 2xy^3$，$f_y(x, y) = 3x^2 y^2$，所以

$$f_x(2, -1) = -4, \quad f_y(2, -1) = 12$$

由于两个偏导数是连续的，故 $df(2, -1) = -4dx + 12dy$.

例 2　求函数 $z = x^2 y + \dfrac{x}{y}$ 的全微分.

解　$\dfrac{\partial z}{\partial x} = 2xy + \dfrac{1}{y}$，$\dfrac{\partial z}{\partial y} = x^2 - \dfrac{x}{y^2}$，所以

$$dz = \left(2xy + \frac{1}{y}\right)dx + \left(x^2 - \frac{x}{y^2}\right)dy$$

例 3　求函数 $u = x - \cos\dfrac{y}{2} + \arctan\dfrac{z}{y}$ 的全微分.

解　因为 $\dfrac{\partial u}{\partial x} = 1$，$\dfrac{\partial u}{\partial y} = \dfrac{1}{2}\sin\dfrac{y}{2} - \dfrac{z}{y^2 + z^2}$，$\dfrac{\partial u}{\partial z} = \dfrac{y}{y^2 + z^2}$，所以

$$du = dx + \left(\frac{1}{2}\sin\frac{y}{2} - \frac{z}{y^2 + z^2}\right)dy + \frac{y}{y^2 + z^2}dz$$

9.3.4　全微分在近似计算中的应用

二元函数的全微分也可用来作近似计算. 若二元函数 $z = f(x, y)$ 在点 $P_0(x_0, y_0)$ 处可微，则有

$$\Delta z = f(x_0 + \Delta x, y_0 + \Delta y) - f(x_0, y_0)$$
$$= f_x(x_0, y_0)\Delta x + f_y(x_0, y_0)\Delta y + o(\rho)$$

其中 $\rho = \sqrt{(\Delta x)^2 + (\Delta y)^2}$. 故当 $|\Delta x|$、$|\Delta y|$ 充分小时，有

$$\Delta z \approx f_x(x_0, y_0)\Delta x + f_y(x_0, y_0)\Delta y = dz \tag{9-2}$$

即

$$f(x_0 + \Delta x, y_0 + \Delta y) - f(x_0, y_0) \approx f_x(x_0, y_0)\Delta x + f_y(x_0, y_0)\Delta y$$

移项得

$$f(x_0 + \Delta x, y_0 + \Delta y) \approx f(x_0, y_0) + f_x(x_0, y_0)\Delta x + f_y(x_0, y_0)\Delta y \tag{9-3}$$

式（9-2）可用来计算函数的增量的近似值，式（9-3）可用来计算函数的近

似值.

例 4　计算 $\sqrt{1.02^3 + 1.97^3}$ 的近似值.

解　设函数 $f(x,y) = \sqrt{x^3 + y^3}$ ，所计算的值可看作函数在 $x = 1.02$ ，$y = 1.97$ 处的函数值. 取 $x_0 = 1$ ，$\Delta x = 0.02$ ，$y_0 = 2$ ，$\Delta y = -0.03$ ，因为

$$f_x(x,y) = \frac{3x^2}{2\sqrt{x^3 + y^3}}, \quad f_y(x,y) = \frac{3y^2}{2\sqrt{x^3 + y^3}}$$

而 $f(x_0, y_0) = f(1,2) = 3$ ，$f_x(1,2) = \frac{1}{2}$ ，$f_y(1,2) = 2$ ，所以

$$\sqrt{1.02^3 + 1.97^3} \approx 3 + \frac{1}{2} \times 0.02 + 2 \times (-0.03) = 2.95$$

例 5　有一圆柱体，受压后发生形变，它的半径由 20cm 增大到 20.05cm，高度由 100cm 减少到 99cm，求此圆柱体体积变化的近似值.

解　设圆柱体的半径、高和体积分别为 r、h、V ，则 $V = \pi r^2 h$. 记 r、h、V 的增量依次为 Δr、Δh、ΔV ，且 $r = 20$ ，$h = 100$ ，$\Delta r = 0.05$ ，$\Delta h = -1$ ，由式（9-2）得

$$\Delta V \approx \frac{\partial V}{\partial r} \Delta r + \frac{\partial V}{\partial h} \Delta h = 2\pi r h \Delta r + \pi r^2 \Delta h$$

$$= 2\pi \times 20 \times 100 \times 0.05 + \pi \times 20^2 \times (-1) = -200\pi \text{（cm}^3\text{）}$$

即此圆柱体在受压后体积约减少了 200π cm^3.

习题 9.3

1. 设函数 $z = \dfrac{y}{x}$ ，当 $x = 2$ ，$y = 1$ ，$\Delta x = 0.1$ ，$\Delta y = 0.2$ 时，求 z 的全增量与全微分，并进行比较.

2. 求函数 $z = \mathrm{e}^{x^2 y}$ 当 $x = 1$ ，$y = 2$ ，$\Delta x = 0.1$ ，$\Delta y = 0.15$ 时的全微分.

3. 求函数 $f(x,y) = x^3 y^2 + x^2 + y$ 在点 $(2,1)$ 处的全微分.

4. 求下列函数全微分.

（1）$z = \dfrac{x+y}{x-y}$ ；

（2）$u = \dfrac{z}{x^2 + y^2}$ ；

（3）$z = \mathrm{e}^{\frac{y}{x}}$ ；

（4）$z = (xy)^x$ ；

（5）$z = \arcsin(xy)$ ；

（6）$z = \arctan \dfrac{y}{x}$.

5. 计算 $\sqrt{1.01^3 + 1.98^3}$ 的近似值.

6．计算 $1.02^{2.01}$ 的近似值．

7．计算 $\ln(\sqrt[3]{1.03}+\sqrt[4]{0.98}-1)$ 的近似值．

8．某工厂需要做一个无盖圆柱形木桶，其内直径及高分别为 3m、4m，厚为 $\dfrac{1}{20}$m，问需要多少立方米的木材？

9．某工厂需要用水泥做一个开顶长方形水池，它的外形尺寸为长 5m，宽 4m，高 3m，它的四壁及底的厚度为 20cm，求需要用大约多少立方米的水泥量？

10．某企业的成本 C 与产品 A 和 B 的数量 x、y 之间的关系为 $C=x^2-0.5xy+y^2$．现 A 的产量从 100 增加到 105，B 的产量由 50 增加到 52，求成本需增加多少？

9.4　多元复合函数求导法则

回顾一元函数中复合函数的求导法则，即"链式法则"．对于复合函数 $y=f[g(x)]$，它可看作由两个函数 $y=f(u)$ 与 $u=g(x)$ 复合而成，则复合函数 y 对自变量 x 的导数为

$$\frac{\mathrm{d}y}{\mathrm{d}x}=\frac{\mathrm{d}y}{\mathrm{d}u}\cdot\frac{\mathrm{d}u}{\mathrm{d}x}$$

即复合函数 y 对自变量 x 的导数为函数对中间变量 u 的导数与中间变量 u 对自变量 x 的导数的乘积，进一步写出结果为

$$\frac{\mathrm{d}y}{\mathrm{d}x}=\frac{\mathrm{d}y}{\mathrm{d}u}\cdot\frac{\mathrm{d}u}{\mathrm{d}x}=f'(u)\cdot g'(x)=f'[g(x)]\cdot g'(x)$$

本节要将一元函数中复合函数的求导法则推广到多元函数的情形．多元函数复合函数的求导法则在多元函数微分学中起着重要作用，但由于多元复合函数复合的情形复杂多样，因此先研究二元函数与二元函数复合的情形，再在此基础上推导其他更为复杂和特殊的情形．

9.4.1　二元函数与二元函数复合的求导法则

定理 1　若 z 为 u、v 的二元函数 $z=f(u,v)$，而 u、v 又分别是 x、y 的二元函数 $u=\varphi(x,y)$，$v=\psi(x,y)$，且满足条件

（1）在点 $P(x,y)$ 处存在偏导数 $\dfrac{\partial u}{\partial x}$、$\dfrac{\partial v}{\partial x}$、$\dfrac{\partial u}{\partial y}$、$\dfrac{\partial v}{\partial y}$；

（2）$f(u,v)$ 在点 $P(x,y)$ 的对应点 (u,v) 处可微；

则复合函数 $z = f[\varphi(x,y), \psi(x,y)]$ 在点 $P(x,y)$ 处的两个偏导数 $\dfrac{\partial z}{\partial x}$、$\dfrac{\partial z}{\partial y}$ 存在，且

$$\begin{cases} \dfrac{\partial z}{\partial x} = \dfrac{\partial z}{\partial u} \cdot \dfrac{\partial u}{\partial x} + \dfrac{\partial z}{\partial v} \cdot \dfrac{\partial v}{\partial x} \\[2mm] \dfrac{\partial z}{\partial y} = \dfrac{\partial z}{\partial u} \cdot \dfrac{\partial u}{\partial y} + \dfrac{\partial z}{\partial v} \cdot \dfrac{\partial v}{\partial y} \end{cases} \tag{9-4}$$

证　给自变量 x, y 及其改变量 Δx、Δy，则 u、v 有相应的增量

$$\Delta u = \varphi(x + \Delta x, y + \Delta y) - \varphi(x, y)$$
$$\Delta v = \psi(x + \Delta x, y + \Delta y) - \psi(x, y)$$

又已知 $z = f(u, v)$ 可微，故由全微分定义得

$$\Delta z = \frac{\partial f}{\partial u} \Delta u + \frac{\partial f}{\partial u} \Delta v + o(\rho)$$

其中 $\rho = \sqrt{\Delta u^2 + \Delta v^2}$. 两端同时除以 Δx 得

$$\frac{\Delta z}{\Delta x} = \frac{\partial f}{\partial u} \frac{\Delta u}{\Delta x} + \frac{\partial f}{\partial u} \frac{\Delta v}{\Delta x} + \frac{o(\rho)}{\Delta x}$$

由于 $u(x, y)$、$v(x, y)$ 关于 x 的偏导数 $\dfrac{\partial u}{\partial x}$、$\dfrac{\partial v}{\partial x}$ 均存在，因此当 $\Delta x \to 0$ 时，也有 $\Delta u \to 0$，$\Delta v \to 0$，从而得

$$\lim_{\Delta x \to 0} \frac{o(\rho)}{\Delta x} = \lim_{\Delta x \to 0} \frac{o(\sqrt{\Delta u^2 + \Delta v^2})}{\Delta x}$$
$$= \lim_{\Delta x \to 0} \frac{o(\sqrt{\Delta u^2 + \Delta v^2})}{\sqrt{\Delta u^2 + \Delta v^2}} \cdot \sqrt{\left(\frac{\Delta u}{\Delta x}\right)^2 + \left(\frac{\Delta v}{\Delta x}\right)^2}$$
$$= 0 \cdot \sqrt{\left(\frac{\partial u}{\partial x}\right)^2 + \left(\frac{\partial v}{\partial x}\right)^2} = 0$$

故有

$$\frac{\partial z}{\partial x} = \lim_{\Delta x \to 0} \frac{\Delta z}{\Delta x} = \frac{\partial f}{\partial u} \frac{\partial u}{\partial x} + \frac{\partial f}{\partial v} \frac{\partial v}{\partial x}$$

同理可得

$$\frac{\partial z}{\partial y} = \frac{\partial f}{\partial u} \frac{\partial u}{\partial y} + \frac{\partial f}{\partial v} \frac{\partial v}{\partial y}$$

仔细观察式（9-4）的结构，实际上是一元复合函数链式法则的推广. 为了方便记忆，我们用导图的形式来表示式（9-4），如图 9-9 所示，依照"分叉相加、沿线相乘"的原则与式（9-4）对应起来，则可以快速、准确地写出因变量对某一自变量的求导公式.

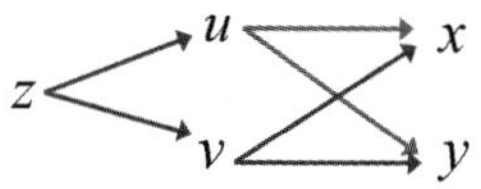

$$z < \begin{matrix} u \\ v \end{matrix} \begin{matrix} x \\ y \end{matrix}$$

图 9-9

例 1　$z = u^2 \ln v$，而 $u = \dfrac{x}{y}$，$v = 3x - 2y$，求 $\dfrac{\partial z}{\partial x}$ 和 $\dfrac{\partial z}{\partial y}$.

解　由题目知，这是二元函数与二元函数复合的情形，利用导图及式（9-4），得

$$\frac{\partial z}{\partial x} = \frac{\partial z}{\partial u}\frac{\partial u}{\partial x} + \frac{\partial z}{\partial v}\frac{\partial v}{\partial x} = 2u\ln v \cdot \frac{1}{y} + \frac{u^2}{v} \cdot 3 = \frac{2x}{y^2}\ln(3x - 2y) + \frac{3x^2}{y^2(3x - 2y)}$$

$$\frac{\partial z}{\partial y} = \frac{\partial z}{\partial u}\frac{\partial u}{\partial y} + \frac{\partial z}{\partial v}\frac{\partial v}{\partial y} = 2u\ln v\left(-\frac{x}{y^2}\right) + \frac{u^2}{v}(-2)$$

$$= -\frac{2x^2}{y^3}\ln(2x - 3y) - \frac{2x^2}{y^2(3x - 2y)}$$

9.4.2　其他情形复合函数的求导法则

由于多元函数复合的形式复杂多样，因此在前面讨论的基础上，我们利用导图的形式将其他情形下复合函数的求导法则稍加推广即可.

（1）设函数 $z = f(u, v)$，而 $u = \varphi(x)$，$v = \psi(x)$.

这里，虽然 z 是 u、v 的二元函数，但是 u、v 又分别是 x、y 的一元函数，所以最终 z 是 x 的一元函数 $z = f[\varphi(x), \psi(x)]$，因此，导数符号应使用 $\dfrac{\mathrm{d}z}{\mathrm{d}x}$，而不是 $\dfrac{\partial z}{\partial x}$. 具体关系如图 9-10 所示.

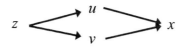

图 9-10

此时，称 z 对 x 的导数为**全导数**，利用导图，我们有

$$\frac{\mathrm{d}z}{\mathrm{d}x} = \frac{\partial z}{\partial u}\frac{\mathrm{d}u}{\mathrm{d}x} + \frac{\partial z}{\partial v}\frac{\mathrm{d}v}{\mathrm{d}x}$$

类似地，若函数 $z = f(u, v, w)$，$u = u(x)$，$v = v(x)$，$w = w(x)$，则有

$$\frac{\mathrm{d}z}{\mathrm{d}x} = \frac{\partial z}{\partial u}\frac{\mathrm{d}u}{\mathrm{d}x} + \frac{\partial z}{\partial v}\frac{\mathrm{d}v}{\mathrm{d}x} + \frac{\partial z}{\partial w}\frac{\mathrm{d}w}{\mathrm{d}x}$$

即中间变量有 n 个，公式展开就有 n 项，这里要注意 d 与 ∂ 的用法不要混淆.

例2　设 $z = x^y$ ，而 $x = \sin t$，$y = \cos t$，求 $\dfrac{\mathrm{d}z}{\mathrm{d}t}$.

解　$\dfrac{\mathrm{d}z}{\mathrm{d}t} = \dfrac{\partial z}{\partial x}\dfrac{dx}{dt} + \dfrac{\partial z}{\partial y}\dfrac{dy}{dt} = yx^{y-1}\cos t + x^y \ln x(-\sin t)$

$\qquad\quad = yx^{y-1}\cos t - x^y \ln x \sin t$

$\qquad\quad = (\sin t)^{\cos t - 1}\cos^2 t - (\sin t)^{\cos t + 1}\ln \sin t$

（2）设函数 $z = f(u,v,w)$ ，而 $u = \varphi(x,y)$，$v = \psi(x,y)$，$w = w(x,y)$.

如图 9-11 所示，最终 z 是 x、y 的二元函数 $z = f[\varphi(x,y),\psi(x,y),w(x,y)]$，因此，它对两个自变量 x、y 的偏导数 $\dfrac{\partial z}{\partial x}$、$\dfrac{\partial z}{\partial y}$ 分别为

$$\frac{\partial z}{\partial x} = \frac{\partial z}{\partial u}\frac{\partial u}{\partial x} + \frac{\partial z}{\partial v}\frac{\partial v}{\partial x} + \frac{\partial z}{\partial w}\frac{\partial w}{\partial x}$$

$$\frac{\partial z}{\partial y} = \frac{\partial z}{\partial u}\frac{\partial u}{\partial y} + \frac{\partial z}{\partial v}\frac{\partial v}{\partial y} + \frac{\partial z}{\partial w}\frac{\partial w}{\partial y}$$

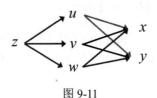

图 9-11

（3）设函数 $z = f(u,x,y)$ ，而 $u = u(x,y)$.

这种情形比较特殊，两个变量 x、y 既是中间变量，又是自变量，如图 9-12 所示.

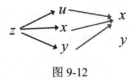

图 9-12

因此，z 对自变量 x 的偏导数 $\dfrac{\partial z}{\partial x}$ 为

$$\frac{\partial z}{\partial x} = \frac{\partial f}{\partial u}\frac{\partial u}{\partial x} + \frac{\partial f}{\partial x}\frac{dx}{dx} + \frac{\partial f}{\partial y}\cdot 0 = \frac{\partial f}{\partial u}\frac{\partial u}{\partial x} + \frac{\partial f}{\partial x} \qquad (9\text{-}5)$$

这里，变量 x 既是中间变量又是自变量，为了避免混淆，$\dfrac{\partial z}{\partial x}$ 与 $\dfrac{\partial f}{\partial x}$ 是不同

的. $\dfrac{\partial z}{\partial x}$ 表示的是二元复合函数 $z = f[u(x,y),x,y]$ 对自变量 x 的求导, 而 $\dfrac{\partial f}{\partial x}$ 表示的是三元函数 $z = f(u,x,y)$ 对自变量 x 的求导.

同理, 可得 z 对自变量 y 的偏导数为

$$\frac{\partial z}{\partial y} = \frac{\partial f}{\partial u}\frac{\partial u}{\partial y} + \frac{\partial f}{\partial y} \tag{9-6}$$

例 3 设函数 $z = \ln(u + x^2 + y^2)$, 而 $u = y\sin x$, 求 $\dfrac{\partial z}{\partial x}$、$\dfrac{\partial z}{\partial y}$.

解 由式 (9-5) 和式 (9-6) 得

$$\frac{\partial z}{\partial x} = \frac{\partial f}{\partial u}\frac{\partial u}{\partial x} + \frac{\partial f}{\partial x} = \frac{1}{u + x^2 + y^2} \cdot y\cos x + \frac{2x}{u + x^2 + y^2} = \frac{2x + y\cos x}{x^2 + y^2 + y\sin x}$$

$$\frac{\partial z}{\partial y} = \frac{\partial f}{\partial u}\frac{\partial u}{\partial y} + \frac{\partial f}{\partial y} = \frac{1}{u + x^2 + y^2} \cdot \sin x + \frac{2y}{u + x^2 + y^2} = \frac{2y + \sin x}{x^2 + y^2 + y\sin x}$$

9.4.3 多元复合函数的高阶导数

多元复合函数求高阶偏导更加复杂, 在求高阶导数时要注意每次求偏导的函数是否仍为多元复合函数.

例 4 设函数 $z = f(x + y, xy)$ 满足可微条件, 求 $\dfrac{\partial^2 z}{\partial x\partial y}$.

解 令 $u = x + y$, $v = xy$, 先求一阶偏导 $\dfrac{\partial z}{\partial x}$.

由式 (9-4) 得,

$$\frac{\partial z}{\partial x} = \frac{\partial f}{\partial u}\frac{\partial u}{\partial x} + \frac{\partial f}{\partial v}\frac{\partial v}{\partial x} = \frac{\partial f}{\partial u} \cdot 1 + \frac{\partial f}{\partial v} \cdot y = \frac{\partial f}{\partial u} + y\frac{\partial f}{\partial v}$$

下面求 $\dfrac{\partial^2 z}{\partial x\partial y}$, 即在一阶偏导 $\dfrac{\partial z}{\partial x}$ 的基础上再求关于自变量 y 的偏导数. 注意到一阶偏导中的两个函数 $\dfrac{\partial f}{\partial u}$ 和 $\dfrac{\partial f}{\partial v}$ 仍是中间变量为 u、v 自变量为 x、y 的二元复合函数, 以 $\dfrac{\partial f}{\partial u}$ 为例, 如图 9-13 所示.

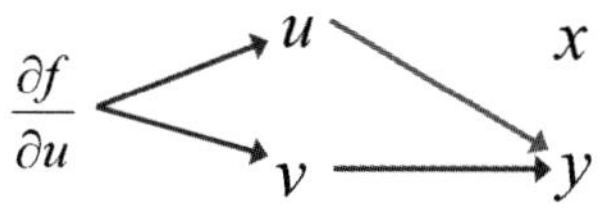

图 9-13

所以，我们有

$$\frac{\partial^2 z}{\partial x \partial y} = \frac{\partial}{\partial y}\left(\frac{\partial f}{\partial u} + y\frac{\partial f}{\partial v}\right) = \frac{\partial}{\partial y}\left(\frac{\partial f}{\partial u}\right) + \frac{\partial}{\partial y}\left(y\frac{\partial f}{\partial v}\right)$$

$$= \frac{\partial^2 f}{\partial u^2} \cdot 1 + \frac{\partial^2 f}{\partial u \partial v} \cdot x + \frac{\partial f}{\partial v} + y\frac{\partial}{\partial y}\left(\frac{\partial f}{\partial v}\right)$$

$$= \frac{\partial^2 f}{\partial u^2} + x\frac{\partial^2 f}{\partial u \partial v} + \frac{\partial f}{\partial v} + y\left(\frac{\partial^2 f}{\partial v \partial u} \cdot 1 + \frac{\partial^2 f}{\partial v^2} \cdot x\right)$$

$$= \frac{\partial^2 f}{\partial u^2} + (x + y)\frac{\partial^2 f}{\partial u \partial v} + xy\frac{\partial^2 f}{\partial v^2} + \frac{\partial f}{\partial v}.$$

其中的 $\dfrac{\partial}{\partial y}\left(\dfrac{\partial f}{\partial u}\right)$，具体如下：

$$\frac{\partial}{\partial y}\left(\frac{\partial f}{\partial u}\right) = \frac{\partial^2 f}{\partial u^2} \cdot \frac{\partial u}{\partial y} + \frac{\partial^2 f}{\partial u \partial v} \cdot \frac{\partial v}{\partial y}$$

$$= \frac{\partial^2 f}{\partial u^2} \cdot 1 + \frac{\partial^2 f}{\partial u \partial v} \cdot x = \frac{\partial^2 f}{\partial u^2} + x\frac{\partial^2 f}{\partial u \partial v}$$

同理，$\dfrac{\partial}{\partial y}\left(\dfrac{\partial f}{\partial v}\right) = \dfrac{\partial^2 f}{\partial v \partial u} + x\dfrac{\partial^2 f}{\partial v^2}$.

有时，由于结果过于复杂，我们可以这样表示：

令 $\dfrac{\partial f}{\partial u} = f_1'$，即复合函数 z 对第一个中间变量 u 求偏导；则 $\dfrac{\partial^2 f}{\partial u \partial v} = f_{12}''$ 表示复合函数 z 先对中间变量 u、再对中间变量 v 求二阶偏导，以此类推．于是本题的结果可以表示为

$$\frac{\partial^2 z}{\partial x \partial y} = \frac{\partial^2 f}{\partial u^2} + (x + y)\frac{\partial^2 f}{\partial u \partial v} + xy\frac{\partial^2 f}{\partial v^2} + \frac{\partial f}{\partial v} = f_{11}'' + (x + y)f_{12}'' + xyf_{22}'' + f_2'.$$

9.4.4 全微分形式不变性

设函数 $z = f(u,v)$ 具有连续偏导数，则有全微分

$$\mathrm{d}z = \frac{\partial z}{\partial u}\mathrm{d}u + \frac{\partial z}{\partial v}\mathrm{d}v$$

如果 u、v 又是 x、y 的函数，$u = u(x,y)$，$v = v(x,y)$，且这两个函数也具有连续偏导数，则复合函数 x, y 的全微分为

$$dz = \frac{\partial z}{\partial x}dx + \frac{\partial z}{\partial y}dy$$

把式（9-4）中的 $\dfrac{\partial z}{\partial x}$、$\dfrac{\partial z}{\partial y}$ 代入上式，得

$$dz = \left(\frac{\partial z}{\partial u}\cdot\frac{\partial u}{\partial x} + \frac{\partial z}{\partial v}\cdot\frac{\partial v}{\partial x}\right)dx + \left(\frac{\partial z}{\partial u}\cdot\frac{\partial u}{\partial y} + \frac{\partial z}{\partial v}\cdot\frac{\partial v}{\partial y}\right)dy$$

$$= \frac{\partial z}{\partial u}\left(\frac{\partial u}{\partial x}dx + \frac{\partial u}{\partial y}dy\right) + \frac{\partial z}{\partial v}\left(\frac{\partial v}{\partial x}dx + \frac{\partial v}{\partial y}dy\right)$$

$$= \frac{\partial z}{\partial u}du + \frac{\partial z}{\partial v}dv$$

由此可见，无论 z 是自变量 x、y 的函数还是中间变量 u、v 的函数，它的全微分形式是一样的，这个性质叫作全微分形式的不变性.

例 5　利用全微分形式不变性求解例 1.

解　$dz = d(u^2\ln v) = 2u\ln v\,du + \dfrac{u^2}{v}dv$，

$$du = d\left(\frac{x}{y}\right) = \frac{1}{y}dx - \frac{x}{y^2}dy，\quad dv = d(3x-2y) = 3dx - 2dy，$$

代入合并得

$$dz = d(u^2\ln v) = 2u\ln v\left(\frac{1}{y}dx - \frac{x}{y^2}dy\right) + \frac{u^2}{v}(3dx - 2dy)$$

$$= \left(\frac{2x}{y^2}\ln(3x-2y) + \frac{3x^2}{(3x-2y)y^2}\right)dx + \left(-\frac{2x^2}{y^3}\ln(3x-2y) - \frac{2x^2}{(3x-2y)y^2}\right)dy$$

可见结果中的两个偏导数 $\dfrac{\partial z}{\partial x}$、$\dfrac{\partial z}{\partial y}$ 与例 1 中的一样.

习题 9.4

1. 设 $z = e^u\sin v$，而 $u = xy$，$v = x + y$，求 $\dfrac{\partial z}{\partial x}$、$\dfrac{\partial z}{\partial y}$.

2. 设 $z = u^2v - uv^2$，而 $u = x\sin y$，$v = x\cos y$，求 $\dfrac{\partial z}{\partial x}$、$\dfrac{\partial z}{\partial y}$.

3. 设 $z = u^3 \ln v^2$，而 $u = \dfrac{x}{y}$，$v = 3x - y$，求 $\dfrac{\partial z}{\partial x}$、$\dfrac{\partial z}{\partial y}$.

4. 设 $z = \mathrm{e}^{x-2y}$，$x = \sin t$，$y = t^3$，求 $\dfrac{\mathrm{d}z}{\mathrm{d}t}$.

5. 设 $z = x^2 y^2$，$x = \sin t$，$y = \cos t$，求 $\dfrac{\mathrm{d}z}{\mathrm{d}t}$.

6. 设 $z = u\mathrm{e}^{uv}$，$u = \sin x$，$v = \cos x$，求 $\dfrac{\mathrm{d}z}{\mathrm{d}x}$.

7. 设 $z = \arctan(xy)$，而 $y = \mathrm{e}^x$，求 $\dfrac{\mathrm{d}z}{\mathrm{d}x}$.

8. 设 $z = uv + \sin t$，$u = \mathrm{e}^t$，$v = \cos t$，求 $\dfrac{\mathrm{d}z}{\mathrm{d}t}$.

9. 设 $u = \mathrm{e}^{x^2+y^2+z^2}$，而 $z = x^2 \sin y$，求 $\dfrac{\partial z}{\partial x}$、$\dfrac{\partial z}{\partial y}$.

10. 设 $z = f(xy, y)$，其中 f 具有二阶连续偏导数，求 $\dfrac{\partial^2 z}{\partial x \partial y}$.

11. 设 $w = f(x, y, u(x, y))$，f 具有二阶连续偏导数，求 $\dfrac{\partial^2 w}{\partial x^2}$.

12. 设 $z = xy + xF(u)$，而 $u = \dfrac{y}{x}$，$F(u)$ 为可导函数，求证 $x\dfrac{\partial z}{\partial x} + y\dfrac{\partial z}{\partial y} = z + xy$.

13. 设 $u = f(x, y)$，而 $x = \mathrm{e}^s \cos t$，$y = \mathrm{e}^s \sin t$，求证

$$\frac{\partial^2 u}{\partial x^2} + \frac{\partial^2 u}{\partial y^2} = \mathrm{e}^{-2s}\left(\frac{\partial^2 u}{\partial s^2} + \frac{\partial^2 u}{\partial t^2} \right)$$

14. 设 $z = \dfrac{y}{f(x^2 - y^2)}$，其中 $f(u)$ 为可导函数，求证：$\dfrac{1}{x}\dfrac{\partial z}{\partial x} + \dfrac{1}{y}\dfrac{\partial z}{\partial y} = \dfrac{z}{y^2}$.

9.5　隐函数的求导公式

　　一元函数中我们学习过隐函数的求导法，如二元方程

$$\sin y + \mathrm{e}^x - xy^2 = 0$$

确定了隐函数 $y = y(x)$，求 $\dfrac{\mathrm{d}y}{\mathrm{d}x}$.

　　原式两边对自变量求导　　$\cos y \cdot y' + \mathrm{e}^x - (x' \cdot y^2 + x \cdot 2y \cdot y') = 0$

即

$$(\cos y - 2xy)y' = y^2 - e^x$$

解出 y'，得

$$\frac{dy}{dx} = \frac{y^2 - e^x}{\cos y - 2xy}$$

使用此方法求导时，需特别注意隐藏的复合函数，如方程中的" $\sin y$ "" y^2 "都是复合函数，求导时要运用复合函数的求导法则，否则就会出现错误．为避免上述问题出现，本节我们给出另一种方法，在多元复合函数求导的基础上，推导一元隐函数的求导公式，并将之推广到多元函数的情形．

9.5.1　一元隐函数求导公式

设二元方程 $F(x,y) = 0$ 确定了 y 是 x 的具有连续导数的隐函数 $y = f(x)$．将 $y = f(x)$ 代入 $F(x,y) = 0$，就得到一个关于 x 的恒等式：

$$F[x, f(x)] \equiv 0$$

此方程左端 F 可看作中间变量为 x、y 而自变量为 x 的复合函数，如图 9-14 所示．

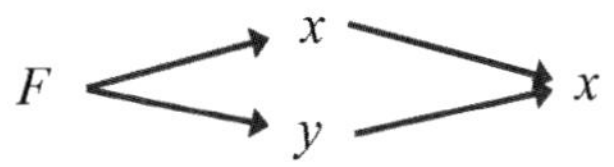

$$F \begin{array}{c} \nearrow \\ \searrow \end{array} \begin{array}{c} x \\ y \end{array} \longrightarrow x$$

图 9-14

设函数 $F(x,y)$ 具有连续的偏导数，则上式两端对 x 求偏导，有 $\dfrac{\partial F}{\partial x} \cdot \dfrac{dx}{dx} + \dfrac{\partial F}{\partial y} \cdot \dfrac{dy}{dx} = 0$；当 $\dfrac{\partial F}{\partial y} \neq 0$ 时，得

$$\frac{dy}{dx} = -\frac{\partial F}{\partial x} \bigg/ \frac{\partial F}{\partial y} = -\frac{F_x}{F_y}$$

这就是由二元方程 $F(x,y) = 0$ 所确定的一元隐函数 $y = f(x)$ 的求导公式．为此，有如下定理：

定理 1（隐函数存在定理）　设 $F(x,y)$ 在点 $P(x_0, y_0)$ 的某一邻域内具有连续偏导数，且 $F(x_0, y_0) = 0$，$F_y(x_0, y_0) \neq 0$，则方程 $F(x,y) = 0$ 在点 $P(x_0, y_0)$ 的某一邻域内恒能唯一确定一个连续且具有连续导数的隐函数 $y = f(x)$，它满足条件 $y_0 = f(x_0)$，并有

$$\frac{dy}{dx} = -\frac{F_x}{F_y} \tag{9-7}$$

例1 运用式（9-7）求方程 $\sin y + e^x - xy^2 = 0$ 所确定的隐函数 $y = f(x)$ 的导数 $\dfrac{dy}{dx}$.

解 令 $F(x,y) = \sin y + e^x - xy^2$ ，则 $\dfrac{\partial F}{\partial x} = e^x - y^2$, $\dfrac{\partial F}{\partial y} = \cos y - 2xy$.

由式（9-7），当 $\dfrac{\partial F}{\partial y} \neq 0$ 时， $\dfrac{dy}{dx} = -\dfrac{F_x}{F_y} = \dfrac{y^2 - e^x}{\cos y - 2xy}$ ，与之前方法计算所得结果一致.

例2 求椭圆方程 $\dfrac{x^2}{a^2} + \dfrac{y^2}{b^2} = 1$ 所确定的隐函数 $y = f(x)$ 的导数 $\dfrac{dy}{dx}$.

解 令 $F(x,y) = \dfrac{x^2}{a^2} + \dfrac{y^2}{b^2} - 1$ ，则 $\dfrac{\partial F}{\partial x} = \dfrac{2x}{a^2}$, $\dfrac{\partial F}{\partial y} = \dfrac{2y}{b^2}$.

由式（9-7），当 $\dfrac{\partial F}{\partial y} \neq 0$ 时，

$$\frac{dy}{dx} = -\frac{\partial F}{\partial x} \bigg/ \frac{\partial F}{\partial y} = -\frac{2x}{a^2} \bigg/ \frac{2y}{b^2} = -\frac{b^2 x}{a^2 y}$$

9.5.2 二元隐函数求导公式

与一元隐函数求导公式的推导相类似，如果三元方程 $F(x,y,z) = 0$ 确定了 z 是 x、y 的二元隐函数 $z = f(x,y)$ ，则将 $z = f(x,y)$ 代入方程 $F(x,y,z) = 0$ ，

得 $$F[x,y,f(x,y)] = 0$$

此方程的左端 F 可看作中间变量为 x、y、z 而自变量为 x、y 的复合函数. 如图 9-15 所示.

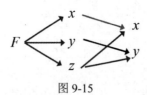

图 9-15

设函数 $F(x,y,z)$ 具有连续偏导数，根据复合函数的求导法则，在方程两边分别对自变量 x 与 y 求导得

$$\frac{\partial F}{\partial x} + \frac{\partial F}{\partial z}\frac{\partial z}{\partial x} = 0 , \quad \frac{\partial F}{\partial y} + \frac{\partial F}{\partial z}\frac{\partial z}{\partial y} = 0$$

当 $\dfrac{\partial F}{\partial z} \neq 0$ 时，有

$$\frac{\partial z}{\partial x} = -\frac{\partial F}{\partial x}\bigg/\frac{\partial F}{\partial z}, \quad \frac{\partial z}{\partial y} = -\frac{\partial F}{\partial y}\bigg/\frac{\partial F}{\partial z}$$

这是二元隐函数的求导公式，定理如下：

定理 2（隐函数存在定理）　设 $F(x,y,z)$ 在点 $P(x_0,y_0,z_0)=0$ 的某邻域内具有连续的偏导数，且 $F(x_0,y_0,z_0)=0$，$F_z(x_0,y_0,z_0)\neq 0$，则方程 $F(x,y,z)=0$ 在点 $P(x_0,y_0,z_0)$ 的某邻域内恒能唯一确定一个连续且具有连续偏导数的隐函数 $z=f(x,y)$，它满足条件 $z_0=f(x_0,y_0)$，并有

$$\frac{\partial z}{\partial x} = -\frac{F_x}{F_z}, \quad \frac{\partial z}{\partial y} = -\frac{F_y}{F_z}$$

例 3　求由 $z^3-3xyz=a^3$ 所确定的 $z=z(x,y)$ 的偏导数 $\dfrac{\partial z}{\partial x}$、$\dfrac{\partial z}{\partial y}$、$\dfrac{\partial^2 z}{\partial x \partial y}$．

解　令 $F(x,y,z)=z^3-3xyz-a^3$，因 $F(x,y,z)$ 有连续偏导数，且 $F_x=-3yz$，$F_y=-3xz$，$F_z=3z^2-3xy$．当 $F_z=3z^2-3xy\neq 0$ 时，

$$\frac{\partial z}{\partial x} = -\frac{F_x}{F_z} = \frac{yz}{z^2-xy}, \quad \frac{\partial z}{\partial y} = -\frac{F_y}{F_z} = \frac{xz}{z^2-xy}$$

而

$$\frac{\partial^2 z}{\partial x \partial y} = \frac{\partial}{\partial y}\left(\frac{\partial z}{\partial x}\right) = \frac{\left(z+y\dfrac{\partial z}{\partial y}\right)(z^2-xy)-\left(2z\dfrac{\partial z}{\partial y}-x\right)\cdot yz}{(z^2-xy)^2}$$

$$= \frac{z^3+(yz^2-xy^2-2yz^2)\dfrac{\partial z}{\partial y}}{(z^2-xy)^2} = \frac{z^5-x^2y^2z-2xyz^3}{(z^2-xy)^3}$$

当然，多元隐函数求偏导与一元隐函数求导方法类似，其本质都是应用复合函数的求导法则，因此可以不拘泥于用公式的方式求解多元隐函数的偏导数．

9.5.3　由方程组确定的隐函数组的求导公式

将隐函数存在定理作另一方面的推广，增加方程中变量的个数和方程的个数，例如四元方程组

$$\begin{cases} F(x,y,u,v)=0 \\ G(x,y,u,v)=0 \end{cases} \qquad (9\text{-}8)$$

确定了一组二元隐函数，不妨设为 $u=u(x,y)$，$v=v(x,y)$，我们来推导两个隐函数 u、v 对两个自变量 x、y 的偏导数公式.

将方程组（9-8）两端对自变量 x 求偏导，注意方程组中的 u、v 都是 x、y 的函数，如图 9-16 所示.

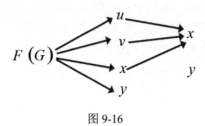

图 9-16

可得

$$\begin{cases} F_x + F_u \dfrac{\partial u}{\partial x} + F_v \dfrac{\partial v}{\partial x} = 0 \\ G_x + G_u \dfrac{\partial u}{\partial x} + G_v \dfrac{\partial v}{\partial x} = 0 \end{cases}$$

解方程组，得

$$\frac{\partial u}{\partial x} = -\frac{\begin{vmatrix} F_x & F_v \\ G_x & G_v \end{vmatrix}}{\begin{vmatrix} F_u & F_v \\ G_u & G_v \end{vmatrix}}, \quad \frac{\partial v}{\partial x} = -\frac{\begin{vmatrix} F_u & F_x \\ G_u & G_x \end{vmatrix}}{\begin{vmatrix} F_u & F_v \\ G_u & G_v \end{vmatrix}}$$

同理，在方程组两端分别对 y 求偏导，可得

$$\frac{\partial u}{\partial y} = -\frac{\begin{vmatrix} F_y & F_v \\ G_y & G_v \end{vmatrix}}{\begin{vmatrix} F_u & F_v \\ G_u & G_v \end{vmatrix}}, \quad \frac{\partial v}{\partial y} = -\frac{\begin{vmatrix} F_u & F_y \\ G_u & G_y \end{vmatrix}}{\begin{vmatrix} F_u & F_v \\ G_u & G_v \end{vmatrix}}$$

这是由两个四元方程确定两个二元隐函数 $u=u(x,y)$，$v=v(x,y)$ 的求偏导公式，但结果有些复杂，不便于记忆. 因此，在实际计算中可以不必使用上述公式，直接运用推导公式的思路求解就可以了.

克拉姆法则

例 4　设 $\begin{cases} xu - yv = 0 \\ yu + xv = 1 \end{cases}$，求 $\dfrac{\partial u}{\partial x}$、$\dfrac{\partial u}{\partial y}$、$\dfrac{\partial v}{\partial x}$、$\dfrac{\partial v}{\partial y}$．

解　由题意知，方程组确定两个二元隐函数 $u = u(x,y)$，$v = v(x,y)$，在方程的两端分别对 x 求偏导并移项，得

$$\begin{cases} x\dfrac{\partial u}{\partial x} - y\dfrac{\partial v}{\partial x} = -u \\ y\dfrac{\partial u}{\partial x} + x\dfrac{\partial v}{\partial x} = -v \end{cases}$$

解得

$$\frac{\partial u}{\partial x} = \frac{\begin{vmatrix} -u & -y \\ -v & x \end{vmatrix}}{\begin{vmatrix} x & -y \\ y & x \end{vmatrix}} = -\frac{xu+yv}{x^2+y^2}, \quad \frac{\partial v}{\partial x} = \frac{\begin{vmatrix} x & -u \\ y & -v \end{vmatrix}}{\begin{vmatrix} x & -y \\ y & x \end{vmatrix}} = \frac{yu-xv}{x^2+y^2}$$

同理，在方程两边对 y 求偏导，可得

$$\frac{\partial u}{\partial y} = \frac{xv-yu}{x^2+y^2}, \quad \frac{\partial v}{\partial y} = -\frac{xu+yv}{x^2+y^2}$$

习题 9.5

1．求下列方程所确定的隐函数的导数 $\dfrac{\mathrm{d}y}{\mathrm{d}x}$．

（1）$xy - e^x + e^y = 0$；　　　　　（2）$\sin(xy) + e^x = y^2$；

（3）$x\sin y + ye^x = 0$；　　　　　（4）$\ln\sqrt[3]{x^2+y^2} = \arctan\dfrac{x}{y}$．

2．求下列方程所确定的隐函数的偏导数 $\dfrac{\partial z}{\partial x}$ 和 $\dfrac{\partial z}{\partial y}$．

（1）$z^3 - 3xyz = 3$；　　　　　（2）$e^z = \cos x\cos y$；

（3）$x^2yz^2 = e^z$；　　　　　（4）$e^z = xyz$；

（5）$e^{-xy} - 2z + e^z = 0$；　　　　　（6）$x + 2y + z = 2\sqrt{xyz}$；

（7）$\dfrac{x}{z} = \ln\dfrac{z}{y}$；　　　　　（8）$yz = \arctan(xz)$．

3．方程 $x^2 + y^2 + z^2 = 4z$ 确定了 z 为 x、y 的函数，求 z_{xx}、z_{xy}．

4. 方程 $z^3 - 2xz + y = 0$ 确定了隐函数 $z = z(x, y)$，求 $\dfrac{\partial^2 z}{\partial x^2}$、$\dfrac{\partial^2 z}{\partial y^2}$、$\dfrac{\partial^2 z}{\partial x \partial y}$.

5. 设 $2\sin(x + 2y - 3z) = x + 2y - 3z$，求证 $\dfrac{\partial z}{\partial x} + \dfrac{\partial z}{\partial y} = 1$.

6. 设 $F(u, v)$ 具有连续偏导数，证明由方程 $F(cx - az, cy - bz) = 0$ 所确定的函数 $z = f(x, y)$ 满足 $a\dfrac{\partial z}{\partial x} + b\dfrac{\partial z}{\partial y} = c$.

7. 设 $x = x(y, z)$，$y = y(x, z)$，$z = z(x, y)$ 都是由方程 $F(x, y, z) = 0$ 所确定的具有连续偏导数的函数，证明 $\dfrac{\partial x}{\partial y} \cdot \dfrac{\partial y}{\partial z} \cdot \dfrac{\partial z}{\partial x} = -1$.

8. 函数 $z = z(x, y)$ 由方程 $x^2 + y^2 + z^2 = yf\left(\dfrac{z}{y}\right)$ 所确定，证明

$$(x^2 - y^2 - z^2)\frac{\partial z}{\partial x} + 2xy\frac{\partial z}{\partial y} = 2xz$$

9. 求由下列方程组所确定的隐函数的导数或偏导数.

（1）设 $\begin{cases} x + y + z = 0 \\ x^2 + y^2 + z^2 = 1 \end{cases}$，求 $\dfrac{\mathrm{d}x}{\mathrm{d}z}$、$\dfrac{\mathrm{d}y}{\mathrm{d}z}$；

（2）设 $\begin{cases} x = \mathrm{e}^u + u\sin v \\ y = \mathrm{e}^u - u\cos v \end{cases}$，求 $\dfrac{\partial u}{\partial x}$、$\dfrac{\partial u}{\partial y}$、$\dfrac{\partial v}{\partial x}$、$\dfrac{\partial v}{\partial y}$.

9.6　多元函数的极值及其求法

　　随着现代工业、农业、国防和科学技术的迅速发展，在工程技术、经济活动分析、经济管理等各领域都提出了大量最优化问题，例如，国家建设高铁、高速公路等浩大工程投资巨大，合理布局很重要. 所谓的"合理布局"就是考虑到建设成本、路线选取、运营费用等多重因素下能够获取的最大经济效益，尤其是现在还要考虑环境因素. 如今构建资源节约型、环境友好型社会慢慢成为我们共同努力的方向，而最优化问题是达到这一目标的有效途径，这些最优化问题中有相当一部分可以归结为多元函数极值的问题.

　　与一元函数类似，多元函数的最值与极值关系密切，因此，我们先以二元函数为例，讨论多元函数的极值问题.

9.6.1　多元函数的极值

1.　二元函数极值的概念

定义　如果函数 $z = f(x, y)$ 在 $\overset{\circ}{U}(P_0, \delta)$ 内的任何点 $P(x, y)$ 处都有
$$f(x, y) < f(x_0, y_0)$$
则称函数 $z = f(x, y)$ 在点 $P_0(x_0, y_0)$ 处有极大值 $f(x_0, y_0)$；反之，若
$$f(x, y) > f(x_0, y_0)$$
则称 $z = f(x, y)$ 在点 $P_0(x_0, y_0)$ 处有极小值 $f(x_0, y_0)$.

函数的极大值和极小值统称为**极值**，使函数取得极值的点称为函数的**极值点**.
与一元函数极值的概念类似，极值是一个局部的概念，而且，极值一定是在区域
的内部取得而非边界.

函数 $z = (x-1)^2 + (y-1)^2 + 2$ 在点 $P_0(1,1)$ 处有极小值. 因为对点 $P_0(1,1)$ 的任一
去心邻域内的任何点 $P(x, y)$，都有 $f(P) > f(P_0) = 2$. 在这个曲面上，点 $(1,1,2)$ 低
于周围的点（图 9-17）.

函数 $z = 3 - \sqrt{x^2 + y^2}$ 在点 $P_0(0,0)$ 处有极大值（图 9-18）. 因为对点 $P_0(0,0)$ 的
任一去心邻域内的任何点 $P(x, y)$，都有 $f(P) < f(P_0) = 3$.

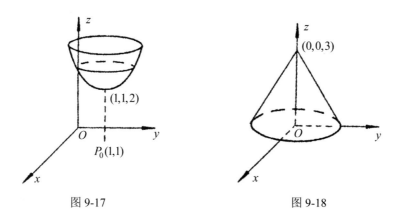

图 9-17　　　　　　　　　　　　　图 9-18

以上关于二元函数极值的概念，可以推广到 n 元函数，这里不作赘述.
对于简单的函数，利用极值的定义就能判断出函数的极值. 而对于一般的函
数，显然比较复杂困难，在一元函数中，我们利用导数来求解极值，类似地，对
于二元函数，我们可以借助偏导数来解决求极值的问题.

9.6.2 二元函数极值的判定

定理 1（极值存在的必要条件） 设函数 $z = f(x, y)$ 在点 $P_0(x_0, y_0)$ 处有极值且两个偏导数存在，则

$$f_x(x_0, y_0) = 0, \ f_y(x_0, y_0) = 0$$

证 如果取 $y = y_0$，则函数 $f(x, y_0)$ 是 x 的一元函数．因为 $x = x_0$ 时，$f(x_0, y_0)$ 是一元函数 $f(x, y_0)$ 的极值，由一元函数极值存在的必要条件，有

$$f_x(x_0, y_0) = 0$$

同理

$$f_y(x_0, y_0) = 0$$

使 $f_x(x_0, y_0) = 0$，$f_y(x_0, y_0) = 0$ 同时成立的点 $P_0(x_0, y_0)$，称为函数 $z = f(x, y)$ 的驻点．

这个定理可以推广到二元以上的函数．例如，如果三元函数 $u = f(x, y, z)$ 在点 $P_0(x_0, y_0, z_0)$ 处的偏导数存在，则它在点 $P_0(x_0, y_0, z_0)$ 处存在极值的必要条件为

$$f_x(x_0, y_0, z_0) = 0, \quad f_y(x_0, y_0, z_0) = 0, \quad f_z(x_0, y_0, z_0) = 0$$

由定理 1 知，在偏导数存在的条件下，极值点必为驻点，但驻点不一定是极值点．例如，点 $(0,0)$ 是 $z = xy$ 的驻点，但不是极值点，因为在点 $(0,0)$ 的任何去心邻域内，总有使函数值为正的点，也有使函数值为负的点（图 9-19）．

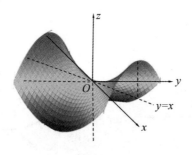

图 9-19

那么如何判定一个驻点是否是极值点呢？

定理 2（极值存在的充分条件） 设函数 $z = f(x, y)$ 在 $U(P_0, \delta)$ 内具有连续的二阶偏导数，且 $f_x(x_0, y_0) = 0$，$f_y(x_0, y_0) = 0$．令

$$A = f_{xx}(x_0, y_0), \ B = f_{xy}(x_0, y_0), \ C = f_{yy}(x_0, y_0)$$

则

（1）当 $B^2 - AC < 0$ 时，$f(x, y)$ 在点 $P_0(x_0, y_0)$ 处取得极值，且当 $A < 0$ 时取

得极大值，$A > 0$ 时取得极小值；

（2）当 $B^2 - AC > 0$ 时，$f(x, y)$ 在点 $P_0(x_0, y_0)$ 处无极值；

（3）当 $B^2 - AC = 0$ 时，不能断定 $f(x, y)$ 在点 $P_0(x_0, y_0)$ 处是否取得极值.

由定理 1 和定理 2，求二元函数 $z = f(x, y)$ 极值的步骤如下：

（1）解方程组 $\begin{cases} f_x(x, y) = 0 \\ f_y(x, y) = 0 \end{cases}$，求出所有驻点 (x_0, y_0)；

（2）对于每一个驻点，计算二阶偏导数 A、B、C 的值；

（3）根据 $B^2 - AC$ 及 A 的符号确定 $P_0(x_0, y_0)$ 是极大值点还是极小值点；

（4）求出 $z = f(x, y)$ 在极值点处的函数值.

例 1　求函数 $f(x, y) = y^3 - x^2 + 6x - 12y + 5$ 的极值.

解　解方程组 $\begin{cases} f_x(x, y) = -2x + 6 = 0 \\ f_y(x, y) = 3y^2 - 12 = 0 \end{cases}$，得两个驻点 $(3, 2)$ 和 $(3, -2)$. 又

$$f_{xx}(x, y) = -2, \quad f_{xy}(x, y) = 0, \quad f_{yy}(x, y) = 6y$$

在点 $(3, 2)$ 处，$A = -2$，$B = 0$，$C = 12$，$B^2 - AC = 24 > 0$，点 $(3, 2)$ 不是极值点；

在点 $(3, -2)$ 处，$A = -2$，$B = 0$，$C = -12$，$B^2 - AC = -24 < 0$，且 $A < 0$，故点 $(3, -2)$ 是极大值点，极大值为 $f(3, -2) = 30$.

例 2　求函数 $f(x, y) = xy(a - x - y)$ 的极值，其中 $a \neq 0$.

解　解方程组

$$\begin{cases} f_x(x, y) = y(a - x - y) - xy = 0 \\ f_y(x, y) = x(a - x - y) - xy = 0 \end{cases}$$

得驻点 $(0, 0)$、$(0, a)$、$(a, 0)$、$\left(\dfrac{a}{3}, \dfrac{a}{3} \right)$. 因为

$$f_{xx}(x, y) = -2y, \quad f_{yy}(x, y) = -2x, \quad f_{xy}(x, y) = a - 2x - 2y$$

所以，

在点 $(0, 0)$ 处，$A = 0$，$C = 0$，$B = a$，$B^2 - AC > 0$，无极值；

在点 $(0, a)$ 处，$A = -2a$，$C = 0$，$B = -a$，$B^2 - AC > 0$，无极值；

在点 $(a, 0)$ 处，$A = 0$，$C = -2a$，$B = -a$，$B^2 - AC > 0$，无极值；

在 $\left(\dfrac{a}{3}, \dfrac{a}{3} \right)$ 点处，$A = -\dfrac{2a}{3}$，$C = -\dfrac{2a}{3}$，$B = -\dfrac{a}{3}$，$B^2 - AC < 0$，故在该点取得

极值 $f\left(\dfrac{a}{3}, \dfrac{a}{3} \right) = \dfrac{a^2}{27}$，且

当 $a>0$ 时，$A<0$，$f\left(\dfrac{a}{3},\dfrac{a}{3}\right)$ 是极大值；当 $a<0$ 时，$A>0$，$f\left(\dfrac{a}{3},\dfrac{a}{3}\right)$ 是极小值.

有时，由于需要判断的点比较多，我们还可以列表讨论，如上题列表见表 9-1.

表 9-1

驻点	A	C	B	B^2-AC 的符号	是否为极值点
$(0,0)$	0	0	a	$+$	否
$(0,a)$	$-2a$	0	$-a$	$+$	否
$(a,0)$	0	$-2a$	$-a$	$+$	否
$\left(\dfrac{a}{3},\dfrac{a}{3}\right)$	$-\dfrac{2a}{3}$	$-\dfrac{2a}{3}$	$-\dfrac{a}{3}$	$-$	是
结论	当 $a>0$ 时，$f\left(\dfrac{a}{3},\dfrac{a}{3}\right)=\dfrac{a^2}{27}$ 是极大值； 当 $a<0$ 时，$f\left(\dfrac{a}{3},\dfrac{a}{3}\right)=\dfrac{a^2}{27}$ 是极小值				

根据定理 1，极值点可能在驻点取得. 然而，偏导数不存在的点，也可能是极值点. 例如函数 $z=3-\sqrt{x^2+y^2}$，它在点 $(0,0)$ 的偏导数不存在，但在该点取得极大值. 因此，在讨论函数的极值时，如果函数还有偏导数不存在的点，这些点也应当加以讨论.

9.6.3 多元函数的最值

同一元函数一样，$P_0(x_0,y_0)$ 是函数 $z=f(x,y)$ 在区域 D 上的最大（小）值点，是指对于 D 上的一切点 $P(x,y)$ 都满足

$$f(x,y)\leqslant f(x_0,y_0),\ (f(x,y)\geqslant f(x_0,y_0))$$

如果函数 $z=f(x,y)$ 在闭区域 D 上连续，则在区域 D 上一定能够取得最大值和最小值. 使函数取得最大值和最小值的点可能在区域 D 的内部，也可能在 D 的边界上. 求 $z=f(x,y)$ 的最大值、最小值的方法与一元函数相同，即利用函数的极值来求函数的最值. 因此只需求出 $f(x,y)$ 在各驻点处的函数值及其在边界上的最大值和最小值，然后加以比较，其中最大的即为最大值，最小的即为最小值.

这里需要注意的是，要直接求出函数 $f(x,y)$ 在 D 的边界上的最大值和最小值往往很困难. 但如果是实际问题，且函数 $f(x,y)$ 的最大值（最小值）一定在 D 的

内部取得，而函数在 D 内只有一个驻点，则根据问题本身的性质，就可以确定该点处的函数值就是函数 $f(x,y)$ 在 D 上的最大值（最小值）．

例 3　造一个容积为 V 的长方体盒子，如何设计才能使所用材料最少？

解　设盒子的长为 x，宽为 y，则高为 $\dfrac{V}{xy}$．故长方体盒子的表面积为

$$S = 2\left(xy + \frac{V}{x} + \frac{V}{y}\right)$$

这是关于 x、y 的二元函数，定义域为 $D = \left\{(x,y)\big| x > 0, y > 0\right\}$．

由 $\dfrac{\partial S}{\partial x} = 2\left(y - \dfrac{V}{x^2}\right)$，$\dfrac{\partial S}{\partial y} = 2\left(x - \dfrac{V}{y^2}\right)$，得驻点 $(\sqrt[3]{V}, \sqrt[3]{V})$．根据问题的实际意义，盒子所用材料的最小值一定存在，且函数有唯一的驻点，所以该驻点就是 S 取得最小值的点．即当 $x = y = z = \sqrt[3]{V}$ 时，函数 S 取得最小值 $6V^{\frac{2}{3}}$，也即当盒子的长、宽、高相等时，所用材料最少．

例 4　D_1、D_2 分别为商品 X_1、X_2 的需求量，X_1、X_2 的需求函数分别为

$$D_1 = 8 - p_1 + 2p_2, \quad D_2 = 10 + 2p_1 - 5p_2$$

总成本函数 $C_T = 3D_1 + 2D_2$，若 p_1、p_2 分别为商品 X_1、X_2 的价格．试问价格 p_1、p_2 取何值时可使总利润最大？

解　根据经济理论，总利润＝总收入－总成本；由题意，总收入函数

$$R_T = p_1 D_1 + p_2 D_2 = p_1(8 - p_1 + 2p_2) + p_2(10 + 2p_1 - 5p_2)$$

总利润函数

$$L_T = R_T - C_T = (p_1 - 3)(8 - p_1 + 2p_2) + (p_2 - 2)(10 + 2p_1 - 5p_2)$$

$$\begin{cases} \dfrac{\partial L_T}{\partial p_1} = 8 - p_1 + 2p_2 + (-1)(p_1 - 3) + 2(p_2 - 2) = 7 - 2p_1 + 4p_2 = 0 \\ \dfrac{\partial L_T}{\partial p_2} = 2(p_1 - 3) + (10 + 2p_1 - 5p_2) + (-5)(p_2 - 2) = 14 + 4p_1 - 10p_2 = 0 \end{cases}$$

解方程组，得驻点 $(p_1, p_2) = \left(\dfrac{63}{2}, 14\right)$．又因为

$$A = \frac{\partial^2 L_T}{\partial p_1^2} = -2, \quad B = \frac{\partial^2 L_T}{\partial p_1 \partial p_2} = 4, \quad C = \frac{\partial^2 L_T}{\partial p_2^2} = -10$$

故 $B^2 - AC = -4 < 0$，所以该问题唯一的驻点 $(p_1, p_2) = \left(\dfrac{63}{2}, 14\right)$ 是极大值点，同时也是最大值点．最大利润为

$$L_{\mathrm{T}} = \left(\frac{63}{2} - 3\right)\left(8 - \frac{63}{2} + 2 \times 14\right) + (14 - 2)\left(10 + 2 \times \frac{63}{2} - 5 \times 14\right) = 164.25$$

9.6.4　条件极值（拉格朗日乘数法）

在上述极值问题中，除了给出函数的定义域外，对函数本身并无其他的限制．这一类极值问题称为**无条件极值**．然而在许多实际问题中，除了给出函数的定义域外，往往还需要对函数附加其他的限制条件．这一类极值问题则称为**条件极值**．如下引例：

引例　某工厂生产两种型号的精密机床，其产量分别为 x、y 台，总成本函数为 $C(x,y) = x^2 + 2y^2 - xy$（单位：万元）．根据市场调查，这两种机床的需求量共 8 台．问应如何安排生产，才能使总成本最小？

分析　在这个问题中，因为总成本函数中的自变量（即两种机床的生产量 x、y）受到市场需求的限制，$x + y = 8$．故该问题在数学上可描述为：在约束条件 $x + y = 8$ 的限制下求函数 $C(x,y) = x^2 + 2y^2 - xy$ 的极小值．即求函数 $C(x,y)$ 在条件 $x + y = 8$ 约束下的条件极值．

在本例中，由条件 $x + y = 8$ 解出 $y = 8 - x$，代入 $C(x,y)$，则条件极值问题可化为关于一元函数

$$C(x,y) = x^2 + 2(8 - x)^2 - x(8 - x) = 4x^2 - 40x + 128$$

的无条件极值问题．

但在很多情形下，将条件极值化为无条件极值是很困难的．下面介绍一种求条件极值的常用方法——拉格朗日乘数法．

用拉格朗日乘数法求函数 $z = f(x,y)$ 在约束条件 $\varphi(x,y) = 0$ 下极值的步骤为：构造函数

拉格朗日函数的构造

$$F(x,y) = f(x,y) + \lambda \varphi(x,y)$$

其中 λ 称为拉格朗日乘数．求解方程组

$$\begin{cases} F_x = f_x(x,y) + \lambda \varphi_x(x,y) = 0 \\ F_y = f_y(x,y) + \lambda \varphi_y(x,y) = 0 \\ \varphi(x,y) = 0 \end{cases}$$

解出 (x_0, y_0, λ_0)，则 (x_0, y_0) 即为可能的极值点．这种求极值的方法就是**拉格朗日乘数法**．

这里需要注意的是，拉格朗日乘数法只给出函数取极值的必要条件，因此，按照这种方法求出来的点是否为极值点，还需要加以讨论．不过，在实际问题中，往往可以根据问题本身的性质来判定所求的点是不是极值点．

该方法可推广到自变量多于两个而条件多于一个的情形. 例如, 要求函数

$$u = f(x,y,z,t)$$

在附加条件 $\varphi(x,y,z,t) = 0$, $\psi(x,y,z,t) = 0$ 下的极值. 可构造拉格朗日函数

$$L(x,y,z,t) = f(x,y,z,t) + \lambda\varphi(x,y,z,t) + \mu\psi(x,y,z,t)$$

其中 λ、μ 均为常数. 求出 $L(x,y,z,t)$ 关于变量 x、y、z、t 的一阶偏导数, 并令其为零, 然后与附加条件联立方程组求解, 这样得出的 (x,y,z,t) 就是函数 $f(x,y,z,t)$ 在附加条件下的可能极值点.

例 5　用拉格朗日乘数法求解引例, 即求函数 $C(x,y) = x^2 + 2y^2 - xy$ 在条件 $x + y = 8$ 下的极值.

解　构造函数 $F(x,y) = x^2 + 2y^2 - xy + \lambda(x + y - 8)$. 解方程组

$$\begin{cases} F_x = 2x - y + \lambda = 0 \\ F_y = 4y - x + \lambda = 0 \\ x + y - 8 = 0 \end{cases}$$

得 $\lambda = -7$, $x = 5$, $y = 3$, 故点 $(5,3)$ 是函数 $C(x,y)$ 的可能极值点.

因为只有唯一的一个驻点, 且问题的最小值是存在的, 所以此驻点 $(5, 3)$ 也是函数 $C(x,y)$ 的最小值点. 最小值为

$$C(5,3) = 5^2 + 2 \times 3^2 - 5 \times 3 = 28 \quad （万元）$$

例 6　求表面积为 a^2 而体积为最大的长方体的体积.

解　设长方体的三棱长为 x、y 与 z, 则体积为 $V = xyz$, 而表面积为

$$a^2 = 2xy + 2yz + 2xz$$

该问题就是在条件 $\varphi(x,y,z) = 2xy + 2yz + 2xz - a^2 = 0$ 下, 求函数 $V = xyz$ $(x > 0,\ y > 0,\ z > 0)$ 的最大值.

作拉格朗日函数, $L(x,y,z) = xyz + \lambda(2xy + 2yz + 2xz - a^2)$, 解方程组

$$\begin{cases} yz + 2\lambda(y + z) = 0 \\ xz + 2\lambda(x + z) = 0 \\ xy + 2\lambda(y + x) = 0 \end{cases}$$

得 $x = y = z$, 代入原式, 便得 $x = y = z = \dfrac{\sqrt{6}}{6}a$, 这是唯一可能的极值点, 再由问题本身可知, 最大值一定存在, 所以最大值就在该点处取得. 即当表面积一定时, 长方体为一个棱长为 $\dfrac{\sqrt{6}}{6}a$ 的正方体时体积最大, 最大体积为 $V = \dfrac{\sqrt{6}}{36}a^3$.

习题 9.6

1. 求下列函数的极值.

（1） $z = x^3 + y^3 - 3xy$ ；

（2） $z = x^3 - 4x^2 + 2xy - y^2 + 1$ ；

（3） $z = e^{2x}(x + y^2 + 2y)$ ；

（4） $z = (6x - x^2)(4y - y^2)$.

2. 在坐标面 xOy 上找一点 p ，使它到三点 $p_1(0,0)$ 、 $p_2(1,0)$ 、 $p_3(0,1)$ 的距离的平方和最小.

3. 求抛物线 $y = x^2$ 到直线 $x - y - 2 = 0$ 之间的最短距离.

4. 要用铁板做成一个体积为 8m^3 的有盖长方体水箱，问水箱的长、宽、高各取多少时，才能使用料最省？

5. 要造一个容积等于定数 k 的长方形无盖水池，应如何选择水池的尺寸，才能使表面积最小.

6. 某工厂生产 A, B 两种产品，其销售价格分别为 $p_1 = 12$ ， $p_2 = 18$ （单位：元），总成本 C （单位：万元）是两种产品产量 x 和 y （单位：千件）的函数

$$C(x, y) = 2x^2 + xy + 2y^2$$

当两种产品的产量为多少时，可获得最大利润？求最大利润.

7. 求函数 $f(x, y) = xy\sqrt{1 - x^2 - y^2}$ 在区域 $D = \left\{(x, y) \middle| x^2 + y^2 \leqslant 1, x > 0, y > 0\right\}$ 内的最大值.

8. 求函数 $f(x, y) = xy$ 在约束条件 $x + y = 1$ 下的极值.

9. 求函数 $u = xyz$ 在附加条件 $\dfrac{1}{x} + \dfrac{1}{y} + \dfrac{1}{z} = \dfrac{1}{a}$ （$x > 0$ ， $y > 0$ ， $z > 0$ ， $a > 0$）下的极值.

10. 某农场欲围成一个面积为 60m^2 的矩形场地，正面所用材料每平方米造价10 元，其余三面每平方米造价 5 元，求场地长、宽各多少米时，所用材料费最少？

11. 某工厂生产两种商品的日产量为 x 和 y （件），总成本函数 $C(x, y) = 8x^2 - xy + 12y^2$ （元），商品的限额为 $x + y = 42$ ，求最小成本.

9.7　多元函数微分学的几何应用

9.7.1　空间曲线的切线与法平面

1. 情形 1

设空间曲线 Γ 的方程为参数形式

$$\begin{cases} x = x(t) \\ y = y(t), \quad t \in [\alpha, \beta] \\ z = z(t) \end{cases}$$

其中 $x(t)$、$y(t)$、$z(t)$ 都在 $[\alpha, \beta]$ 上可导，且导数不全为零．下面求过曲线上一点 $M(x_0, y_0, z_0)$ 的切线方程．

设曲线 Γ 上点 $M(x_0, y_0, z_0)$ 对应于参数 $t = t_0$，则与一元函数求切线方程的思想类似，这里，我们也是借助割线方程来逼近切线方程的．

给参数 t 一增量 Δt，则对应于 $t = t_0 + \Delta t$ 的邻近一点 $N(x_0 + \Delta x, y_0 + \Delta y, z_0 + \Delta z)$，于是，曲线的割线 MN 的方程为

$$\frac{x - x_0}{\Delta x} = \frac{y - y_0}{\Delta y} = \frac{z - z_0}{\Delta z}$$

当点 N 沿着曲线趋于 M 时，割线 MN 的极限位置 MT 就是曲线 Γ 在点 M 处的切线（图 9-20）．上式各分母除以 Δt，得

$$\frac{x - x_0}{\dfrac{\Delta x}{\Delta t}} = \frac{y - y_0}{\dfrac{\Delta y}{\Delta t}} = \frac{z - z_0}{\dfrac{\Delta z}{\Delta t}}$$

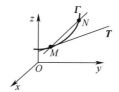

图 9-20

令 $N \to M$，则 $\Delta t \to 0$，对上式取极限，即得到曲线 Γ 在点 M 处的切线方程

$$\frac{x - x_0}{x'(t_0)} = \frac{y - y_0}{y'(t_0)} = \frac{z - z_0}{z'(t_0)}$$

其中，切线的方向向量 $\boldsymbol{T} = \big(x'(t_0), y'(t_0), z'(t_0)\big)$ 称为曲线的切向量．

通过点 $M(x_0, y_0, z_0)$ 且与切线垂直的平面称为曲线 $\varGamma$ 在点 M 处的法平面（图 9-21）.

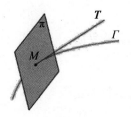

图 9-21

它是过点 M 且以切向量 $\boldsymbol{T}$ 为法向量的平面，因此该法平面的方程为

$$x'(t_0)(x - x_0) + y'(t_0)(y - y_0) + z'(t_0)(z - z_0) = 0$$

例 1 求螺旋线 $\begin{cases} x = 2\cos t \\ y = 2\sin t \\ z = \sqrt{2}t \end{cases}$ 上对应于点 $t = \dfrac{\pi}{4}$ 处的切线及法平面方程.

解 首先，该螺旋线上对应 $t = \dfrac{\pi}{4}$ 处的点为 $\left(\sqrt{2}, \sqrt{2}, \dfrac{\sqrt{2}\pi}{4} \right)$，即为切点.

其次，曲线的切向量为

$$\boldsymbol{T} = (x'(t), y'(t), z'(t)) = \left(-2\sin t, 2\cos t, \sqrt{2} \right)$$

则曲线在点 $t = \dfrac{\pi}{4}$ 处的切向量为 $\boldsymbol{T} = \left(-\sqrt{2}, \sqrt{2}, \sqrt{2} \right)$.

所以，对应点处的切线方程为

$$\frac{x - \sqrt{2}}{-\sqrt{2}} = \frac{y - \sqrt{2}}{\sqrt{2}} = \frac{z - \dfrac{\sqrt{2}\pi}{4}}{\sqrt{2}}$$

即

$$\frac{x - \sqrt{2}}{-1} = \frac{y - \sqrt{2}}{1} = \frac{z - \dfrac{\sqrt{2}\pi}{4}}{1}$$

法平面方程为 $-\sqrt{2}\left(x - \sqrt{2} \right) + \sqrt{2}\left(y - \sqrt{2} \right) + \sqrt{2}\left(z - \dfrac{\sqrt{2}\pi}{4} \right) = 0$，即

$$4x - 4y - 4z + \sqrt{2}\pi = 0$$

2. 情形 2

设空间曲线 $\varGamma$ 的方程为

$$\begin{cases} y = y(x) \\ z = z(x) \end{cases}, \quad x \in [a,b]$$

则取 x 为参数，曲线 Γ 就可以转化为情形 1 下的参数形式：

$$\begin{cases} x = x \\ y = y(x)，\quad x \in [a,b] \\ z = z(x) \end{cases}$$

若 $y(x)$、$z(x)$ 都在 $x = x_0$ 处可导，则曲线 Γ 在 $x = x_0$ 处的切向量为

$$\boldsymbol{T} = \left(1, y'(x_0), z'(x_0)\right)$$

因此，曲线 Γ 在点 $M(x_0, y_0, z_0)$ 处的切线方程为

$$\frac{x - x_0}{1} = \frac{y - y_0}{y'(x_0)} = \frac{z - z_0}{z'(x_0)}$$

法平面方程为

$$(x - x_0) + y'(x_0)(y - y_0) + z'(x_0)(z - z_0) = 0$$

例 2　求曲线 Γ：$\begin{cases} y = x^2 \\ z = x^3 \end{cases}$ 在点 $(1,1,1)$ 处的切线及法平面方程.

解　因为 $\boldsymbol{T} = (1, 2x, 3x^2)$，所以曲线在点 $(1,1,1)$ 处的切向量为 $\boldsymbol{T} = (1,2,3)$. 则切线方程为

$$\frac{x-1}{1} = \frac{y-1}{2} = \frac{z-1}{3}$$

法平面方程为

$$(x-1) + 2(y-1) + 3(z-1) = 0$$

即

$$x + 2y + 3z - 6 = 0$$

3. 情形 3

设空间曲线 Γ 的方程为

$$\begin{cases} F(x,y,z) = 0 \\ G(x,y,z) = 0 \end{cases}$$

即两个曲面交线的形式.

不妨假设从方程组中消掉 z 解出了 $y = y(x)$，再消掉 y 解出 $z = z(x)$，则由方程组 $\begin{cases} F(x,y,z) = 0 \\ G(x,y,z) = 0 \end{cases}$ 确定了一组隐函数 $y = y(x)$，$z = z(x)$，且方程组 $\begin{cases} F(x,y,z) = 0 \\ G(x,y,z) = 0 \end{cases}$ 转化为情形 2 下的形式 $\begin{cases} y = y(x) \\ z = z(x) \end{cases}$，所以切向量形式与情形 2 相同，

即
$$\boldsymbol{T} = \left(1, y'(x_0), z'(x_0)\right)$$

下面只需求出 $y'(x_0)$、$z'(x_0)$ 即可．设 $M(x_0, y_0, z_0)$ 是曲线 $\varGamma$ 上的一个点，利用隐函数求导方法（9.5 节）求出曲线 $\varGamma$ 在点 M 处的切向量 $\boldsymbol{T} = \left(1, y'(x_0), z'(x_0)\right)$，则曲线 $\varGamma$ 在点 $M(x_0, y_0, z_0)$ 处的切线方程为

$$\frac{x - x_0}{1} = \frac{y - y_0}{y'(x_0)} = \frac{z - z_0}{z'(x_0)}$$

法平面方程为
$$(x - x_0) + y'(x_0)(y - y_0) + z'(x_0)(z - z_0) = 0$$

例3 求曲线 $\begin{cases} x^2 + y^2 + z^2 = 6 \\ x^2 + y^2 - z = 0 \end{cases}$ 在点 $(1,1,2)$ 处的切线及法平面方程．

解 先求出切向量 $\boldsymbol{T} = \left(1, y'(x), z'(x)\right)$ 中的 $y'(x)$、$z'(x)$，为此，方程组两边同时对 x 求导，得

$$\begin{cases} 2x + 2y\dfrac{\mathrm{d}y}{\mathrm{d}x} + 2z\dfrac{\mathrm{d}z}{\mathrm{d}x} = 0 \\ 2x + 2y\dfrac{\mathrm{d}y}{\mathrm{d}x} - \dfrac{\mathrm{d}z}{\mathrm{d}x} = 0 \end{cases}$$

解出 $\dfrac{\mathrm{d}y}{\mathrm{d}x} = -\dfrac{x}{y}$，$\dfrac{\mathrm{d}z}{\mathrm{d}x} = 0$．则在点 $(1,1,2)$ 处的切向量为

$$\boldsymbol{T} = (1, -1, 0)$$

所以，切线方程为
$$\frac{x-1}{1} = \frac{y-1}{-1} = \frac{z-2}{0}$$

法平面方程为
$$(x-1) - (y-1) + 0(z-2) = 0$$
即
$$x - y = 0$$

9.7.2　曲面的切平面与法线

1．情形 1

设曲面 $\varSigma$ 的方程为
$$F(x, y, z) = 0$$

并设 $M(x_0, y_0, z_0)$ 是曲面 $\varSigma$ 上的一点，函数 $F(x, y, z)$ 的偏导数在该点连续且不同时为零（这时称 $\varSigma$ 是光滑曲面）．过点 M 在曲面上可以作无数条曲线，设这些曲线在点 M 处都有切线，下面证明这无数条曲线的切线都在同一平面上．

在曲面 Σ 上（图9-22）过点 M 任意作一条曲线 Γ，假定曲线 Γ 的参数方程为

$$\begin{cases} x = x(t) \\ y = y(t)，\quad t \in [\alpha, \beta] \\ z = z(t) \end{cases}$$

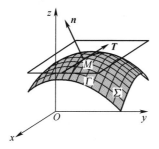

图 9-22

且当 $t = t_0$ 时，$x_0 = x(t_0)$，$y_0 = y(t_0)$，$z_0 = z(t_0)$，对应于点 $M(x_0, y_0, z_0)$．由于曲线 Γ 在曲面 Σ 上，因此有

$$F[x(t), y(t), z(t)] \equiv 0$$

在上式两边对 t 求导，其中左端函数可看作以中间变量为自变量的复合函数求导（图9-23）．

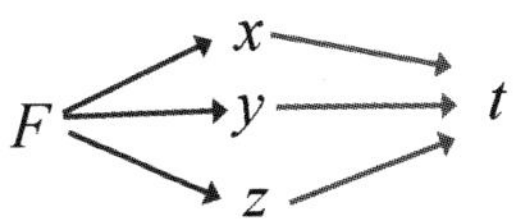

图 9-23

则

$$\frac{\partial F}{\partial x} \cdot \frac{\mathrm{d}x}{\mathrm{d}t} + \frac{\partial F}{\partial y} \cdot \frac{\mathrm{d}y}{\mathrm{d}t} + \frac{\partial F}{\partial z} \cdot \frac{\mathrm{d}z}{\mathrm{d}t} = 0$$

即

$$F_x \cdot x'(t) + F_y \cdot y'(t) + F_z \cdot z'(t) = 0$$

代入 $t = t_0$，得

$$F_x(x_0, y_0, z_0) x'(t_0) + F_y(x_0, y_0, z_0) y'(t_0) + F_z(x_0, y_0, z_0) z'(t_0) = 0 \qquad （9\text{-}9）$$

观察上式，$x'(t_0)$、$y'(t_0)$、$z'(t_0)$ 为曲线 Γ 在点 M 处的切向量

$$\boldsymbol{T} = \left(x'(t_0), y'(t_0), z'(t_0) \right)$$

的三个分量，而 $F_x(x_0, y_0, z_0), F_y(x_0, y_0, z_0), F_z(x_0, y_0, z_0)$ 显然是另一个向量的三个分量，不妨假设该向量为 $\boldsymbol{n}$，则

$$\boldsymbol{n} = \left(F_x(x_0, y_0, z_0), F_y(x_0, y_0, z_0), F_z(x_0, y_0, z_0) \right)$$

则由式（9-9）可知，两向量 $\boldsymbol{T}$ 与 $\boldsymbol{n}$ 垂直，即

$$\boldsymbol{n} \cdot \boldsymbol{T} = 0$$

这说明曲面 Σ 上通过点 M 的任意一条曲线在点 M 处的切线都与同一个向量 $\boldsymbol{n}$ 垂直，所以曲面上通过点 M 的一切曲线在点 M 处的切线都在同一个平面上．这个平面称为曲面 Σ 在点 M 处的切平面，并把 $\boldsymbol{n}$ 称为曲面 Σ 在点 M 处的**法向量**. 则切平面的方程为

$$F_x(x_0,y_0,z_0)(x-x_0) + F_y(x_0,y_0,z_0)(y-y_0) + F_z(x_0,y_0,z_0)(z-z_0) = 0$$

通过点 $M(x_0,y_0,z_0)$ 而垂直于切平面的直线称为曲面在该点的法线，它以法向量 $\boldsymbol{n}$ 作为方向向量，从而法线方程为

$$\frac{x-x_0}{F_x(x_0,y_0,z_0)} = \frac{y-y_0}{F_y(x_0,y_0,z_0)} = \frac{z-z_0}{F_z(x_0,y_0,z_0)}$$

例 4　求球面 $x^2 + y^2 + z^2 = 6$ 上在点 $(1,-1,2)$ 处的切平面及法线方程.

解　设 $F(x,y,z) = x^2 + y^2 + z^2 - 6$，则法向量为 $\boldsymbol{n} = (F_x, F_y, F_z) = (2x, 2y, 2z)$，在点 $(1,-1,2)$ 处，$\boldsymbol{n}|_{(1,-1,2)} = (2,-2,4)$.

所以，切平面方程为

$$2(x-1) - 2(y+1) + 4(z-2) = 0$$

即

$$x - y + 2z - 6 = 0$$

法线方程为

$$\frac{x-1}{1} = \frac{y+1}{-1} = \frac{z-2}{2}$$

即

$$\frac{x}{1} = \frac{y}{-1} = \frac{z}{2}$$

2. 情形 2

设曲面 Σ 的方程为

$$z = f(x,y)$$

令 $F(x,y,z) = f(x,y) - z$，则该形式转化为情形 1 的形式，因此法向量 $\boldsymbol{n}$ 的三个分量为

$$F_x = f_x(x,y), \quad F_y = f_y(x,y), \quad F_z = -1$$

于是，当函数 $f(x,y)$ 的偏导数 $f_x(x,y)$，$f_y(x,y)$ 在点 (x_0,y_0) 处连续时，曲面 Σ 在点 M 处的法向量为

$$\boldsymbol{n} = (f_x(x_0,y_0), f_y(x_0,y_0), -1)$$

从而切平面方程为

$$f_x(x_0,y_0)(x-x_0) + f_y(x_0,y_0)(y-y_0) - (z-z_0) = 0$$

或
$$z - z_0 = f_x(x_0, y_0)(x - x_0) + f_y(x_0, y_0)(y - y_0)$$

这里需要注意的是，上式右端表示的是函数 $z = f(x,y)$ 在点 (x_0, y_0) 处的全微分，左端是切平面上点的竖坐标的增量. 因此，函数 $z = f(x,y)$ 在点 (x_0, y_0) 处的全微分，在几何上表示曲面 $z = f(x,y)$ 在点 (x_0, y_0) 处的切平面上点的竖坐标的增量.

法线方程为
$$\frac{x - x_0}{f_x(x_0, y_0)} = \frac{y - y_0}{f_y(x_0, y_0)} = \frac{z - z_0}{-1}$$

若用 α、β、γ 表示曲面的法向量 $\boldsymbol{n}$ 的方向角，则其对应的方向余弦为
$$\cos\alpha = \frac{f_x}{\sqrt{1 + f_x^2 + f_y^2}}, \quad \cos\beta = \frac{f_y}{\sqrt{1 + f_x^2 + f_y^2}}, \quad \cos\gamma = \frac{-1}{\sqrt{1 + f_x^2 + f_y^2}}$$

其中 $f_x = f_x(x_0, y_0)$，　$f_y = f_y(x_0, y_0)$.

注意到 $\cos\gamma$ 的值为负，即法向量 $\boldsymbol{n}$ 与 z 轴的夹角为一钝角. 为了后续学习内容的需要，需使法向量 $\boldsymbol{n}$ 的方向向上，即法向量 $\boldsymbol{n}$ 与 z 轴正向的夹角 γ 是锐角，于是取法向量为 $\boldsymbol{n} = (-f_x(x_0, y_0), -f_y(x_0, y_0), 1)$，这样，对应的方向余弦表示为
$$\cos\alpha = \frac{-f_x}{\sqrt{1 + f_x^2 + f_y^2}}, \quad \cos\beta = \frac{-f_y}{\sqrt{1 + f_x^2 + f_y^2}}, \quad \cos\gamma = \frac{1}{\sqrt{1 + f_x^2 + f_y^2}}$$

例 5　求旋转抛物面 $z = 4 - x^2 - y^2$ 上平行于平面 $2x + 2y + z - 1 = 0$ 的切平面方程.

解　设切点坐标为 $M(x_0, y_0, z_0)$，且 $f(x,y) = 4 - x^2 - y^2$，则曲面在点 M 处的法向量为
$$\boldsymbol{n}\Big|_{(x_0, y_0, z_0)} = (-2x_0, -2y_0, -1)$$

又因为切平面平行于平面 $2x + 2y + z - 1 = 0$，即
$$(-2x_0, -2y_0, -1) \,/\!/\, (2, 2, 1)$$

从而
$$\frac{-2x_0}{2} = \frac{-2y_0}{2} = \frac{-1}{1}$$

解得
$$x_0 = y_0 = 1$$

代入曲面 $z = 4 - x^2 - y^2$，得点 $M(1, 1, 2)$.

所以曲面在点 $M(1, 1, 2)$ 处的切平面方程为
$$2(x - 1) + 2(y - 1) + (z - 2) = 0$$

即
$$2x + 2y + z - 6 = 0$$

习题 9.7

1．求曲线 $x = e^t \cos t$ ， $y = e^t \sin t$ ， $z = e^t$ 在对应于 $t = 0$ 的点处的切线与法平面方程.

2．求曲线 $x = \dfrac{t}{1+t}$ ， $y = \dfrac{1+t}{t}$ ， $z = t^2$ 在对应于 $t_0 = 1$ 的点处的切线及法平面方程.

3．求曲线 $x = t - \sin t$ ， $y = 1 - \cos t$ ， $z = 4\sin\dfrac{t}{2}$ ，在点 $M\left(\dfrac{\pi}{2} - 1, 1, 2\sqrt{2}\right)$ 处的切线方程与法平面方程.

4．求出曲线 $x = t$ ， $y = t^2$ ， $z = t^3$ 上的点，使在该点的切线平行于平面 $x + 2y + z = 4$.

5．求曲线 $\begin{cases} x^2 + y^2 + z^2 = 6 \\ z = x^2 + y^2 \end{cases}$ 在点 $M_0(1,1,2)$ 处的切线方程.

6．求出曲线 $\begin{cases} x^2 + y^2 + z^2 - 3x = 0 \\ 2x - 3y + 5z - 4 = 0 \end{cases}$ 在点 $(1,1,1)$ 处的切线及法平面方程.

7．求曲面 $e^z - z + xy = 3$ 在点 $(2,1,0)$ 处的切平面及法线方程.

8．求抛物面 $z = x^2 + y^2$ 上的切平面，使该切平面平行于平面 $x - y + 2z = 0$.

9．设 $z = f(x,y)$ 是由方程 $x - yz + \cos xyz = 2$ 所确定的隐函数，求曲 $z = f(x,y)$ 上在点 $P_0(1,1,0)$ 处的切平面方程与法线方程.

10．试证曲面 $\sqrt{x} + \sqrt{y} + \sqrt{z} = \sqrt{a}$ $(a > 0)$ 上任何点处的切平面在各坐标轴上的截距之和等于 a .

9.8　方向导数与梯度

之前，我们学习过偏导数的概念，偏导数反映的是沿平行于 x 轴方向与平行于 y 轴方向函数 $z = f(x,y)$ 的变化率．但有时，我们需要研究函数沿其他方向的变化率．

例如，二元函数 $z = f(x,y)$ 一般表示的是空间的一个曲面，在曲面的投影区域 D 上任取一点 $P(x_0, y_0)$ ，显然点 $P(x_0, y_0)$ 沿不同方向变化时函数值 z 的变化不尽相同，沿某些方向变化函数值 z 在增大，如图 9-24（a）所示；而某些方向函数值 z 在减小，如图 9-24（b）所示；沿某些方向函数值 z 增大的速度很快，而沿某些方向函数值减小的速度很快.

这就产生了两个问题，第一个是函数沿任意方向的变化率问题，即方向导数问题；第二个是函数沿什么方向变化率最大的问题，即梯度问题.

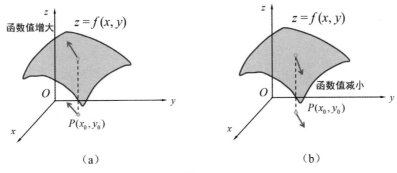

（a）　　　　　　　　　　（b）

图 9-24

实际上，许多问题如温度、气压的变化都是沿不同方向变化的，且各个方向上变化率不尽相同，所以研究方向导数和梯度的概念具有重要的实际意义.

9.8.1　方向导数

1. 方向导数的概念

首先，我们以二元函数为主来讨论函数沿任一指定方向的变化率，即引入函数的方向导数的概念，然后将其推广至三元及以上函数.

定义　设函数 $z = f(x, y)$ 在点 $P(x_0, y_0)$ 的某一邻域 $U(P)$ 内有定义，l 为自点 P 出发的射线，$Q(x_0 + \Delta x, y_0 + \Delta y)$ 为射线 l 上任一点且 $Q \in U(P)$，以 $\rho = \sqrt{(\Delta x)^2 + (\Delta y)^2}$ 表示点 P 与 Q 之间的距离（图 9-25），若极限

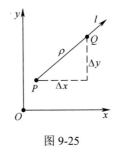

图 9-25

$$\lim_{\rho \to 0^+} \frac{\Delta z}{\rho} = \lim_{\rho \to 0^+} \frac{f(x_0 + \Delta x, y_0 + \Delta y) - f(x_0, y_0)}{\rho}$$

存在，则称此极限为函数 $f(x,y)$ 在点 P 处沿方向 l 的方向导数，记为 $\left.\dfrac{\partial f}{\partial l}\right|_{(x_0,y_0)}$ ，即

$$\left.\frac{\partial f}{\partial l}\right|_{(x_0,y_0)} = \lim_{\rho \to 0^+} \frac{f(x_0+\Delta x, y_0+\Delta y)-f(x_0,y_0)}{\rho}$$

类似地，可以定义三元函数 $u=f(x,y,z)$ 在空间一点 $P(x_0,y_0,z_0)$ 处沿着方向 l 的方向导数为

$$\left.\frac{\partial f}{\partial l}\right|_{(x_0,y_0,z_0)} = \lim_{\rho \to 0^+} \frac{f(x_0+\Delta x, y_0+\Delta y, z_0+\Delta z)-f(x_0,y_0,z_0)}{\rho}$$

其中 ρ 为点 $P(x_0,y_0,z_0)$ 与点 $Q(x_0+\Delta x, y_0+\Delta y, z_0+\Delta z)$ 之间的距离，即

$$\rho = \sqrt{(\Delta x)^2+(\Delta y)^2+(\Delta z)^2}$$

9.8.2　方向导数与偏导数的关系

根据上述定义，若取方向 l 为 x 轴正向，且函数 $f(x,y)$ 在点 $P(x_0,y_0)$ 处的偏导数存在，则

$$\Delta y = 0 \ , \quad \rho = \sqrt{(\Delta x)^2+(\Delta y)^2} = \sqrt{(\Delta x)^2} = \Delta x$$

所以，当 $\rho \to 0^+$ 时等价于 $\Delta x \to 0^+$ ，

$$\left.\frac{\partial f}{\partial l}\right|_{(x_0,y_0)} = \lim_{\Delta x \to 0^+} \frac{f(x_0+\Delta x, y_0)-f(x_0,y_0)}{\Delta x} = f_x(x_0,y_0)$$

即函数 $f(x,y)$ 在点 $P(x_0,y_0)$ 处沿 x 轴正向的方向导数恰好是函数关于自变量 x 的偏导数 $f_x(x_0,y_0)$ ；同理，沿 y 轴正向的方向导数为关于自变量 y 的偏导数 $f_y(x_0,y_0)$. 这里需要注意的是上述结论成立的**前提条件是函数 $f(x,y)$ 在点 $P(x_0,y_0)$ 处的偏导数存在**，若条件不成立，则结论不一定成立.

下面讨论在一般情形下，即非 x 轴与非 y 轴方向，方向导数该怎样求出以及它们与两个偏导数 $f_x(x_0,y_0)$ 及 $f_y(x_0,y_0)$ 之间的关系，为此，有下面定理

定理　如果函数 $z=f(x,y)$ 在点 $P(x_0,y_0)$ 处可微分，则函数在该点沿任一方向 l 的方向导数存在，且有

$$\left.\frac{\partial f}{\partial l}\right|_{(x_0,y_0)} = f_x(x_0,y_0)\cos\alpha + f_y(x_0,y_0)\cos\beta$$

其中 $\cos\alpha$ 、$\cos\beta$ 是方向 l 的方向余弦（图 9-26）.

证　由已知，函数 $f(x,y)$ 在点 $P(x_0,y_0)$ 处可微分，故有

$$\Delta z = f(x_0+\Delta x, y_0+\Delta y)-f(x_0,y_0)$$

$$= f_x(x_0, y_0)\Delta x + f_y(x_0, y_0)\Delta y + o(\rho)$$

其中，$\rho = \sqrt{(\Delta x)^2 + (\Delta y)^2}$.

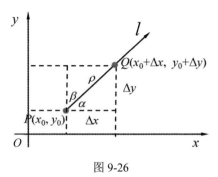

图 9-26

两边同除以 ρ ，得

$$\frac{f(x_0 + \Delta x, y_0 + \Delta y) - f(x_0, y_0)}{\rho} = f_x(x_0, y_0)\frac{\Delta x}{\rho} + f_y(x_0, y_0)\frac{\Delta y}{\rho} + \frac{o(\rho)}{\rho}$$

$$= f_x(x_0, y_0)\cos\alpha + f_y(x_0, y_0)\cos\beta + \frac{o(\rho)}{\rho}$$

两边取极限，有

$$\lim_{\rho \to 0^+} \frac{f(x_0 + \Delta x, y_0 + \Delta y) - f(x_0, y_0)}{\rho} = f_x(x_0, y_0)\cos\alpha + f_y(x_0, y_0)\cos\beta$$

即

$$\left.\frac{\partial f}{\partial l}\right|_{(x_0, y_0)} = f_x(x_0, y_0)\cos\alpha + f_y(x_0, y_0)\cos\beta$$

类似可证明：若三元函数 $f(x,y,z)$ 在点 $P(x_0, y_0, z_0)$ 处可微分，则函数在该点沿着方向 l 的方向导数存在，且有

$$\left.\frac{\partial f}{\partial l}\right|_{(x_0, y_0, z_0)} = f_x(x_0, y_0, z_0)\cos\alpha + f_y(x_0, y_0, z_0)\cos\beta + f_z(x_0, y_0, z_0)\cos\gamma$$

其中 $\cos\alpha$ 、$\cos\beta$ 、$\cos\gamma$ 是方向 l 的方向余弦.

3. 方向导数的求法

由上面定理知，要求出函数 $f(x,y)$ 在点 $P(x_0, y_0)$ 处沿方向 l 的方向导数，首先求出两个偏导数 $f_x(x_0, y_0)$ 与 $f_y(x_0, y_0)$ 并判断在点 $P(x_0, y_0)$ 处是否可微，再求出方向 l 的方向余弦，然后代入

$$\left.\frac{\partial f}{\partial l}\right|_{(x_0, y_0)} = f_x(x_0, y_0)\cos\alpha + f_y(x_0, y_0)\cos\beta$$

求出即可.

例 1 求函数 $z = x^2 + y^2$ 在点 $(1,2)$ 处沿从点 $P(1,2)$ 到点 $Q(2, 2+\sqrt{3})$ 的方向的方向导数.

解 先求出两个偏导数，$z_x = 2x$，$z_y = 2y$，函数在点 $(1,2)$ 处可微分且

$$z_x \big|_{(1,2)} = 2, \quad z_y \big|_{(1,2)} = 4$$

向量 $\overrightarrow{PQ} = (1, \sqrt{3})$ 为方向 l，则 $\cos\alpha = \dfrac{1}{2}$，$\cos\beta = \dfrac{\sqrt{3}}{2}$

故所求方向导数为

$$\frac{\partial z}{\partial l}\big|_{(1,2)} = 2 \cdot \frac{1}{2} + 4 \cdot \frac{\sqrt{3}}{2} = 1 + 2\sqrt{3}.$$

例 2 求 $f(x,y,z) = xy - y^2 z + zx$ 在点 $(1,0,2)$ 沿方向 l 的方向导数，其中 l 的方向角分别为 60°、45°、60°.

解 因为 $f_x(x,y,z) = y + z$，$f_y(x,y,z) = x - 2yz$，$f_z(x,y,z) = -y^2 + x$，函数可微分，且

$$f_x(1,0,2) = 2, \quad f_y(1,0,2) = 1, \quad f_z(1,0,2) = 1$$

所以

$$\frac{\partial f}{\partial l}\bigg|_{(1,0,2)} = 2 \cdot \cos 60^\circ + 1 \cdot \cos 45^\circ + 1 \cdot \cos 60^\circ = \frac{1}{2}(3 + \sqrt{2})$$

9.8.3 梯度

1. 梯度的概念

下面讨论第二个问题，即函数 $z = f(x,y)$ 在点 $P(x_0, y_0)$ 处沿着不同方向 l 的方向导数中，哪一个方向的方向导数最大？其最大值是多少？为此，我们引入梯度的概念.

还是以二元函数为主进行讨论，设函数 $f(x,y)$ 在平面区域 D 内具有一阶连续偏导数，则对于每一点 $P(x_0, y_0) \in D$，都可以定义一个向量

$$f_x(x_0, y_0)\boldsymbol{i} + f_y(x_0, y_0)\boldsymbol{j}$$

称该向量为函数 $f(x,y)$ 在点 $P(x_0, y_0)$ 处的**梯度**，记作 $\mathbf{grad}\, f(x_0, y_0)$，即

$$\mathbf{grad}\, f(x_0, y_0) = f_x(x_0, y_0)\boldsymbol{i} + f_y(x_0, y_0)\boldsymbol{j}$$

类似地，可以定义三元函数 $f(x,y,z)$ 在点 $P_0(x_0, y_0, z_0)$ 处的梯度，记作

$$\mathbf{grad}\, f(x_0, y_0, z_0)$$

设 $f(x,y,z)$ 在空间区域 G 内具有一阶连续偏导数，则对于每一点 $P_0(x_0, y_0, z_0) \in G$，我们有

$$\mathbf{grad}\,f(x_0,y_0,z_0) = f_x(x_0,y_0,z_0)\boldsymbol{i} + f_y(x_0,y_0,z_0)\boldsymbol{j} + f_z(x_0,y_0,z_0)\boldsymbol{k}$$

例 3　求 $\mathbf{grad}\ln(x^2+y^2)$．

解　设 $f(x,y)=\ln(x^2+y^2)$，则 $f_x=\dfrac{2x}{x^2+y^2}$，$f_x=\dfrac{2y}{x^2+y^2}$，所以

$$\mathbf{grad}\ln(x^2+y^2) = \frac{2x}{x^2+y^2}\boldsymbol{i} + \frac{2y}{x^2+y^2}\boldsymbol{j}$$

2. 梯度与方向导数间的关系

下面我们在梯度概念的基础上，寻找沿着不同方向 l 的方向导数中的最大者．

若函数 $f(x,y)$ 在点 $P(x_0,y_0)$ 处可微分，$\boldsymbol{e}_l=(\cos\alpha,\cos\beta)$ 是与方向 l 同向的单位向量，则

$$
\begin{aligned}
\left.\frac{\partial f}{\partial l}\right|_{(x_0,y_0)}
&= f_x(x_0,y_0)\cos\alpha + f_y(x_0,y_0)\cos\beta \\
&= \mathbf{grad}\,f(x_0,y_0)\cdot\boldsymbol{e}_l = \left|\mathbf{grad}f(x_0,y_0)\right|\cdot\left|\boldsymbol{e}_l\right|\cdot\cos\theta \\
&= \left|\mathbf{grad}f(x_0,y_0)\right|\cos\theta
\end{aligned}
$$

其中 θ 是两向量 $\mathbf{grad}\,f(x_0,y_0)$ 与 $\boldsymbol{e}_l$ 间的夹角．

这一关系式表明了函数在某一点的梯度与函数在该点的方向导数间的关系，它们的关系见表 9-2.

表 9-2

$\dfrac{\partial f}{\partial l}=\left|\mathbf{grad}\,f(x,y)\right|\cos\theta$

θ 的取值	梯度方向	函数变化	方向导数的值
$\theta=0$	与 l 方向相同	增加最快	$\left|\mathbf{grad}\,f(x,y)\right|$
$\theta=\pi$	与 l 方向相反	减少最快	$-\left|\mathbf{grad}\,f(x,y)\right|$
$\theta=\dfrac{\pi}{2}$	与 l 方向垂直	稳定	0

具体如下：

（1）当 $\theta=0$，即方向 $\boldsymbol{e}_l$ 与梯度 $\mathbf{grad}\,f(x_0,y_0)$ 的方向相同时，方向导数 $\dfrac{\partial f}{\partial l}$ 达到最大．

也就是说，沿着梯度方向，函数 $f(x,y)$ 的变化率最大，即函数值增大最快．此时，函数在这个方向的方向导数达到最大值，最大值就是梯度 $\mathbf{grad}\,f(x_0,y_0)$ 的模，即

$$\left.\frac{\partial f}{\partial l}\right|_{(x_0,y_0)} = \left|\mathbf{grad}\, f(x_0,y_0)\right|$$

（2）当 $\theta = \pi$，即方向 $\mathbf{e}_l$ 与梯度 $\mathbf{grad}\, f(x_0,y_0)$ 的方向相反时，方向导数 $\dfrac{\partial f}{\partial l}$ 达到最小. 即沿着梯度的反方向，函数值减小最快. 此时，函数在这个方向的方向导数达到最小值，最小值为

$$\left.\frac{\partial f}{\partial l}\right|_{(x_0,y_0)} = -\left|\mathbf{grad}\, f(x_0,y_0)\right|$$

（3）当 $\theta = \dfrac{\pi}{2}$，即方向 $\mathbf{e}_l$ 与梯度 $\mathbf{grad}\, f(x_0,y_0)$ 的方向正交时，函数的变化率为零，即

$$\left.\frac{\partial f}{\partial l}\right|_{(x_0,y_0)} = \left|\mathbf{grad}\, f(x_0,y_0)\right|\cos\theta = 0$$

综上所述，函数在点 P 处沿梯度方向可以取得方向导数的最大值，方向导数的最大值就是梯度的模 $\left|\mathbf{grad}f(x_0,y_0)\right|$.

例 4 设函数 $f(x,y,z) = x^3 + xy^2 - z$，问 $f(x,y,z)$ 在点 $P(1,1,0)$ 处沿什么方向变化最快，在这个方向的变化率是多少？

解 $f_x = 3x^2 + y^2$，$f_y = 2xy$，$f_z = -1$，则

$$f_x\big|_{(1,1,0)} = 4，\quad f_y\big|_{(1,1,0)} = 2，\quad f_z\big|_{(1,1,0)} = -1$$

所以 $\qquad\qquad \mathbf{grad}\, f(1,1,0) = (4,2,-1)$

从而 $f(x,y,z)$ 在 P 处沿梯度方向 $(4,2,-1)$ 增大最快，沿梯度反方向 $(-4,-2,1)$ 减小最快，在这两个方向的变化率分别是

$$\left|\mathbf{grad}\, f(1,1,0)\right| = \sqrt{21}，\quad -\left|\mathbf{grad}\, f(1,1,0)\right| = -\sqrt{21}$$

例 5 设金属板的电压分布为 $V = 50 - 2x^2 - 4y^2$，在点 $(1,-2)$ 处，沿哪个方向电压升高得最快？沿哪个方向电压下降的最快？上升或下降的最大速率各为多少？

解 $V_x = -4x$，$V_y = -8y$，则 $V_x\big|_{(1,-2)} = -4$，$V_y\big|_{(1,-2)} = 16$.

于是，$\mathbf{grad}V(1,-2) = -4\mathbf{i} + 16\mathbf{j}$，$\left|\mathbf{grad}V(1,-2)\right| = 4\sqrt{17}$.

所以，金属板的电压在点 $(1,-2)$ 处沿梯度方向 $(-4,16)$ 升高最快；沿梯度反方向 $(4,-16)$ 下降最快，上升或下降的最大速率为 $4\sqrt{17}$.

习题 9.8

1. 求下列函数在指定点 M_0 处沿指定方向 l 的方向导数，其中 e_l 为与方向 l 同向的向量.

（1）$z = \ln(x + y)$，$M_0(1,2)$，$e_l = (1,1)$；

（2）$z = xe^{xy}$，$M_0(-3,0)$，e_l 为从点 $(-3,0)$ 到点 $(-1,3)$ 的方向；

（3）$u = xy^2z$，$M_0(1,-1,2)$，$e_l = (1,2,3)$.

2. 求函数 $u = xyz$ 在点 $(5,1,2)$ 处沿从点 $(5,1,2)$ 到点 $(9,4,14)$ 的方向的方向导数.

3. 求函数 $u = xy^2 + z^3 - xyz$ 在点 $(1,1,2)$ 处沿方向角为 $\alpha = \dfrac{\pi}{3}$，$\beta = \dfrac{\pi}{4}$，$\gamma = \dfrac{\pi}{3}$ 的方向的方向导数.

4. 求函数 $z = \ln(x + y)$ 在抛物线 $y^2 = 4x$ 上点 $(1,2)$ 处，沿着这条抛物线在该点处偏向轴正向的切线方向的方向导数.

5. 求函数 $u = xy + e^z$ 在点 $(1,1,0)$ 处沿 $e_l = (1,-1,1)$ 的方向导数及 u 在该点的梯度.

6. 设 $f(x,y,z) = x^2 + 3y^2 + 5z^2 + 2xy - 4y - 8z$，求 $f(x,y,z)$ 在 $(0,0,0)$ 及 $(1,1,1)$ 处的梯度.

7. 函数 $u = xy^2z$ 在点 $P_0(1,-1,2)$ 处沿什么方向的方向导数最大？并求此方向导数的最大值.

第 10 章　重积分

本章和下一章（曲线积分和曲面积分）属多元函数积分学，其内容是一元函数积分学向多元函数情形的推广．二元函数在平面上一个有界闭区域上的积分称为二重积分，三元函数在空间中有界闭区域上的积分称为三重积分，二重积分和三重积分统称为重积分．本章讨论二重积分和三重积分的相关概念、性质、计算方法及重积分的应用．

10.1　二重积分的概念与性质

10.1.1　二重积分的概念

1．曲顶柱体的体积

设有一立体，它的底是 xOy 面上的闭区域 D，侧面是以 D 的边界曲线为准线而母线平行于 z 轴的柱面，顶是曲面 $z = f(x, y)((x, y) \in D)$，其中 $f(x, y)$ 为 D 上非负连续函数，如图 10-1 所示，这种立体称为曲顶柱体．现在我们来讨论如何求该曲顶柱体的体积．

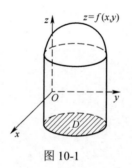

图 10-1

对于平顶柱体，它的高是不变的，体积可以用公式

$$体积 = 底面积 \times 高$$

来计算．对于曲顶柱体，在区域 D 上不同点 (x, y) 处的高度 $f(x, y)$ 是不同的，因此它的体积不能直接用上式来计算．但容易想到，在求曲边梯形的面积问题时所

采用的思路和方法，也可以用来解决目前的问题.

（1）**分割**：用任意一组曲线网把 D 分成 n 个小闭区域 $\Delta\sigma_1, \Delta\sigma_2, \cdots, \Delta\sigma_n$，其中 $\Delta\sigma_i$ 表示第 i 个小闭区域（$i=1,2,\cdots,n$），也表示它的面积. 分别以这些小闭区域的边界曲线为准线，作母线平行于 z 轴的柱面，这些柱面把原来的曲顶柱体分割成 n 个小曲顶柱体.

（2）**近似**：当这些小闭区域的直径很小时（闭区域的直径是指该区域上任意两点间距离的最大值），由 $f(x,y)$ 的连续性，对于同一个小闭区域来说，$f(x,y)$ 的变化很小，因此，可以将小曲顶柱体近似地看作小平顶柱体. 在每个 $\Delta\sigma_i$ 中任取一点 (ξ_i,η_i)，则第 i 个小曲顶柱体的体积 ΔV_i 近似等于以 $\Delta\sigma_i$ 为底而高为 $f(\xi_i,\eta_i)$ 的平顶柱体的体积，如图 10-2 所示，即

$$\Delta V_i \approx f(\xi_i,\eta_i)\Delta\sigma_i \quad (i=1,2,\cdots,n)$$

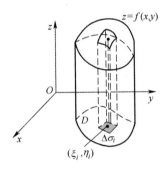

图 10-2

（3）**求和**：将 n 个小平顶柱体的体积求和，得到所求曲顶柱体体积的近似值，即

$$V = \sum_{i=1}^{n} \Delta V_i \approx \sum_{i=1}^{n} f(\xi_i,\eta_i)\Delta\sigma_i$$

（4）**取极限**：令 n 个小闭区域的直径中的最大值（记作 λ）趋于零，取上述和的极限，便得所求曲顶柱体体积的精确值，即

$$V = \lim_{\lambda\to 0} \sum_{i=1}^{n} f(\xi_i,\eta_i)\Delta\sigma_i$$

2. 平面薄片的质量

设有一平面薄片占有 xOy 面上的有界闭区域 D，它在点 (x,y) 处的面密度为 $\mu(x,y)$，这里 $\mu(x,y) > 0$ 且在 D 上连续. 现在我们来计算该平面薄片的质量.

如果薄片是均匀的，即面密度是一个常数，则薄片的质量可以用公式

质量＝面密度×面积

来计算. 现在薄片的面密度 $\mu(x,y)$ 是变量, 因此它的质量不能直接用上式来计算, 但是上面用来求曲顶柱体体积的思想和方法完全适用于本问题.

（1）**分割**：用任意一组曲线网把区域 D 分成 n 个小闭区域 $\Delta\sigma_1,\Delta\sigma_2,\cdots,\Delta\sigma_n$, 其中 $\Delta\sigma_i$ 表示第 i 个小闭区域（$i=1,2,\cdots,n$）, 也表示它的面积.

（2）**近似**：当这些小闭区域的直径很小时, 由 $\mu(x,y)$ 的连续性, 对于同一个小闭区域来说, $\mu(x,y)$ 的变化也很小, 因此可以将该小薄片的密度近似地看作是均匀的. 在每个 $\Delta\sigma_i$ 中任取一点 (ξ_i,η_i), 如图 10-3 所示, 则第 i 个小薄片的质量 Δm_i 近似等于面积为 $\Delta\sigma_i$ 而面密度为 $\mu(\xi_i,\eta_i)$ 的均匀薄片的质量, 即

$$\Delta m_i \approx \mu(\xi_i,\eta_i)\Delta\sigma_i \quad (i=1,2,\cdots,n)$$

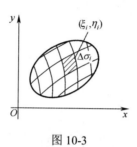

图 10-3

（3）**求和**：将 n 个小均匀薄片的质量求和, 得到所求平面薄片的质量的近似值, 即

$$m = \sum_{i=1}^{n}\Delta m_i \approx \sum_{i=1}^{n}\mu(\xi_i,\eta_i)\Delta\sigma_i$$

（4）**取极限**：令 n 个小闭区域的直径中的最大值 λ 趋于零, 取上述和的极限, 便得所求平面薄片的质量的精确值, 即

$$m = \lim_{\lambda\to 0}\sum_{i=1}^{n}\mu(\xi_i,\eta_i)\Delta\sigma_i$$

上面两个例子虽然实际意义不同, 但都可以通过相同的方法把所求量化为同一形式的和式的极限. 在几何、力学、物理和工程技术中, 有许多几何量和物理量都可归结为这一形式的和式的极限. 为更一般地研究这类和式的极限, 我们抽象出下述二重积分的定义.

定义　设 $f(x,y)$ 是有界闭区域 D 上的有界函数, 将 D 任意分成 n 个小闭区域 $\Delta\sigma_1,\Delta\sigma_2,\cdots,\Delta\sigma_n$, 其中 $\Delta\sigma_i$ 表示第 i 个小闭区域, 同时也表示它的面积. 在每个 $\Delta\sigma_i$ 中任取一点 (ξ_i,η_i), 作乘积 $f(\xi_i,\eta_i)\Delta\sigma_i (i=1,2,\cdots,n)$, 并作和 $\sum_{i=1}^{n}f(\xi_i,\eta_i)\Delta\sigma_i$,

如果当各小闭区域直径中的最大值 λ 趋近于零时，该和式的极限总存在，且与 D 的分法和点 (ξ_i, η_i) 的取法无关，则称此极限为函数 $f(x, y)$ 在闭区域 D 上的**二重积分**，记作 $\iint\limits_{D} f(x, y)\mathrm{d}\sigma$，即

$$\lim_{\lambda \to 0} \sum_{i=1}^{n} f(\xi_i, \eta_i)\Delta\sigma_i = \iint\limits_{D} f(x, y)\mathrm{d}\sigma$$

其中 $f(x, y)$ 称为**被积函数**，$\mathrm{d}\sigma$ 称为**面积元素**，$f(x, y)\mathrm{d}\sigma$ 称为**被积表达式**，x 与 y 称为**积分变量**，D 称为**积分区域**，$\sum\limits_{i=1}^{n} f(\xi_i, \eta_i)\Delta\sigma_i$ 称为**积分和**.

由二重积分的定义可知，曲顶柱体的体积 V 是函数 $f(x, y)$ 在底 D 上的二重积分，即

$$V = \iint\limits_{D} f(x, y)\mathrm{d}\sigma$$

平面薄片的质量是它的面密度 $\mu(x, y)$ 在薄片所占闭区域 D 上的二重积分，即

$$m = \iint\limits_{D} \mu(x, y)\mathrm{d}\sigma$$

在直角坐标系中，如果用平行于坐标轴的直线网来划分 D，则除了包含 D 的边界点的一些不规则小闭区域外，其他的小闭区域均为小矩形. 通常将面积元素 $\mathrm{d}\sigma$ 记作 $\mathrm{d}x\mathrm{d}y$，二重积分也可表示为

$$\iint\limits_{D} f(x, y)\mathrm{d}\sigma = \iint\limits_{D} f(x, y)\mathrm{d}x\mathrm{d}y$$

其中 $\mathrm{d}x\mathrm{d}y$ 叫作直角坐标系下的面积元素.

我们需要指出，当函数 $f(x, y)$ 在闭区域 D 上连续时，函数 $f(x, y)$ 在 D 上的二重积分必定存在. 以后我们总假定函数 $f(x, y)$ 在闭区域 D 上是连续的.

显然，当函数 $f(x, y) \geqslant 0$ 时，二重积分的几何意义就是曲顶柱体的体积. 当函数 $f(x, y) \leqslant 0$ 时，曲顶柱体在 xOy 面的下方，这时二重积分等于曲顶柱体体积的相反数. 如果 $f(x, y)$ 在 D 上若干区域是正的，在其他部分区域是负的，则 $\iint\limits_{D} f(x, y)\mathrm{d}\sigma$ 等于 xOy 面上方曲顶柱体的体积减去 xOy 面下方曲顶柱体的体积.

利用二重积分的几何意义可以直接求出一些简单的二重积分. 如求二重积分 $\iint\limits_{D} \sqrt{a^2 - x^2 - y^2}\mathrm{d}\sigma$，其中 $D = \left\{(x, y) \mid x^2 + y^2 \leqslant a^2\right\}$，由于该二重积分的几何意义是半径为 a 的上半球体的体积，因此有 $\iint\limits_{D} \sqrt{a^2 - x^2 - y^2}\mathrm{d}\sigma = \dfrac{2}{3}\pi a^3$.

10.1.2　二重积分的性质

比较定积分与二重积分的定义可知，二重积分与定积分有类似的性质，叙述如下.

性质 1（线性性质）　设 α，β 为常数，则有

$$\iint\limits_D [\alpha f(x,y) \pm \beta g(x,y)]\mathrm{d}\sigma = \alpha \iint\limits_D f(x,y)\mathrm{d}\sigma \pm \beta \iint\limits_D g(x,y)\mathrm{d}\sigma$$

此性质表明，函数和（差）的二重积分等于它们二重积分的和（差），并且被积函数的常数因子可以提到积分号外面.

性质 2（积分区域的可加性）　若函数 $f(x,y)$ 在闭区域 D 上可积，且 D 可分为两个除边界外无公共点的闭区域 D_1 与 D_2，则

$$\iint\limits_D f(x,y)\mathrm{d}\sigma = \iint\limits_{D_1} f(x,y)\mathrm{d}\sigma + \iint\limits_{D_2} f(x,y)\mathrm{d}\sigma$$

性质 3　若在区域 D 上，$f(x,y)=1$，σ 为区域 D 的面积，则

$$\iint\limits_D 1\mathrm{d}\sigma = \iint\limits_D \mathrm{d}\sigma = \sigma$$

此性质的几何意义比较明显，即高为 1 的平顶柱体的体积在数值上等于该柱体的底面积.

性质 4（比较性质）　若在区域 D 上，恒有 $f(x,y) \leqslant g(x,y)$，则有不等式

$$\iint\limits_D f(x,y)\mathrm{d}\sigma \leqslant \iint\limits_D g(x,y)\mathrm{d}\sigma$$

特别地，由于 $-|f(x,y)| \leqslant f(x,y) \leqslant |f(x,y)|$，因此有

$$\left| \iint\limits_D f(x,y)\mathrm{d}\sigma \right| \leqslant \iint\limits_D |f(x,y)|\mathrm{d}\sigma$$

例 1　比较二重积分 $\iint\limits_D (x+y)^2\mathrm{d}\sigma$ 与 $\iint\limits_D (x+y)^3\mathrm{d}\sigma$ 的大小，其中 D 由 x 轴、y 轴及直线 $x+y=1$ 围成.

解　在 D 内显然有 $0 \leqslant x+y \leqslant 1$，故有 $(x+y)^2 \geqslant (x+y)^3$，因此由性质 4 得

$$\iint\limits_D (x+y)^2\mathrm{d}\sigma \geqslant \iint\limits_D (x+y)^3\mathrm{d}\sigma$$

性质 5（估值定理）　设 M 与 m 分别是 $f(x,y)$ 在闭区域 D 上的最大值和最小值，σ 表示 D 的面积，则

$$m\sigma \leqslant \iint\limits_D f(x,y)\mathrm{d}\sigma \leqslant M\sigma$$

例 2　不作计算，试估计二重积分 $\iint\limits_{D} e^{\sin x \cos y} \mathrm{d}\sigma$ 的值，其中 D 为圆形区域 $x^2 + y^2 \leqslant 4$.

解　在 D 内显然有 $-1 \leqslant \sin x \cos y \leqslant 1$，故有

$$\frac{1}{\mathrm{e}} \leqslant \mathrm{e}^{\sin x \cos y} \leqslant \mathrm{e},$$

又区域 D 的面积 $\sigma = 4\pi$，所以

$$\frac{4\pi}{\mathrm{e}} \leqslant \iint\limits_{D} \mathrm{e}^{\sin x \cos y} \mathrm{d}\sigma \leqslant 4\pi\mathrm{e}.$$

性质 6（中值定理）　设函数 $f(x,y)$ 在有界闭区域 D 上连续，σ 表示 D 的面积，则在 D 上至少存在一点 (ξ, η)，使得

$$\iint\limits_{D} f(x,y)\mathrm{d}\sigma = f(\xi, \eta)\sigma$$

性质 6 证明

习题 10.1

1．利用二重积分的性质，比较下列二重积分的大小：

（1）$\iint\limits_{D} \ln(x+y)\mathrm{d}\sigma$ 与 $\iint\limits_{D} (x+y)\mathrm{d}\sigma$，其中 D 由直线 $x=0$，$y=0$ 和 $x+y=1$ 所围成；

（2）$\iint\limits_{D} \ln(x+y)\mathrm{d}\sigma$ 与 $\iint\limits_{D} [\ln(x+y)]^2 \mathrm{d}\sigma$，其中 D 由 $x+y=2$，$x=1$ 及 $y=0$ 所围成；

（3）$\iint\limits_{D} (x+y)^2 \mathrm{d}\sigma$ 与 $\iint\limits_{D} (x+y)^3 \mathrm{d}\sigma$，其中 D 由圆周 $(x-2)^2 + (y-1)^2 = 2$ 所围成.

2．利用二重积分的性质，估计下列二重积分的值：

（1）$\iint\limits_{D} (x+y+1)\mathrm{d}\sigma$，其中 $D = \{(x,y) | 0 \leqslant x \leqslant 1, 0 \leqslant y \leqslant 2\}$；

（2）$\iint\limits_{D} (x^2 + 4y^2 + 9)\mathrm{d}\sigma$，其中 $D = \{(x,y) | x^2 + y^2 \leqslant 4\}$.

3．根据二重积分的几何意义，求下列积分：

（1）$\iint\limits_{D} \sqrt{1 - x^2 - y^2}\mathrm{d}\sigma$，其中 $D = \{(x,y) | x^2 + y^2 \leqslant 1, x \geqslant 0, y \geqslant 0\}$；

（2）$\iint\limits_{D} \sqrt{x^2 + y^2}\mathrm{d}\sigma$，其中 $D = \{(x,y) | x^2 + y^2 \leqslant a^2\}$.

10.2　二重积分的计算

与定积分类似，直接用二重积分的定义来计算二重积分，一般是非常困难的，本节将介绍利用二次积分（即两次定积分）来计算二重积分的方法．在把二重积分化为二次积分时，根据积分区域和被积函数的具体情况，有时利用直角坐标比较方便，有时则利用极坐标比较方便．下面分别进行讨论．

10.2.1　利用直角坐标计算二重积分

在具体讨论二重积分的计算方法之前，我们先介绍 X 型区域和 Y 型区域的概念．

X 型区域： 可表示为 $\{(x,y)\,|\,a \leqslant x \leqslant b, \varphi_1(x) \leqslant y \leqslant \varphi_2(x)\}$，其中函数 $\varphi_1(x)$、$\varphi_2(x)$ 在区间 $[a,b]$ 上连续．这种区域的特点：穿过区域内部且平行于 y 轴的直线与区域的边界相交不多于两个交点，如图 10-4 所示，图 10-4（b）表示 X 型区域两平行边界 $x=a$ 和 $x=b$ 可退化为点．

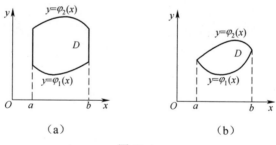

（a）　　　　　　　　　　　　（b）

图 10-4

Y 型区域： 可表示为 $\{(x,y)\,|\,c \leqslant y \leqslant d, \psi_1(y) \leqslant x \leqslant \psi_2(y)\}$，其中函数 $\psi_1(y), \psi_2(y)$ 在区间 $[c,d]$ 上连续．这种区域的特点：穿过区域内部且平行于 x 轴的直线与区域的边界相交不多于两个交点，如图 10-5 所示，图 10-5（b）表示 Y 型区域两平行边界 $y=c$ 和 $y=d$ 可退化为点．

一般地，X 型区域可理解为 x 介于两常数之间而 y 介于下边界线与上边界线之间，Y 型区域可理解为 y 介于两常数之间而 x 介于左边界线与右边界线之间．

下面我们从二重积分的几何意义出发，来推导二重积分 $\iint\limits_{D} f(x,y)\mathrm{d}\sigma$ 在直角坐标系下的计算公式．在推导中假定 $f(x,y) \geqslant 0$，但所得结果并不受此条件的限制．

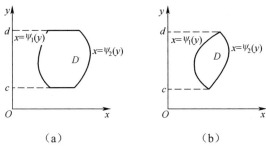

图 10-5

假设积分区域 D 是 X 型区域：$\left\{(x,y)\big| a \leqslant x \leqslant b, \varphi_1(x) \leqslant y \leqslant \varphi_2(x)\right\}$．由二重积分的几何意义知，若 $f(x,y) \geqslant 0$，则 $\iint\limits_{D} f(x,y)\mathrm{d}\sigma$ 等于以 D 为底、以曲面 $z = f(x,y)$ 为顶的曲顶柱体的体积，如图 10-6 所示．下面我们利用计算"平行截面面积为已知的立体的体积"的方法，来求曲顶柱体的体积．

首先计算截面面积．在区间 $[a,b]$ 上任意取定一点 x，过点 $(x,0,0)$ 作平行于 yOz 面的平面．该平面截曲顶柱体所得的截面是一个以区间 $\left[\varphi_1(x),\varphi_2(x)\right]$ 为底，曲线 $z = f(x,y)$（x 为定值）为曲边的曲边梯形（图 10-6 中阴影部分），这个截面的面积为

$$A(x) = \int_{\varphi_1(x)}^{\varphi_2(x)} f(x,y)\mathrm{d}y$$

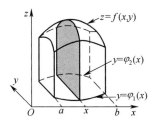

图 10-6

于是，利用计算平行截面面积为已知的立体体积的方法，得曲顶柱体体积为

$$V = \int_a^b A(x)\mathrm{d}x = \int_a^b\left[\int_{\varphi_1(x)}^{\varphi_2(x)} f(x,y)\mathrm{d}y\right]\mathrm{d}x$$

这个体积便是所求二重积分的值，从而有

$$\iint\limits_{D} f(x,y)\mathrm{d}\sigma = \int_a^b\left[\int_{\varphi_1(x)}^{\varphi_2(x)} f(x,y)\mathrm{d}y\right]\mathrm{d}x$$

上式右端的积分称为先对 y、后对 x 的**二次积分**．表示先把 x 看作常数，把

$f(x,y)$ 只看作 y 的函数，并对 y 计算区间 $[\varphi_1(x),\varphi_2(x)]$ 上的定积分，然后把求得的关于 x 的函数（不含 y）在区间 $[a,b]$ 上计算定积分．这个二次积分也常记作

$$\int_a^b \mathrm{d}x \int_{\varphi_1(x)}^{\varphi_2(x)} f(x,y)\mathrm{d}y$$

因此，我们得到二重积分转化为先对 y、后对 x 的二次积分的计算公式为

$$\iint\limits_D f(x,y)\mathrm{d}\sigma = \int_a^b \mathrm{d}x \int_{\varphi_1(x)}^{\varphi_2(x)} f(x,y)\mathrm{d}y \tag{10-1}$$

假设积分区域 D 是 Y 型区域：$\{(x,y)\big| c \leqslant y \leqslant d, \psi_1(y) \leqslant x \leqslant \psi_2(y)\}$，用类似方法得

$$\iint\limits_D f(x,y)\mathrm{d}\sigma = \int_c^d \mathrm{d}y \int_{\psi_1(y)}^{\psi_2(y)} f(x,y)\mathrm{d}x \tag{10-2}$$

上式右端的积分称为先对 x、后对 y 的二次积分．

如果积分区域 D 既不是 X 型区域也不是 Y 型区域，我们可以将它分割成几部分，使每个部分为 X 型区域或 Y 型区域（如图 10-7 中所示的三部分均为 X 型区域），然后在每个小区域上分别应用式（10-1）或式（10-2），再利用二重积分的区域可加性，即可计算出整个区域 D 上的二重积分．

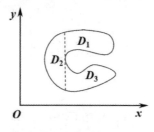

图 10-7

如果积分区域 D 既是 X 型区域也是 Y 型区域，理论上分别用两种积分次序来求解二重积分都可以，但是在实际计算时，采用不同的积分次序往往对计算过程带来不同的影响．有时甚至用其中一种积分次序无法求解，而用另外一种积分次序计算却很简便．一般在计算二重积分时，可以先画出积分区域的草图，然后根据区域的类型及被积函数的情况确定积分次序并定出相应的积分限．下面通过例题来说明确定积分限的方法．

例 1　计算二重积分 $\displaystyle\iint\limits_D xy\mathrm{d}\sigma$，其中 D 是由 $x=1$，$y=x$ 及 $y=3$ 所围成的闭区域．

解法 1　首先画出积分区域 D，如图 10-8 所示，可见区域 D 既是 X 型区域也

是 Y 型区域. 如果将 D 看作 X 型区域，则 D 可表示为

$$D = \left\{(x,y)\middle|1 \leqslant x \leqslant 3, x \leqslant y \leqslant 3\right\}$$

因此

$$\iint\limits_{D} xy\mathrm{d}\sigma = \int_{1}^{3}\mathrm{d}x\int_{x}^{3}xy\mathrm{d}y = \int_{1}^{3}\left[x\cdot\frac{y^2}{2}\bigg|_{x}^{3}\right]\mathrm{d}x = \int_{1}^{3}\left(\frac{9}{2}x - \frac{x^3}{2}\right)\mathrm{d}x = 8$$

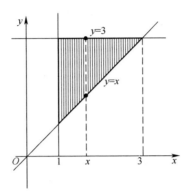

图 10-8

解法 2　如图 10-9 所示，如果将积分区域 D 看作 Y 型区域，则 D 可表示为

$$D = \left\{(x,y)\middle|1 \leqslant y \leqslant 3, 1 \leqslant x \leqslant y\right\}$$

因此

$$\iint\limits_{D} xy\mathrm{d}\sigma = \int_{1}^{3}\mathrm{d}y\int_{1}^{y}xy\mathrm{d}x = \int_{1}^{3}\left[y\cdot\frac{x^2}{2}\bigg|_{1}^{y}\right]\mathrm{d}y = \int_{1}^{3}\left(\frac{y^3}{2} - \frac{y}{2}\right)\mathrm{d}y = 8$$

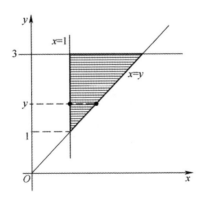

图 10-9

在此例中，将积分区域看作 X 型区域或 Y 型区域都可解，且难度相当.

例 2　计算二重积分 $\iint\limits_{D} xy\mathrm{d}\sigma$，其中 D 是由抛物线 $y^2 = x$ 及直线 $y = x - 2$ 所围成的闭区域.

解法 1　首先画出积分区域 D，如图 10-10 所示. 如果将 D 看作 Y 型区域，则 D 可表示为

$$D = \left\{(x,y) \middle| -1 \leqslant y \leqslant 2, y^2 \leqslant x \leqslant y+2\right\}$$

因此

$$\iint\limits_{D} xy\mathrm{d}\sigma = \int_{-1}^{2}\mathrm{d}y\int_{y^2}^{y+2} xy\mathrm{d}x = \int_{-1}^{2}\left[y\cdot\frac{x^2}{2}\bigg|_{y^2}^{y+2}\right]\mathrm{d}y = \frac{1}{2}\int_{-1}^{2}\left[y(y+2)^2 - y^5\right]\mathrm{d}y = \frac{45}{8}$$

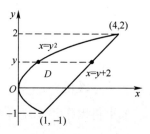

图 10-10

解法 2　如果将 D 看作 X 型区域，下边界线有两条，则 D 需分成 D_1 和 D_2 两部分，如图 10-11 所示，其中 D_1 和 D_2 可分别表示为

$$D_1 = \left\{(x,y)\middle| 0 \leqslant x \leqslant 1, -\sqrt{x} \leqslant y \leqslant \sqrt{x}\right\}$$

$$D_2 = \left\{(x,y)\middle| 1 \leqslant x \leqslant 4, x-2 \leqslant y \leqslant \sqrt{x}\right\}$$

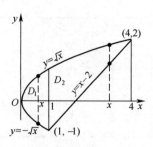

图 10-11

根据二重积分的区域可加性，有

$$\iint\limits_{D} xy\mathrm{d}\sigma = \iint\limits_{D_1} xy\mathrm{d}\sigma + \iint\limits_{D_2} xy\mathrm{d}\sigma = \int_0^1 \mathrm{d}x\int_{-\sqrt{x}}^{\sqrt{x}} xy\mathrm{d}y + \int_1^4 \mathrm{d}x\int_{x-2}^{\sqrt{x}} xy\mathrm{d}y = \frac{45}{8}$$

显然，解法 2 的计算量较大．为了尽可能减少计算量，我们要合理选择积分区域的类型，尽量不分块，少分块，从而确定合适的积分次序来求解．

例 3　计算二重积分 $\iint\limits_{D}\sin y^2\mathrm{d}\sigma$ ，其中 D 是由 $y=x$ ， $y=1$ 及 y 轴所围成的闭区域．

解　画出积分区域 D ，如图 10-12 所示，如果将 D 看作 X 型区域，则 D 可表示为

$$D = \left\{(x,y) \middle| 0 \leqslant x \leqslant 1, x \leqslant y \leqslant 1\right\}$$

从而

$$\iint\limits_{D}\sin y^2\mathrm{d}\sigma = \int_0^1 \mathrm{d}x\int_x^1 \sin y^2\mathrm{d}y ,$$

由于 $\sin y^2$ 的原函数不是初等函数，因此 $\int_x^1 \sin y^2\mathrm{d}y$ 无法直接算出，应选择另一种积分次序．现将 D 看作 Y 型区域，如图 10-13 所示，则 D 可表示为

$$D = \left\{(x,y) \middle| 0 \leqslant y \leqslant 1, 0 \leqslant x \leqslant y\right\}$$

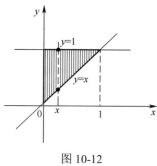

图 10-12　　　　　　　　　　　　　　　　图 10-13

因此

$$\iint\limits_{D}\sin y^2\mathrm{d}\sigma = \int_0^1 \mathrm{d}y\int_0^y \sin y^2\mathrm{d}x = \int_0^1 y\sin y^2\mathrm{d}y = \frac{1-\cos 1}{2}$$

此例表明，化二重积分为二次积分时，不仅要考虑积分区域的特点，还要考虑被积函数的特点，使第一次积分容易算出，并能为第二次积分的计算创造有利条件．

例 4　交换二次积分 $\int_0^1 \mathrm{d}x\int_{x^2}^{x} f(x,y)\mathrm{d}y$ 的积分次序．

解　由二次积分的形式可知，它对应的积分区域为 X 型区域，可表示为

$$D = \left\{ (x,y) \middle| 0 \leqslant x \leqslant 1, x^2 \leqslant y \leqslant x \right\}$$

通过积分限画出积分区域 D，如图 10-14 所示．交换积分次序即改变积分区域的类型，将 D 看作 Y 型区域，如图 10-15 所示，表示为

$$D = \left\{ (x,y) \middle| 0 \leqslant y \leqslant 1, y \leqslant x \leqslant \sqrt{y} \right\},$$

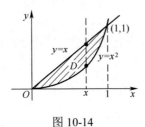

图 10-14   图 10-15

因此

$$\int_0^1 \mathrm{d}x \int_{x^2}^x f(x,y)\mathrm{d}y = \int_0^1 \mathrm{d}y \int_y^{\sqrt{y}} f(x,y)\mathrm{d}x$$

与定积分类似，求解二重积分时也可利用被积函数的奇偶性及积分区域的对称性来简化计算，为了应用方便，我们总结如下：

（1）如果积分区域 D 关于 x 轴对称，则

当 $f(x,-y) = -f(x,y)$（$(x,y) \in D$）时，即被积函数是关于 y 的奇函数，有

$$\iint\limits_D f(x,y)\mathrm{d}\sigma = 0$$

当 $f(x,-y) = f(x,y)$（$(x,y) \in D$）时，即被积函数是关于 y 的偶函数，有

$$\iint\limits_D f(x,y)\mathrm{d}\sigma = 2\iint\limits_{D_1} f(x,y)\mathrm{d}\sigma$$

其中 $D_1 = \left\{ (x,y) \middle| (x,y) \in D, y \geqslant 0 \right\}$．

（2）如果积分区域 D 关于 y 轴对称，则先判断被积函数是关于 x 的奇函数还是偶函数，有类似结论，请自行写出．

对称奇偶性举例

10.2.2　利用极坐标计算二重积分

如果二重积分的积分区域 D 的边界曲线用极坐标方程表示比较方便，且被积函数用极坐标变量 ρ、θ 表示比较简单，这时我们可以考虑利用极坐标来计算此二重积分．下面我们来讨论被积表达式 $f(x,y)\mathrm{d}\sigma$ 在极坐标下的形式．

假定区域 D 的边界与从极点出发且穿过 D 内部的射线相交不多于两点，我们采用以极点为中心的一族同心圆：ρ 为常数，以及从极点出发的一族射线；θ 为常数，把区域 D 划分成 n 个小闭区域，如图 10-16 所示．除包含边界点的一些小

闭区域外，其他小闭区域均可看作扇形的一部分. 设其中具有代表性的小闭区域 $\Delta\sigma$ （$\Delta\sigma$ 也表示该小闭区域的面积）是由半径分别为 ρ 、$\rho+\Delta\rho$ 的同心圆和极角分别为 θ 、$\theta+\Delta\theta$ 的射线所确定，则

$$\Delta\sigma = \frac{1}{2}(\rho+\Delta\rho)^2\cdot\Delta\theta - \frac{1}{2}\rho^2\cdot\Delta\theta = \rho\cdot\Delta\rho\cdot\Delta\theta + \frac{1}{2}(\Delta\rho)^2\cdot\Delta\theta \approx \rho\cdot\Delta\rho\cdot\Delta\theta$$

于是得到极坐标下的面积元素 $\mathrm{d}\sigma = \rho\mathrm{d}\rho\mathrm{d}\theta$.

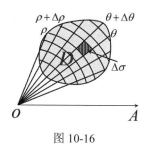

图 10-16

又由直角坐标和极坐标之间的转换关系式 $x=\rho\cos\theta$ ，$y=\rho\sin\theta$ ，从而得到二重积分的被积表达式 $f(x,y)\mathrm{d}\sigma$ 在极坐标下的形式为

$$f(\rho\cos\theta,\rho\sin\theta)\rho\mathrm{d}\rho\mathrm{d}\theta$$

于是得直角坐标系下与极坐标系下二重积分的转换公式为

$$\iint\limits_{D} f(x,y)\mathrm{d}x\mathrm{d}y = \iint\limits_{D} f(\rho\cos\theta,\rho\sin\theta)\rho\mathrm{d}\rho\mathrm{d}\theta$$

极坐标系中的二重积分，同样可化为二次积分来计算.

（1）若极点位于 D 的外部.

设积分区域 D 可以用不等式 $\alpha\leqslant\theta\leqslant\beta$ ，$\varphi_1(\theta)\leqslant\rho\leqslant\varphi_2(\theta)$ 来表示，如图 10-17 和图 10-18 所示，其中函数 $\varphi_1(\theta)$ 、$\varphi_2(\theta)$ 在区间 $[\alpha,\beta]$ 上连续.

图 10-17　　　　　　　　　　　　　图 10-18

一般地，我们可以将上述区域理解为变量 θ 介于两个常数之间，变量 ρ 介于内边界线（靠近极点）到外边界线（远离极点）之间. 因此与直角坐标化二次积分的方法类似，我们给出极坐标系下的二重积分化为二次积分的公式为

$$\iint\limits_{D} f(\rho\cos\theta,\rho\sin\theta)\rho\mathrm{d}\rho\mathrm{d}\theta = \int_{\alpha}^{\beta}\left[\int_{\varphi_1(\theta)}^{\varphi_2(\theta)} f(\rho\cos\theta,\rho\sin\theta)\rho\mathrm{d}\rho\right]\mathrm{d}\theta$$

上式也可以写成

$$\iint\limits_{D} f(\rho\cos\theta,\rho\sin\theta)\rho\mathrm{d}\rho\mathrm{d}\theta = \int_{\alpha}^{\beta}\mathrm{d}\theta\int_{\varphi_1(\theta)}^{\varphi_2(\theta)} f(\rho\cos\theta,\rho\sin\theta)\rho\mathrm{d}\rho$$

（2）若极点位于 D 的边界.

设积分区域 D 如图 10-19 所示，此时区域 D 的积分限为

$$\alpha\leqslant\theta\leqslant\beta,\ 0\leqslant\rho\leqslant\varphi(\theta)$$

于是有

$$\iint\limits_{D} f(\rho\cos\theta,\rho\sin\theta)\rho\mathrm{d}\rho\mathrm{d}\theta = \int_{\alpha}^{\beta}\mathrm{d}\theta\int_{0}^{\varphi(\theta)} f(\rho\cos\theta,\rho\sin\theta)\rho\mathrm{d}\rho$$

（3）若极点位于 D 的内部.

设积分区域 D 如图 10-20 所示，此时区域 D 的积分限为

$$0\leqslant\theta\leqslant 2\pi,\ 0\leqslant\rho\leqslant\varphi(\theta)$$

于是有

$$\iint\limits_{D} f(\rho\cos\theta,\rho\sin\theta)\rho\mathrm{d}\rho\mathrm{d}\theta = \int_{0}^{2\pi}\mathrm{d}\theta\int_{0}^{\varphi(\theta)} f(\rho\cos\theta,\rho\sin\theta)\rho\mathrm{d}\rho$$

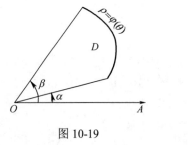
图 10-19

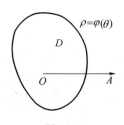
图 10-20

在将直角坐标系下的二重积分转化为极坐标系计算时要注意以下三个方面的转化.

（1）积分区域的转化：将 D 的边界曲线方程由直角坐标转化为极坐标.

（2）被积函数的转化：$f(x,y)\rightarrow f(\rho\cos\theta,\rho\sin\theta)$.

（3）面积元素的转化：$\mathrm{d}\sigma\rightarrow\rho\mathrm{d}\rho\mathrm{d}\theta$ 或者 $\mathrm{d}x\mathrm{d}y\rightarrow\rho\mathrm{d}\rho\mathrm{d}\theta$.

例5　计算 $\iint\limits_{D}\mathrm{e}^{-(x^2+y^2)}\mathrm{d}\sigma$，其中积分区域 D 是由圆 $x^2+y^2=R^2$ 所围成的区域.

解　积分区域 D 如图 10-21 所示，其边界曲线的极坐标方程为 $\rho=R$，于是

积分区域 D 的积分限为

$$0 \leqslant \theta \leqslant 2\pi, \quad 0 \leqslant \rho \leqslant R$$

所以

$$\iint\limits_{D} e^{-(x^2+y^2)} d\sigma = \int_0^{2\pi} d\theta \int_0^R e^{-\rho^2} \rho d\rho = 2\pi \int_0^R e^{-\rho^2} \rho d\rho$$

$$= -\pi \int_0^R e^{-\rho^2} d(-\rho^2) = -\pi \left[e^{-\rho^2} \right]_0^R = \pi(1 - e^{-R^2})$$

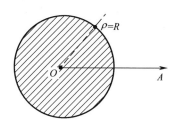

图 10-21

　　本例如果用直角坐标计算，由于 e^{-x^2} 的原函数不是初等函数，因此无法算出结果．利用此例可以推出概率论与数理统计中以及工程上常用的一个反常积分 $\int_0^{+\infty} e^{-x^2} dx = \dfrac{\sqrt{\pi}}{2}$．

　　事实上，若 D 为整个 xOy 平面时，有

$$\iint\limits_{D} e^{-(x^2+y^2)} d\sigma = \int_{-\infty}^{+\infty} e^{-x^2} dx \int_{-\infty}^{+\infty} e^{-y^2} dy = 4\left(\int_0^{+\infty} e^{-x^2} dx \right)^2$$

　　根据例 5 的结果有，$4\left(\int_0^{+\infty} e^{-x^2} dx \right)^2 = \lim_{R \to +\infty} \pi(1 - e^{-R^2}) = \pi$，于是得证.

　　例 6　计算 $\iint\limits_{D} \dfrac{y^2}{x^2} dxdy$，其中积分区域 D 是由曲线 $x^2 + y^2 = 2x$ 围成的平面区域.

　　解　积分区域 D 如图 10-22 所示，其边界曲线的极坐标方程为 $\rho = 2\cos\theta$，于是积分区域 D 的积分限为

$$-\frac{\pi}{2} \leqslant \theta \leqslant \frac{\pi}{2}, \quad 0 \leqslant \rho \leqslant 2\cos\theta$$

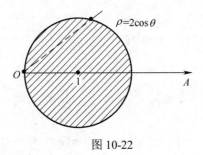

图 10-22

所以

$$\iint_D \frac{y^2}{x^2} \mathrm{d}x\mathrm{d}y = \int_{-\frac{\pi}{2}}^{\frac{\pi}{2}} \mathrm{d}\theta \int_0^{2\cos\theta} \frac{\sin^2\theta}{\cos^2\theta}\rho\mathrm{d}\rho = \int_{-\frac{\pi}{2}}^{\frac{\pi}{2}} 2\sin^2\theta\mathrm{d}\theta = \pi$$

例 7 求 $\int_0^1 \mathrm{d}y \int_0^{\sqrt{1-y^2}} \sin(\pi\sqrt{x^2+y^2})\mathrm{d}x$.

解 由二次积分的积分限画出积分区域 $D = \left\{(x,y) \middle| x^2+y^2 \leqslant 1, x \geqslant 0, y \geqslant 0\right\}$，

如图 10-23 所示，显然用极坐标较方便，于是有

$$\iint_D \sin(\pi\sqrt{x^2+y^2})\mathrm{d}x\mathrm{d}y = \int_0^{\frac{\pi}{2}} \mathrm{d}\theta \int_0^1 \sin(\pi\rho) \cdot \rho\mathrm{d}\rho = \frac{1}{2}$$

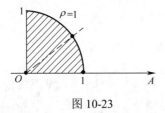

图 10-23

一般来说，当积分区域为圆形、扇形、环形区域，而被积函数中含有 x^2+y^2、

$\dfrac{y}{x}$ 时，采用极坐标计算二重积分往往比较简单.

习题 10.2

1. 计算下列二重积分：

（1） $\iint_D (x^2+y^2)\mathrm{d}\sigma$ ，其中 $D = \left\{(x,y) \middle| |x| \leqslant 1, |y| \leqslant 1\right\}$ ；

（2） $\iint_D (3x+2y)\mathrm{d}\sigma$ ，其中 D 是由两坐标轴及直线 $x+y=2$ 所围成的闭区域；

（3）$\iint\limits_{D} x\sqrt{y}\mathrm{d}\sigma$，其中 D 是由两条抛物线 $y=\sqrt{x}$，$y=x^2$ 所围成的闭区域；

（4）$\iint\limits_{D}(x^2+y^2-x)\mathrm{d}\sigma$，其中 D 是由直线 $y=2$，$y=x$ 及 $y=2x$ 所围成的闭区域．

2．如果二重积分 $\iint\limits_{D} f(x,y)\mathrm{d}x\mathrm{d}y$ 的被积函数 $f(x,y)$ 是两个函数 $f_1(x)$ 及 $f_2(y)$ 的乘积，即 $f(x,y)=f_1(x)\cdot f_2(y)$，积分区域 $D=\left\{(x,y)\big|a\leqslant x\leqslant b,c\leqslant y\leqslant d\right\}$，证明这个二重积分等于两个单积分的乘积，即

$$\iint\limits_{D} f_1(x)\cdot f_2(y)\mathrm{d}x\mathrm{d}y=[\int_a^b f_1(x)\mathrm{d}x]\cdot[\int_c^d f_2(y)\mathrm{d}y].$$

3．改换下列二次积分的积分次序：

（1）$\int_0^1 \mathrm{d}y\int_0^y f(x,y)\mathrm{d}x$；　　　　（2）$\int_0^1 \mathrm{d}y\int_{-\sqrt{1-y^2}}^{\sqrt{1-y^2}} f(x,y)\mathrm{d}x$；

（3）$\int_1^e \mathrm{d}x\int_0^{\ln x} f(x,y)\mathrm{d}y$；　　　　（4）$\int_0^1 \mathrm{d}x\int_0^{x^2} f(x,y)\mathrm{d}y+\int_1^2 \mathrm{d}x\int_0^{2-x} f(x,y)\mathrm{d}y$．

4．设平面薄片所占的闭区域 D 由直线 $x+y=2$，$y=x$ 和 x 轴所围成，它的面密度 $\mu(x,y)=x^2+y^2$，求该薄片的质量．

5．求由平面 $x=0$，$y=0$，$x+y=1$ 所围成的柱体被平面 $z=0$ 及抛物面 $x^2+y^2=6-z$ 截得的立体的体积．

6．化下列二次积分为极坐标形式的二次积分：

（1）$\int_0^1 \mathrm{d}x\int_0^1 f(x,y)\mathrm{d}y$；　　　　　　（2）$\int_0^2 \mathrm{d}x\int_x^{\sqrt{3}x} f(\sqrt{x^2+y^2})\mathrm{d}y$；

（3）$\int_0^1 \mathrm{d}x\int_{1-x}^{\sqrt{1-x^2}} f(x,y)\mathrm{d}y$；　　　　（4）$\int_0^1 \mathrm{d}x\int_0^{x^2} f(x,y)\mathrm{d}y$．

7．利用极坐标计算下列各题：

（1）$\iint\limits_{D} \mathrm{e}^{x^2+y^2}\mathrm{d}\sigma$，其中 D 是由圆周 $x^2+y^2=4$ 所围成的闭区域；

（2）$\iint\limits_{D} \arctan\dfrac{y}{x}\mathrm{d}\sigma$，其中 D 是由圆周 $x^2+y^2=4$，$x^2+y^2=1$ 及直线 $y=0$，$y=x$ 所围成的第一象限内的闭区域；

（3）$\iint\limits_{D} \dfrac{1}{\sqrt{x^2+y^2}}\mathrm{d}\sigma$，其中 D 是由直线 $y=x$ 与抛物线 $y=x^2$ 所围成的闭区域．

8．选择适当的坐标计算下列各题：

（1）$\iint\limits_{D} \dfrac{x^2}{y^2} \mathrm{d}\sigma$ ，其中 D 是由直线 $y = x$ ， $x = 2$ 及曲线 $xy = 1$ 所围成的闭区域；

（2）$\iint\limits_{D} \sqrt{x^2 + y^2} \mathrm{d}\sigma$ ，其中 D 是圆环形闭区域 $\left\{ (x, y) \middle| a^2 \leqslant x^2 + y^2 \leqslant b^2 \right\}$.

9. 设平面薄片所占的闭区域 D 由螺线 $\rho = 2\theta$ 上一段弧 $\left(0 \leqslant \theta \leqslant \dfrac{\pi}{2} \right)$ 与直线 $\theta = \dfrac{\pi}{2}$ 所围成，它的面密度 $\mu(x, y) = x^2 + y^2$ ，求该薄片的质量.

10.3　三重积分的概念和计算

10.3.1　三重积分的概念

引例　求物体的质量.

已知物体所占有的空间闭区域是 Ω ， $f(x, y, z)$ 表示物体在点 (x, y, z) 处的密度，且 $f(x, y, z)$ 在 Ω 上连续，求该物体的质量 M .

与求平面薄片的质量类似，我们仍采用分割－近似－求和－取极限的方法.

（1）**分割**：将 Ω 任意分成 n 个小闭区域 $\Delta v_1, \Delta v_2, \cdots, \Delta v_n$ ，其中 Δv_i 表示第 i 个小闭区域，也表示它的体积.

（2）**近似**：由于 $f(x, y, z)$ 在 Ω 上连续，因此分割后的每一小块可近似看作均匀的. 在第 i 个小区域上任取一点 (ξ_i, η_i, ζ_i) ，求出第 i 小块物体质量的近似值 $f(\xi_i, \eta_i, \zeta_i)\Delta v_i$ ， $i = 1, 2, \cdots, n$.

（3）**求和**：对 n 个小块物体质量的近似值求和，得到所求物体质量的近似值为

$$m \approx \sum_{i=1}^{n} f(\xi_i, \eta_i, \zeta_i)\Delta v_i$$

（4）**取极限**：如果分割越来越细，取极限就得到所求物体质量的精确值

$$m = \lim_{\lambda \to 0} \sum_{i=1}^{n} f(\xi_i, \eta_i, \zeta_i)\Delta v_i$$

其中 λ 是各小闭区域 Δv_i （ $i = 1, 2, 3, \cdots, n$ ）的直径的最大值.

此例最后得到一个和式的极限，与定积分及二重积分类似，我们可以抽象出三重积分的概念.

定义　设 $f(x, y, z)$ 是空间有界闭区域 Ω 上的有界函数，将 Ω 任意分成 n 个小闭区域 $\Delta v_1, \Delta v_2, \cdots, \Delta v_n$ ，其中 Δv_i 表示第 i 个小闭区域，同时也表示它的体积. 在

每个 Δv_i 上任取一点 (ξ_i, η_i, ζ_i)，作乘积 $f(\xi_i, \eta_i, \zeta_i)\Delta v_i (i = 1, 2, \cdots, n)$，并作和 $\sum\limits_{i=1}^{n} f(\xi_i, \eta_i, \zeta_i)\Delta v_i$．如果当各小闭区域直径中的最大值 λ 趋于零时，上述和的极限总存在，且与 Ω 的分法和点 (ξ_i, η_i, ζ_i) 的取法无关，则称此极限为函数 $f(x, y, z)$ 在闭区域 Ω 上的**三重积分**，记作 $\iiint\limits_{\Omega} f(x, y, z)\mathrm{d}v$，即

$$\iiint\limits_{\Omega} f(x, y, z)\mathrm{d}v = \lim_{\lambda \to 0} \sum_{i=1}^{n} f(\xi_i, \eta_i, \zeta_i)\Delta v_i$$

其中 $f(x, y, z)$ 称为**被积函数**，$\mathrm{d}v$ 称为**体积元素**，Ω 称为**积分区域**．

根据定义，密度为 $f(x, y, z)$ 的空间立体 Ω 的质量为 $\iiint\limits_{\Omega} f(x, y, z)\mathrm{d}v$，这可看作三重积分的物理意义．由于一般认为三元函数在空间中没有几何图形，因此三重积分并无几何意义．

三重积分具有和二重积分类似的性质，这里不再赘述．特别强调一点，当 $f(x, y, z) = 1$ 时，设积分区域 Ω 的体积为 V，则有 $\iiint\limits_{\Omega} 1\mathrm{d}v = \iiint\limits_{\Omega} \mathrm{d}v = V$．

在直角坐标系中，如果用平行于坐标面的平面来划分 Ω，则除了包含 Ω 的边界点的一些不规则小闭区域外，得到的小闭区域 Δv_i 均为长方体．设小长方体 Δv_i 的边长分别为 $\Delta x_j, \Delta y_k, \Delta z_l$，则 $\Delta v_i = \Delta x_j \Delta y_k \Delta z_l$，因此在直角坐标系中，我们有时把体积元素 $\mathrm{d}v$ 记作 $\mathrm{d}x\mathrm{d}y\mathrm{d}z$，而把三重积分记作

$$\iiint\limits_{\Omega} f(x, y, z)\mathrm{d}v = \iiint\limits_{\Omega} f(x, y, z)\mathrm{d}x\mathrm{d}y\mathrm{d}z$$

其中 $\mathrm{d}x\mathrm{d}y\mathrm{d}z$ 称为直角坐标系中的体积元素．

当函数 $f(x, y, z)$ 在空间闭区域 Ω 上连续时，函数 $f(x, y, z)$ 在 Ω 上的三重积分必存在．以后我们总假定函数 $f(x, y, z)$ 在 Ω 上是连续的．

10.3.2　三重积分的计算

与二重积分化为二次积分计算类似，三重积分要化为三次积分来计算．下面我们给出不同坐标系下将三重积分化为三次积分的方法．

1. 利用直角坐标计算三重积分

方法 1　投影法

假设平行于 z 轴且穿过闭区域 Ω 内部的直线与 Ω 的边界曲面 S 相交不多于两点．把 Ω 投影到 xOy 面上，得一平面区域 D_{xy}，如图 10-24 所示，过平面区域 D_{xy} 内任一点 (x, y) 作平行于 z 轴的直线，沿 z 轴正向穿过 Ω，直线穿入 Ω 经过的曲

面记作 S_1（称为下边界面），穿出 Ω 经过的曲面记作 S_2（称为上边界面），其中

$$S_1 : z = z_1(x,y), \quad S_2 : z = z_2(x,y)$$

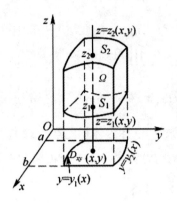

图 10-24

于是穿入点与穿出点的竖坐标分别为 $z_1(x,y), z_2(x,y)$，此时积分区域 Ω 可表示为

$$\Omega = \left\{(x,y,z) \middle| z_1(x,y) \leqslant z \leqslant z_2(x,y), (x,y) \in D_{xy}\right\}$$

先将 $f(x,y,z)$ 只看作 z 的函数，在区间 $[z_1(x,y), z_2(x,y)]$ 上对 z 积分，积分的结果记为 $F(x,y)$，即

$$F(x,y) = \int_{z_1(x,y)}^{z_2(x,y)} f(x,y,z)\mathrm{d}z$$

然后计算 $F(x,y)$ 在闭区域 D_{xy} 上的二重积分，便得所求的三重积分，即有

$$\iiint\limits_{\Omega} f(x,y,z)\mathrm{d}v = \iint\limits_{D_{xy}} \left[\int_{z_1(x,y)}^{z_2(x,y)} f(x,y,z)\mathrm{d}z\right]\mathrm{d}x\mathrm{d}y$$

上式也可写成

$$\iiint\limits_{\Omega} f(x,y,z)\mathrm{d}v = \iint\limits_{D_{xy}} \mathrm{d}x\mathrm{d}y \int_{z_1(x,y)}^{z_2(x,y)} f(x,y,z)\mathrm{d}z \quad （先一后二）$$

若 D_{xy} 是 X 型区域，设 $D_{xy} = \left\{(x,y) \middle| a \leqslant x \leqslant b, y_1(x) \leqslant y \leqslant y_2(x)\right\}$，则

$$\iiint\limits_{\Omega} f(x,y,z)\mathrm{d}v = \int_a^b \mathrm{d}x \int_{y_1(x)}^{y_2(x)} \mathrm{d}y \int_{z_1(x,y)}^{z_2(x,y)} f(x,y,z)\mathrm{d}z$$

这就把三重积分化为先对 z、再对 y、最后对 x 的三次积分.

若 D_{xy} 是 Y 型区域，设 $D_{xy} = \left\{(x,y) \middle| c \leqslant y \leqslant d, x_1(y) \leqslant x \leqslant x_2(y)\right\}$，则

$$\iiint\limits_{\Omega} f(x,y,z)\mathrm{d}v = \int_c^d \mathrm{d}y \int_{x_1(y)}^{x_2(y)} \mathrm{d}x \int_{z_1(x,y)}^{z_2(x,y)} f(x,y,z)\mathrm{d}z$$

这就把三重积分化为先对 z、再对 x、最后对 y 的三次积分.

如果平行于 x 轴或 y 轴且穿过 Ω 内部的直线与 Ω 的边界曲面 S 相交不多于两点，也可以把 Ω 投影到 yOz 面或者 zOx 面上，这样就把三重积分化为其他顺序的三次积分. 如果平行于坐标轴且穿过 Ω 内部的直线与边界曲面 S 的交点多于两个，我们可以把 Ω 分成若干部分，利用重积分的区域可加性来计算 Ω 上的三重积分.

例 1　计算三重积分 $\iiint\limits_{\Omega} x\mathrm{d}x\mathrm{d}y\mathrm{d}z$，其中 Ω 是三个坐标面与平面 $x+2y+z=1$ 所围成的闭区域.

解　闭区域 Ω 如图 10-25 所示，将 Ω 向 xOy 面上投影，得投影区域 D_{xy}. D_{xy} 由直线 OA：$y=0$，OB：$x=0$ 及 AB：$x+2y=1$ 围成，所以

$$D_{xy} = \left\{(x,y) \,\middle|\, 0 \leqslant x \leqslant 1, 0 \leqslant y \leqslant \frac{1-x}{2}\right\}$$

显然，Ω 的下边界面为 $z=0$，Ω 的上边界面为 $z=1-x-2y$，于是 $0 \leqslant z \leqslant 1-x-2y$，从而

$$\iiint\limits_{\Omega} x\mathrm{d}x\mathrm{d}y\mathrm{d}z = \int_0^1 \mathrm{d}x \int_0^{\frac{1-x}{2}} \mathrm{d}y \int_0^{1-x-2y} x\mathrm{d}z = \int_0^1 \mathrm{d}x \int_0^{\frac{1-x}{2}} x(1-x-2y)\mathrm{d}y$$

$$= \frac{1}{4}\int_0^1 (x-2x^2+x^3)\mathrm{d}x = \frac{1}{48}$$

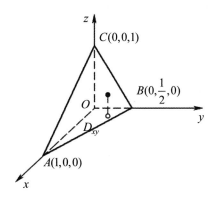

图 10-25

方法 2　截面法

设空间有界闭区域 Ω 介于两平面 $z=c$，$z=d$ 之间，过点 $(0,0,z)$ 作垂直于 z 轴的平面（$z\in[c,d]$），截 Ω 得一平面闭区域 D_z，如图 10-26 所示，于是 Ω 可表示为

$$\Omega=\left\{(x,y,z)\big|(x,y)\in D_z,c\leqslant z\leqslant d\right\}$$

从而

$$\iiint\limits_{\Omega}f(x,y,z)\mathrm{d}v=\int_c^d\mathrm{d}z\iint\limits_{D_z}f(x,y,z)\mathrm{d}x\mathrm{d}y\quad（先二后一）$$

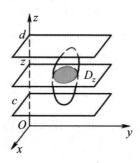

图 10-26

特别地，当 $f(x,y,z)$ 是只含 z 的表达式，而 D_z 的面积又容易计算时，使用这种方法尤其方便，假设 $f(x,y,z)=g(z)$，从而有

$$\iiint\limits_{\Omega}f(x,y,z)\mathrm{d}v=\iiint\limits_{\Omega}g(z)\mathrm{d}v=\int_c^d\mathrm{d}z\iint\limits_{D_z}g(z)\mathrm{d}\sigma$$

$$=\int_c^d g(z)\mathrm{d}z\iint\limits_{D_z}\mathrm{d}\sigma=\int_c^d g(z)S_{D_z}\mathrm{d}z$$

其中 S_{D_z} 表示 D_z 的面积，且 S_{D_z} 一般为 z 的函数．

类似地，如果用垂直于 x 轴或 y 轴的平面去截 Ω，可以得到其他积分次序的情形．

例 2　计算三重积分 $\iiint\limits_{\Omega}z\mathrm{d}x\mathrm{d}y\mathrm{d}z$，其中 Ω 为三个坐标面与平面 $x+y+z=1$ 所围成的闭区域．

解　如图 10-27 所示，区域 Ω 介于平面 $z=0$ 与 $z=1$ 之间，在 $[0,1]$ 内任取一点 z，过点 $(0,0,z)$ 作垂直于 z 轴的平面，截区域 Ω 得三角形截面 D_z．

于是

$$\iiint\limits_{\Omega} z \mathrm{d}x\mathrm{d}y\mathrm{d}z = \int_0^1 z\mathrm{d}z \iint\limits_{D_z} \mathrm{d}x\mathrm{d}y$$

因为

$$\iint\limits_{D_z} \mathrm{d}x\mathrm{d}y = \frac{1}{2}(1-z)(1-z)$$

所以

$$\iiint\limits_{\Omega} z \mathrm{d}x\mathrm{d}y\mathrm{d}z = \int_0^1 z \cdot \frac{1}{2}(1-z)^2 \mathrm{d}z = \frac{1}{24}$$

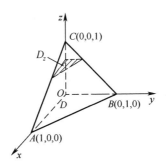

图 10-27

2. 利用柱面坐标计算三重积分

在利用投影法计算三重积分时需要计算二重积分，计算二重积分有时用极坐标更方便，对三重积分而言，利用柱面坐标计算三重积分往往更方便.

设 $M(x,y,z)$ 为空间内一点，并设点 M 在 xOy 面上的投影 M' 的极坐标为 (ρ,θ)，则数组 (ρ,θ,z) 就称为点 M 的**柱面坐标**，如图 10-28 所示，规定 ρ、θ、z 的变化范围为 $0 \leqslant \rho < +\infty$，$0 \leqslant \theta \leqslant 2\pi$，$-\infty < z < +\infty$.

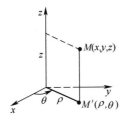

图 10-28

在柱面坐标系中，三组坐标面分别如下：

（1）ρ = 常数，表示以 z 轴为中心轴的圆柱面；

（2）θ = 常数，表示过 z 轴的半平面；

（3）z = 常数，表示与 xOy 面平行的平面.

显然，点 $y = f(x)$ 的直角坐标 (x, y, z) 与柱面坐标 (ρ, θ, z) 之间的关系为

$$\begin{cases} x = \rho\cos\theta \\ y = \rho\sin\theta \\ z = z \end{cases} \qquad （10\text{-}3）$$

现在考察三重积分 $\iiint\limits_{\Omega} f(x, y, z)\mathrm{d}v$ 在柱面坐标系下的形式. 用三组坐标面 ρ = 常数，θ = 常数，z = 常数把 Ω 分成许多小闭区域，除了含 Ω 的边界点的一些不规则小闭区域外，这些小闭区域都是柱体，如图 10-29 所示. 考虑由 ρ、θ、z 各取得微小增量 $\mathrm{d}\rho$、$\mathrm{d}\theta$、$\mathrm{d}z$ 所成的小柱体的体积，这个体积等于底面积与高的乘积.在不计高阶无穷小时，这个柱体的底面积为 $\rho\mathrm{d}\rho\mathrm{d}\theta$（极坐标系下的面积元素），高为 $\mathrm{d}z$，于是得柱面坐标系中的体积元素为

$$\mathrm{d}v = \rho\mathrm{d}\rho\mathrm{d}\theta\mathrm{d}z$$

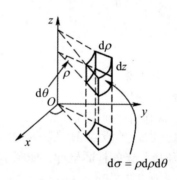

图 10-29

再利用式（10-3），就得到三重积分从直角坐标变换为柱面坐标的公式，即

$$\iiint\limits_{\Omega} f(x, y, z)\mathrm{d}v = \iiint\limits_{\Omega} f(x, y, z)\mathrm{d}x\mathrm{d}y\mathrm{d}z = \iiint\limits_{\Omega} f(\rho\cos\theta, \rho\sin\theta, z)\rho\mathrm{d}\rho\mathrm{d}\theta\mathrm{d}z$$

计算柱面坐标系下的三重积分仍然需要转化为三次积分. 确定积分变量 z 的范围与直角坐标系类似，只不过上下边界面要用 ρ、θ 来表示，而确定 ρ、θ 的范围与平面上的极坐标系类似，下面举例来说明.

例 3 利用柱面坐标计算三重积分 $\iiint\limits_{\Omega} z\mathrm{d}x\mathrm{d}y\mathrm{d}z$，其中 Ω 是由曲面 $z = x^2 + y^2$

与平面 $z=4$ 所围成的闭区域.

解　如图 10-30 所示，把空间闭区域 Ω 投影到 xOy 面，得半径为 2 的圆形闭区域，即

$$D_{xy}=\left\{(\rho,\theta)\,\middle|\,0\leqslant\rho\leqslant2,0\leqslant\theta\leqslant2\pi\right\}$$

在 D_{xy} 内任取一点 (ρ,θ) ，过该点作平行于 z 轴的直线，此直线通过曲面 $z=x^2+y^2$（柱面坐标是 $z=\rho^2$）穿入 Ω 内，然后通过平面 $z=4$ 穿出 Ω 外，因此 z 的范围是 $\rho^2\leqslant z\leqslant4$ ，于是

$$\iiint\limits_{\Omega}z\mathrm{d}x\mathrm{d}y\mathrm{d}z=\iiint\limits_{\Omega}z\rho\mathrm{d}\rho\mathrm{d}\theta\mathrm{d}z=\int_0^{2\pi}\mathrm{d}\theta\int_0^2\rho\mathrm{d}\rho\int_{\rho^2}^4z\mathrm{d}z=\frac{1}{2}\cdot2\pi\int_0^2\rho(16-\rho^4)\mathrm{d}\rho=\frac{64}{3}\pi$$

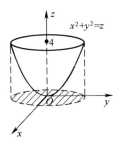

图 10-30

在计算二重积分时，利用积分区域的对称性和被积函数的奇偶性可简化积分的计算，对于三重积分也有类似的结果．一般地，当积分区域 Ω 关于 xOy 面对称时，如果被积函数 $f(x,y,z)$ 是关于 z 的奇函数，则三重积分为零；如果被积函数 $f(x,y,z)$ 是关于 z 的偶函数，则三重积分为 Ω 在 xOy 平面上方的半个闭区域上的三重积分的两倍．当积分区域 Ω 关于 yOz 面或者 zOx 面对称时，也有完全类似的结果.

利用球面坐标
计算三重积分

例4　计算三重积分 $\displaystyle\iiint\limits_{\Omega}\frac{z\ln(x^2+y^2+z^2+1)}{x^2+y^2+z^2+1}\mathrm{d}x\mathrm{d}y\mathrm{d}z$ ，其中 Ω 是由圆心在原点、半径为 1 的球面围成的闭区域.

解　因为积分区域关于三个坐标面都对称，且被积函数是变量 z 的奇函数，所以

$$\iiint\limits_{\Omega}\frac{z\ln(x^2+y^2+z^2+1)}{x^2+y^2+z^2+1}\mathrm{d}x\mathrm{d}y\mathrm{d}z=0$$

习题 10.3

1. 设有一物体，占有空间闭区域 $\Omega = \left\{ (x,y,z) \mid 0 \leqslant x \leqslant 1, 0 \leqslant y \leqslant 1, 0 \leqslant z \leqslant 1 \right\}$，在点 (x,y,z) 处的密度为 $\rho(x,y,z) = x + y + z$，计算该物体的质量.

2. 计算 $\iiint\limits_{\Omega} xyz \mathrm{d}v$，其中 Ω 是球面 $x^2 + y^2 + z^2 = 1$ 及三个坐标面所围成的在第一卦限内的闭区域.

3. 计算 $\iiint\limits_{\Omega} z^2 \mathrm{d}v$，其中 Ω 是由椭球面 $\dfrac{x^2}{a^2} + \dfrac{y^2}{b^2} + \dfrac{z^2}{c^2} = 1$ 所围成的空间闭区域.

4. 计算 $\iiint\limits_{\Omega} z \mathrm{d}v$，其中 Ω 是由锥面 $z = \dfrac{h}{R}\sqrt{x^2 + y^2}$ 与平面 $z = h(R > 0, h > 0)$ 所围成的闭区域.

5. 计算 $\iiint\limits_{\Omega} z \mathrm{d}v$，其中 Ω 是由曲面 $z = \sqrt{2 - x^2 - y^2}$ 及 $z = x^2 + y^2$ 所围成的闭区域.

6. 计算 $\iiint\limits_{\Omega} (x^2 + y^2) \mathrm{d}v$，其中 Ω 是由曲面 $2z = x^2 + y^2$ 和 $z = 2$ 所围成的闭区域.

7. 计算 $\iiint\limits_{\Omega} xy \mathrm{d}v$，其中 Ω 是由柱面 $x^2 + y^2 = 1$ 和平面 $z = 1$，$z = 0$，$x = 0$，$y = 0$ 所围成的在第一卦限内的闭区域.

10.4　重积分的应用

重积分的思想和方法在很多领域都有应用，本节我们主要讨论重积分在几何、物理上的应用，如求立体的体积、曲面的面积，求物体的质量、质心和转动惯量.

10.4.1　立体的体积

由二重积分的几何意义可知，曲顶柱体的体积可用二重积分求得；此外，由三重积分的性质可知，占有空间有界闭区域 Ω 的立体的体积 $V = \iiint\limits_{\Omega} 1 \mathrm{d}v$.

例 1　求两个底圆半径都等于 R 的直交圆柱面所围成的立体的体积.

解　建立直角坐标系如图 10-31 所示，则两个圆柱面的方程分别为 $x^2 + y^2 = R^2$，$x^2 + z^2 = R^2$.

利用对称性可知，只要算出它在第一卦限部分的体积，然后再乘以 8 即可.
所求立体在第一卦限部分可以看作一个曲顶柱体，它的底可表示为

$$D = \left\{(x,y) \middle| 0 \leq y \leq \sqrt{R^2 - x^2}, 0 \leq x \leq R\right\}$$

它的顶是柱面 $z = \sqrt{R^2 - x^2}$，因此它的体积为

$$V_1 = \iint\limits_D \sqrt{R^2 - x^2}\,\mathrm{d}\sigma = \int_0^R \mathrm{d}x \int_0^{\sqrt{R^2-x^2}} \sqrt{R^2-x^2}\,\mathrm{d}y = \int_0^R (R^2 - x^2)\mathrm{d}x = \frac{2}{3}R^3$$

因此所求立体体积为 $V = 8V_1 = \dfrac{16}{3}R^3$.

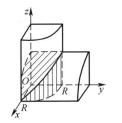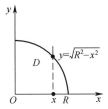

图 10-31

例 2 求由曲面 $z = 8 - x^2 - y^2$ 和曲面 $z = x^2 + y^2$ 所围成的立体的体积.

解 两曲面方程联立，消掉 z 得 $x^2 + y^2 = 4$，因此该立体在 xOy 面上的投影区域为 $D_{xy} = \left\{(x,y) \middle| x^2 + y^2 \leq 4\right\}$，如图 10-32 所示，所求立体体积可表示为 $V = \iiint\limits_\Omega 1\mathrm{d}v$，用柱面坐标计算该三重积分得

$$V = \iiint\limits_\Omega 1\mathrm{d}v = \int_0^{2\pi}\mathrm{d}\theta \int_0^2 \rho\mathrm{d}\rho \int_{\rho^2}^{8-\rho^2}\mathrm{d}z = \int_0^{2\pi}\mathrm{d}\theta \int_0^2 \rho(8 - 2\rho^2)\mathrm{d}\rho = 16\pi$$

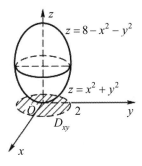

图 10-32

10.4.2 曲面的面积

设曲面 S 的方程为 $z = f(x, y)$，曲面 S 在 xOy 坐标面上的投影区域为 D_{xy}，$f(x, y)$ 在 D_{xy} 上具有连续偏导数，我们要求曲面 S 的面积 A .

在 D_{xy} 上任意取一个直径非常小的闭区域 $\mathrm{d}\sigma$，$\mathrm{d}\sigma$ 也表示该小闭区域的面积，在 $\mathrm{d}\sigma$ 内任取一点 $M'(x, y)$，曲面 S 上对应有一点 $M(x, y, f(x, y))$，即点 M 在 xOy 平面上的投影是点 M' . 如图 10-33 所示，曲面 S 在点 Δy 处的切平面设为 Π . 以 $\mathrm{d}\sigma$ 的边界为准线作母线平行于 z 轴的柱面，该柱面在曲面 S 上截下一小片曲面，在切平面 Π 上截下一小片平面. 由于 $\mathrm{d}\sigma$ 的直径非常小，曲面 S 上截下的那一小片曲面的面积可以用切平面 Π 上截下的那一小片平面的面积 $\mathrm{d}A$ 近似代替. 设曲面 S 在点 M 处的法线（指向朝上）与 z 轴夹角为 γ，则有

$$\mathrm{d}A = \frac{\mathrm{d}\sigma}{\cos\gamma}$$

又因为

$$\cos\gamma = \frac{1}{\sqrt{1 + f_x^2(x, y) + f_y^2(x, y)}}$$

所以

$$\mathrm{d}A = \sqrt{1 + f_x^2(x, y) + f_y^2(x, y)}\,\mathrm{d}\sigma$$

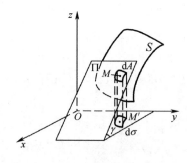

图 10-33

这就是曲面 S 的**面积微元**（也叫面积元素），以它为被积表达式在闭区域 D_{xy} 上积分，便得

$$A = \iint\limits_{D_{xy}} \sqrt{1 + f_x^2(x, y) + f_y^2(x, y)}\,\mathrm{d}\sigma$$

上式也可简写成

$$A = \iint_{D_{xy}} \sqrt{1 + z_x^2 + z_y^2}\,\mathrm{d}\sigma \qquad\qquad (10\text{-}4)$$

这就是计算曲面面积的公式.

类似地，若曲面方程是 $x = g(y, z)$，可把曲面投影到 yOz 面上，得到曲面面积 $A = \iint_{D_{yz}} \sqrt{1 + x_y^2 + x_z^2}\,\mathrm{d}\sigma$；若曲面方程是 $y = h(z, x)$，则可把曲面投影到 zOx 面上，得到曲面面积 $A = \iint_{D_{zx}} \sqrt{1 + y_z^2 + y_x^2}\,\mathrm{d}\sigma$.

例 3　求球面 $z = \sqrt{a^2 - x^2 - y^2}$ 介于平面 $z = b$ 与 $z = a$（$0 < b < a$）之间部分的面积.

解　如图 10-34 所示，曲面在 xOy 面上的投影 $D = \left\{(x, y)\,\middle|\,x^2 + y^2 \leqslant a^2 - b^2\right\}$，因为

$$z_x = -\frac{x}{\sqrt{a^2 - x^2 - y^2}}, \quad z_y = -\frac{y}{\sqrt{a^2 - x^2 - y^2}}$$

由式（10-4），得所求面积为

$$A = \iint_{D} \sqrt{1 + z_x^2 + z_y^2}\,\mathrm{d}\sigma = \iint_{D} \frac{a}{\sqrt{a^2 - x^2 - y^2}}\,\mathrm{d}x\mathrm{d}y = a\iint_{D} \frac{\rho}{\sqrt{a^2 - \rho^2}}\,\mathrm{d}\rho\mathrm{d}\theta$$

$$= a\int_0^{2\pi}\mathrm{d}\theta\int_0^{\sqrt{a^2 - b^2}} \frac{\rho}{\sqrt{a^2 - \rho^2}}\,\mathrm{d}\rho = 2\pi a(a - b)$$

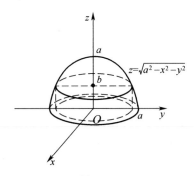

图 10-34

特别地，当 b 趋近于 0 时，就得到半球面的面积为 $A = 2\pi a^2$.

10.4.3　物体的质量

我们知道，利用重积分可以求物体的质量，下面再次列举公式.若平面薄片的

面密度为 $\mu(x,y)$，所占平面区域为 D，则该平面薄片的质量 $m = \iint\limits_{D} \mu(x,y)\mathrm{d}\sigma$；若空间物体的体密度为 $\rho(x,y,z)$，所占区域为空间有界闭区域 Ω，则该物体的质量 $m = \iiint\limits_{\Omega} \rho(x,y,z)\mathrm{d}v$.

例 4 一平面薄片占有 xOy 平面上的闭区域 $D = \left\{(x,y) \middle| x^2 + y^2 \leqslant 2y\right\}$，并且在 D 内任意点 (x,y) 处的面密度等于该点到原点的距离，求该平面薄片的质量.

解 由题意，该薄片的面密度 $\mu(x,y) = \sqrt{x^2 + y^2}$，其所占闭区域如图 10-35 所示，则平面薄片的质量为

$$m = \iint\limits_{D} \mu(x,y)\mathrm{d}\sigma = \iint\limits_{D} \sqrt{x^2 + y^2}\,\mathrm{d}\sigma = \int_0^{\pi} \mathrm{d}\theta \int_0^{2\sin\theta} \rho \cdot \rho\,\mathrm{d}\rho$$

$$= \frac{8}{3}\int_0^{\pi} \sin^3\theta\,\mathrm{d}\theta = \frac{8}{3} \cdot 2\int_0^{\frac{\pi}{2}} \sin^3\theta\,\mathrm{d}\theta = \frac{16}{3} \cdot \frac{2}{3} = \frac{32}{9}$$

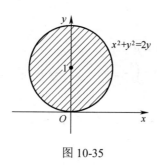

图 10-35

10.4.4 质心

设有一个平面薄片，占有 xOy 平面上的闭区域 D，在点 (x,y) 处的面密度为 $\mu(x,y)$，假定 $\mu(x,y)$ 在区域 D 上连续，如何求该薄片的质心坐标（$\overline{x}, \overline{y}$）.

下面我们不加证明地给出该薄片的质心坐标公式

$$\overline{x} = \frac{M_y}{m} = \frac{\iint\limits_{D} x\mu(x,y)\mathrm{d}\sigma}{\iint\limits_{D} \mu(x,y)\mathrm{d}\sigma}, \quad \overline{y} = \frac{M_x}{m} = \frac{\iint\limits_{D} y\mu(x,y)\mathrm{d}\sigma}{\iint\limits_{D} \mu(x,y)\mathrm{d}\sigma}$$

其中 m 为薄片的质量，M_x、M_y 分别是薄片对 x 轴、y 轴的静力矩.

当平面薄片密度均匀时，$\mu(x,y)$ 为常数，则其质心坐标公式为

$$\bar{x} = \frac{1}{A}\iint\limits_{D} x \mathrm{d}\sigma , \quad \bar{y} = \frac{1}{A}\iint\limits_{D} y \mathrm{d}\sigma$$

其中 A 是区域 D 的面积. 这时薄片的质心与密度无关，而完全由 D 的形状所确定，因此我们通常把均匀平面薄片的质心叫作形心.

例 5　求位于两圆 $\rho = 2\sin\theta$ 和 $\rho = 4\sin\theta$ 之间的均匀薄片的质心.

解　所求薄片如图 10-36 中阴影所示，薄片质量均匀且所占区域关于 y 轴对称，所以质心必在 y 轴上，于是 $\bar{x} = 0$ ，$\bar{y} = \dfrac{1}{A}\iint\limits_{D} y \mathrm{d}\sigma$.

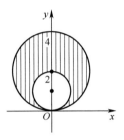

图 10-36

由于所占区域位于半径为 1 和半径为 2 的两圆之间，所以其面积等于两圆面积之差，即 $A = 3\pi$ ，我们利用极坐标来计算积分，即

$$\iint\limits_{D} y \mathrm{d}\sigma = \iint\limits_{D} \rho^2 \sin\theta \mathrm{d}\rho \mathrm{d}\theta = \int_0^\pi \sin\theta \mathrm{d}\theta \int_{2\sin\theta}^{4\sin\theta} \rho^2 \mathrm{d}\rho$$

$$= \frac{56}{3}\int_0^\pi \sin^4\theta \mathrm{d}\theta = \frac{56}{3} \cdot 2 \cdot \frac{3}{4} \cdot \frac{1}{2} \cdot \frac{\pi}{2} = 7\pi$$

因此 $\bar{y} = \dfrac{7\pi}{3\pi} = \dfrac{7}{3}$ ，即所求质心为 $\left(0, \dfrac{7}{3}\right)$.

类似地，若空间物体占有空间有界闭区域 Ω ，在点 (x, y, z) 处的体密度为 $\rho(x, y, z)$ ，假设 $\rho(x, y, z)$ 在闭区域 Ω 上连续，则该空间物体的质心坐标是

$$\bar{x} = \frac{1}{m}\iiint\limits_{\Omega} x\rho(x, y, z)\mathrm{d}v , \quad \bar{y} = \frac{1}{m}\iiint\limits_{\Omega} y\rho(x, y, z)\mathrm{d}v , \quad \bar{z} = \frac{1}{m}\iiint\limits_{\Omega} z\rho(x, y, z)\mathrm{d}v$$

其中 $m = \iiint\limits_{\Omega} \rho(x, y, z)\mathrm{d}v$.

10.4.5　转动惯量

假设 xOy 平面上有 n 个质点，它们质量分别为 $m_1,m_2,\cdots,m_n$，坐标分别是 $(x_1,y_1),(x_2,y_2),\cdots,(x_n,y_n)$．根据力学知识，该质点系关于 x 轴和 y 轴的转动惯量分别为 $I_x=\sum\limits_{i=1}^{n}y_i^2 m_i$，$I_y=\sum\limits_{i=1}^{n}x_i^2 m_i$．

假设有一平面薄片，占有 xOy 面上的闭区域 D，且在点 (x,y) 处的面密度为 $\mu(x,y)$，$\mu(x,y)$ 在 D 上连续，现在我们应用元素法来求该薄片对于 x 轴和 y 轴的转动惯量．

在闭区域 D 上任取一直径很小的闭区域 $\mathrm{d}\sigma$，$\mathrm{d}\sigma$ 也表示该小闭区域的面积，(x,y) 是小区域内的一点．因为 $\mathrm{d}\sigma$ 的直径很小，并且 $\mu(x,y)$ 在 D 上连续，所以面积是 $\mathrm{d}\sigma$ 的小薄片的质量近似等于 $\mu(x,y)\mathrm{d}\sigma$，小薄片质量可近似看作集中在点 (x,y) 上，于是可写出其对于 x 轴和 y 轴的转动惯量元素为

$$\mathrm{d}I_x = y^2\mu(x,y)\mathrm{d}\sigma，\quad \mathrm{d}I_y = x^2\mu(x,y)\mathrm{d}\sigma$$

以这些元素为被积表达式在闭区域 D 上积分，便得薄片对于 x 轴和 y 轴的转动惯量为

$$I_x = \iint\limits_{D} y^2\mu(x,y)\mathrm{d}\sigma，\quad I_y = \iint\limits_{D} x^2\mu(x,y)\mathrm{d}\sigma．$$

例 6　设有一均匀正方形薄片，边长为 a，面密度为常量 μ，求它对于一边的转动惯量．

解　建立坐标系如图 10-37 所示，则薄片所占区域 D 可表示为

$$\{(x,y)\mid 0\leqslant x\leqslant a,0\leqslant y\leqslant a\}$$

所求转动惯量就是对于 x 轴的转动惯量 I_x，因此

$$I_x = \iint\limits_{D}\mu y^2\mathrm{d}\sigma = \mu\int_0^a \mathrm{d}x\int_0^a y^2\mathrm{d}y = \frac{1}{3}\mu a^4$$

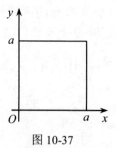

图 10-37

类似地，若物体占有空间有界闭区域 Ω，在点 (x,y,z) 处的体密度为 $\rho(x,y,z)$，假定 $\rho(x,y,z)$ 在 Ω 上连续，则该物体对于 x 轴、y 轴、z 轴的转动惯量分别为

$$I_x = \iiint\limits_{\Omega} (y^2 + z^2)\rho(x,y,z)\mathrm{d}v$$

$$I_y = \iiint\limits_{\Omega} (z^2 + x^2)\rho(x,y,z)\mathrm{d}v$$

$$I_z = \iiint\limits_{\Omega} (x^2 + y^2)\rho(x,y,z)\mathrm{d}v$$

习题 10.4

1. 计算以 xOy 面上的圆周 $x^2 + y^2 = ax$ 围成的闭区域为底，以曲面 $z = x^2 + y^2$ 为顶的曲顶柱体的体积.

2. 设圆柱体 $\Omega = \left\{ (x,y,z) \middle| 0 \leqslant z \leqslant 5, x^2 + y^2 \leqslant 4 \right\}$，如果它在任一点 (x,y,z) 处的密度为 $\rho(x,y,z) = x^2 + y^2 + z^2$，求它的质量.

3. 利用三重积分计算曲面 $z = 6 - x^2 - y^2$ 和 $z = \sqrt{x^2 + y^2}$ 所围成的立体的体积.

4. 求球面 $x^2 + y^2 + z^2 = a^2$ 含在圆柱面 $x^2 + y^2 = ax$ 内部的那部分面积.

5. 求平面 $3x + 2y + z = 1$ 被椭圆柱面 $2x^2 + y^2 = 1$ 截下的那部分面积.

6. 均匀薄片所占闭区域 D 由 $y = \sqrt{2px}$，$x = x_0$，$y = 0$ 所围成，求该薄片的质心.

7. 设有一半圆环形薄片 $D = \left\{ (x,y) \middle| 1 \leqslant x^2 + y^2 \leqslant 4, y \geqslant 0 \right\}$，如果其任一点处的密度与该点到圆心的距离成正比，求薄片的质心.

8. 设均匀薄片的面密度为常数 1，所占闭区域 D 由抛物线 $y^2 = \dfrac{9}{2}x$ 与直线 $x = 2$ 所围成，求转动惯量 I_x 和 I_y.

第 11 章　曲线积分与曲面积分

　　定积分是一种特殊和式的极限，将这种极限推广到定义在平面或空间有界闭区域上的多元函数上去，就得到了重积分．本章我们将这种和式极限推广到定义在曲线或者曲面上的多元函数上去，得到曲线积分和曲面积分．现在我们主要讨论曲线积分与曲面积分的概念、性质、计算方法及相关应用．

11.1　对弧长的曲线积分

11.1.1　对弧长的曲线积分的概念与性质

引例　金属曲线的质量

　　设有一根不均匀的金属曲线 L，如图 11-1 所示，端点为 A、B，在 L 上的点 (x,y) 处的线密度为 $\mu(x,y)$，求该金属曲线的质量 m．

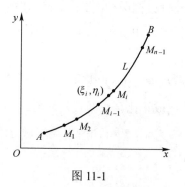

图 11-1

　　如果该金属曲线的线密度为常数，那么质量就等于它的线密度与长度之积．当线密度为变量时，此法不能用．为此，我们可以采用定积分的思想来求解．在曲线 L 上，任意依次插入点列 $M_1, M_2, \cdots, M_{n-1}$，把曲线 L 分成了 n 个小弧段，记第 i 个小弧段为 $\overparen{M_{i-1}M_i}$（$i=1,2,\cdots,n$，令 $A=M_0$，$B=M_n$），其弧长记作 Δs_i．在弧段 $\overparen{M_{i-1}M_i}$ 上任取一点 (ξ_i,η_i)，当 Δs_i 很小时，$\overparen{M_{i-1}M_i}$ 的质量近似等于 $\mu(\xi_i,\eta_i)\Delta s_i$．从而整条金属曲线 L 的质量为

$$m \approx \sum_{i=1}^{n} \mu(\xi_i, \eta_i)\Delta s_i$$

令 $\lambda = \max\limits_{1 \leq i \leq n}\{\Delta s_i\} \to 0$，取上式右端的极限，便得到整条金属曲线质量的精确值，即

$$m = \lim_{\lambda \to 0} \sum_{i=1}^{n} \mu(\xi_i, \eta_i)\Delta s_i$$

这类和式极限在其他问题中还会遇到，因此我们将其抽象为如下概念：

定义　设 L 为 xOy 面上的一条光滑曲线弧，函数 $f(x, y)$ 在 L 上有界. 将曲线 L 任意分割成 n 小段，设第 i 个小弧段 ΔL_i（$i = 1, 2, \cdots, n$）的弧长为 Δs_i，在 ΔL_i 上任取一点 (ξ_i, η_i)，作乘积 $f(\xi_i, \eta_i)\Delta s_i$，并作和 $\sum\limits_{i=1}^{n} f(\xi_i, \eta_i)\Delta s_i$. 记 $\lambda = \max\limits_{1 \leq i \leq n}\{\Delta s_i\}$，若当 $\lambda \to 0$ 时，该和式的极限总存在，且极限值与曲线弧 L 的分法及点 (ξ_i, η_i) 的取法无关，则称此极限为函数 $f(x, y)$ 在曲线 L 上对弧长的曲线积分，记作 $\int_L f(x, y)\mathrm{d}s$，即

$$\int_L f(x, y)\mathrm{d}s = \lim_{\lambda \to 0} \sum_{i=1}^{n} f(\xi_i, \eta_i)\Delta s_i$$

其中 $f(x, y)$ 称为**被积函数**，L 称为**积分弧段**，$\mathrm{d}s$ 称为**弧长元素**. 对弧长的曲线积分也叫**第一类曲线积分**.

当 $f(x, y)$ 在光滑曲线弧 L 上连续时，对弧长的曲线积分 $\int_L f(x, y)\mathrm{d}s$ 必存在，以后我们总假定 $f(x, y)$ 在 L 上连续.

根据定义，引例中金属曲线的质量可表示为 $m = \int_L \mu(x, y)\mathrm{d}s$. 当被积函数为常数 1 时，显然有 $\int_L \mathrm{d}s$ 等于曲线 L 的长度.

如果曲线 L 是分段光滑的，即 L 是由有限多条光滑曲线弧连接而成，则规定 $f(x, y)$ 在 L 上的曲线积分等于 $f(x, y)$ 在各段上的曲线积分之和. 若曲线 L 是封闭曲线，则曲线积分的符号常写作 $\oint_L f(x, y)\mathrm{d}s$.

将上述定义推广到空间曲线弧 Γ 的情形，类似可得函数 $f(x, y, z)$ 在空间曲线弧 Γ 上对弧长的曲线积分为

$$\int_\Gamma f(x, y, z)\mathrm{d}s = \lim_{\lambda \to 0} \sum_{i=1}^{n} f(\xi_i, \eta_i, \zeta_i)\Delta s_i$$

对弧长的曲线积分有以下性质：

性质 1　若 α,β 为常数，则有

$$\int_{L}[\alpha f(x,y)+\beta g(x,y)]\mathrm{d}s=\alpha\int_{L}f(x,y)\mathrm{d}s+\beta\int_{L}g(x,y)\mathrm{d}s$$

性质 2（可加性）　若积分弧段 L 可分成两段光滑曲线弧 L_1 和 L_2，则

$$\int_{L}f(x,y)\mathrm{d}s=\int_{L_1}f(x,y)\mathrm{d}s+\int_{L_2}f(x,y)\mathrm{d}s$$

性质 3　若在曲线弧 L 上恒有 $f(x,y)\leqslant g(x,y)$，则 $\int_{L}f(x,y)\mathrm{d}s\leqslant\int_{L}g(x,y)\mathrm{d}s$.

11.1.2　对弧长的曲线积分的计算

定理　设平面光滑曲线弧 L 由参数方程

$$\begin{cases}x=\varphi(t)\\y=\psi(t)\end{cases},\quad(\alpha\leqslant t\leqslant\beta)$$

给出，函数 $f(x,y)$ 在 L 上连续，其中 $\varphi'^{2}(t)+\psi'^{2}(t)\neq0$，则曲线积分 $\int_{L}f(x,y)\mathrm{d}s$ 存在，且

$$\int_{L}f(x,y)\mathrm{d}s=\int_{\alpha}^{\beta}f[\varphi(t),\psi(t)]\sqrt{\varphi'^{2}(t)+\psi'^{2}(t)}\mathrm{d}t\qquad（11\text{-}1）$$

式（11-1）表明，计算对弧长的曲线积分 $\int_{L}f(x,y)\mathrm{d}s$ 时，只

要把 x、y、$\mathrm{d}s$ 依次替换为 $\varphi(t)$、$\psi(t)$、$\sqrt{\varphi'^{2}(t)+\psi'^{2}(t)}\mathrm{d}t$，然后从 α 到 β 作定积分就可以了．这里必须注意，定积分的下限 α 一定要小于上限 β．

定理证明

当曲线 L 由方程 $y=\psi(x)$，$x\in[a,b]$ 给出时，可将其看作参数方程

$$\begin{cases}x=x\\y=\psi(x)\end{cases},\quad a\leqslant x\leqslant b$$

由式（11-1）得到

$$\int_{L}f(x,y)\mathrm{d}s=\int_{a}^{b}f[x,\psi(x)]\sqrt{1+\psi'^{2}(x)}\mathrm{d}x$$

类似地，当曲线 L 由方程 $x=\varphi(y)$，$y\in[c,d]$ 给出时，有

$$\int_{L}f(x,y)\mathrm{d}s=\int_{c}^{d}f[\varphi(y),y]\sqrt{1+\varphi'^{2}(y)}\mathrm{d}y$$

例 1　计算 $\int_{L}(x^{2}+y^{2})\mathrm{d}s$，其中 L 是上半圆弧 $x^{2}+y^{2}=a^{2},y\geqslant0$（$a>0$）.

解　如图 11-2 所示，积分弧段的参数方程为

$$\begin{cases}x=a\cos t\\y=a\sin t\end{cases},\quad t\in[0,\pi]$$

所以

$$\int_L (x^2 + y^2)ds = \int_0^\pi a^2 \sqrt{(-a\sin t)^2 + (a\cos t)^2}\,dt = a^3\pi$$

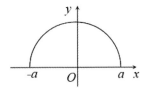

图 11-2

例 2　设 L 是 $y^2 = 4x$ 从 $O(0,0)$ 到 $A(1,2)$ 的一段，计算曲线积分 $\int_L y\,ds$.

解　如图 11-3 所示，则

$$\int_L y\,ds = \int_0^2 y\sqrt{1 + \frac{y^2}{4}}\,dy = 2 \cdot \frac{2}{3}\left(1 + \frac{y^2}{4}\right)^{\frac{3}{2}}\bigg|_0^2 = \frac{4}{3}(2\sqrt{2} - 1)$$

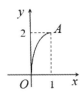

图 11-3

式（11-1）可推广到空间曲线弧，若空间曲线 Γ 的参数方程为

$$x = \varphi(t)，\quad y = \psi(t)，\quad z = \omega(t)，\quad t \in [\alpha, \beta]$$

这时有

$$\int_\Gamma f(x,y,z)\,ds = \int_\alpha^\beta f[\varphi(t), \psi(t), \omega(t)]\sqrt{\varphi'^2(t) + \psi'^2(t) + \omega'^2(t)}\,dt \quad (\alpha < \beta)$$

例 3　计算曲线积分 $\int_\Gamma (x^2 + y^2 + z^2)\,ds$，其中 Γ 为螺旋线 $x = \cos t$，$y = \sin t$，$z = t$ 上相应于 t 从 0 到 2π 的一段弧.

解　$\int_\Gamma (x^2 + y^2 + z^2)\,ds$

$$= \int_0^{2\pi} (\cos^2 t + \sin^2 t + t^2)\sqrt{(-\sin t)^2 + \cos^2 t + 1^2}\,dt$$

$$= \int_0^{2\pi} (1 + t^2)\sqrt{2}\,dt = \frac{2\sqrt{2}}{3}\pi(3 + 4\pi^2)$$

习题 11.1

计算下列对弧长的曲线积分：

（1）$\oint_L (x^2 + y^2)^n \mathrm{d}s$，其中 L 是圆周 $x = a\cos t$，$y = a\sin t$（$0 \leqslant t \leqslant 2\pi$），$n$ 为正整数；

（2）$\oint_L x\mathrm{d}s$，其中 L 为由直线 $y = x$ 及抛物线 $y = x^2$ 所围成的区域的整个边界；

（3）$\int_L \sqrt{y}\mathrm{d}s$，其中 L 是抛物线 $y = x^2$ 上点$(0,0)$与点$(1,1)$之间的一段弧；

（4）$\int_\Gamma \dfrac{1}{x^2 + y^2 + z^2}\mathrm{d}s$，其中 Γ 为曲线 $x = \mathrm{e}^t\cos t$，$y = \mathrm{e}^t\sin t$，$z = \mathrm{e}^t$ 上相应于 t 从 0 变到 2 的这段弧；

（5）$\oint_L \mathrm{e}^{\sqrt{x^2+y^2}}\mathrm{d}s$，其中 L 为圆周 $x^2 + y^2 = a^2$，直线 $y = x$ 及 x 轴在第一象限内所围成的扇形的整个边界.

11.2　对坐标的曲线积分

11.2.1　对坐标的曲线积分的概念与性质

引例　变力沿曲线所做的功

设一质点在变力 $\boldsymbol{F}(x,y) = (P(x,y),\ Q(x,y))$ 的作用下沿平面曲线 L 从点 A 移动到点 B，其中 $P(x,y)$、$Q(x,y)$ 在 L 上连续，求质点在移动过程中变力 $\boldsymbol{F}(x,y)$ 所做的功 W.

我们知道，如果质点在常力 $\boldsymbol{F}$ 的作用下沿直线运动，位移为 $\boldsymbol{s}$，那么这个常力所做的功为 $W = \boldsymbol{F} \cdot \boldsymbol{s}$. 现在 $\boldsymbol{F}$ 是变力，并且质点沿曲线移动，不能用以上公式求所做的功. 为此，我们可以考虑用定积分的思想来求解.

如图 11-4 所示，我们在曲线 L 上任意依次插入 $n-1$ 个分点 $M_1, M_2, \cdots, M_{n-1}$，与 $A = M_0$，$B = M_n$ 一起把 L 分成 n 个有向小弧段，设分点 M_i 坐标为 (x_i, y_i) $(i = 1, 2, \cdots, n)$. 我们取其中一个有向小弧段 $\overset{\frown}{M_{i-1}M_i}$ 来分析. 由于 $\overset{\frown}{M_{i-1}M_i}$ 光滑而且很短，可用有向直线段 $\overrightarrow{M_{i-1}M_i} = \Delta x_i \boldsymbol{i} + \Delta y_i \boldsymbol{j}$ 来近似代替，其中 $\Delta x_i = x_i - x_{i-1}$，$\Delta y_i = y_i - y_{i-1}$. 又由于 $P(x,y)$、$Q(x,y)$ 在 L 上连续，故在小弧段 $\overset{\frown}{M_{i-1}M_i}$ 上力 $\boldsymbol{F}$ 变

化不大，在 $\overgroup{M_{i-1}M_i}$ 上任取一点 (ξ_i,η_i)，从而变力 $\boldsymbol{F}(x,y)$ 在小弧段 $\overgroup{M_{i-1}M_i}$ 上所做的功就近似等于常力 $\boldsymbol{F}(\xi_i,\eta_i)$ 沿有向直线段 $\overrightarrow{M_{i-1}M_i}$ 所做的功，即

$$\Delta W_i \approx \boldsymbol{F}(\xi_i,\eta_i)\bullet\overrightarrow{M_{i-1}M_i} = P(\xi_i,\eta_i)\Delta x_i + Q(\xi_i,\eta_i)\Delta y_i$$

于是变力 $\boldsymbol{F}(x,y)$ 沿 L 所做的功

$$W = \sum_{i=1}^{n}\Delta W_i \approx \sum_{i=1}^{n}[P(\xi_i,\eta_i)\Delta x_i + Q(\xi_i,\eta_i)\Delta y_i]$$

把所有小弧段长度的最大值记作 λ，当 $\lambda \to 0$ 时，上式右端和式的极限就是所求的功，即

$$W = \lim_{\lambda\to 0}\sum_{i=1}^{n}[P(\xi_i,\eta_i)\Delta x_i + Q(\xi_i,\eta_i)\Delta y_i]$$

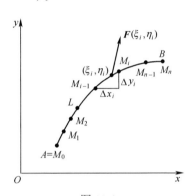

图 11-4

这类和式的极限在研究其他问题时也会遇到，我们将其抽象为下述定义：

定义　设 L 为 xOy 面上从点 A 到点 B 的光滑有向曲线弧，函数 $P(x,y)$、$Q(x,y)$ 在 L 上有界．在 L 上沿 L 的方向任意插入一点列 $M_1(x_1,y_1)$，$M_2(x_2,y_2),\cdots,M_{n-1}(x_{n-1},y_{n-1})$，把 L 分成 n 个有向小弧段 $\overgroup{M_{i-1}M_i}$（$i=1,2,\cdots,n$；$A=M_0,B=M_n$）．设 $\Delta x_i = x_i - x_{i-1}$，$\Delta y_i = y_i - y_{i-1}$，并记 λ 为所有小弧段长度的最大值．在小弧段 $\overgroup{M_{i-1}M_i}$ 上任取一点 (ξ_i,η_i)，若极限

$$\lim_{\lambda\to 0}\sum_{i=1}^{n}P(\xi_i,\eta_i)\Delta x_i$$

存在，且极限值与 L 的分法和点 (ξ_i,η_i) 的取法无关，则称此极限为函数 $P(x,y)$ 在有向曲线段 L 上对坐标 x 的曲线积分，记作 $\int_L P(x,y)\mathrm{d}x$．

类似地，若极限

$$\lim_{\lambda \to 0} \sum_{i=1}^{n} Q(\xi_i, \eta_i) \Delta y_i$$

存在，且极限值与 L 的分法和点 (ξ_i, η_i) 的取法无关，则称此极限为函数 $Q(x, y)$ 在有向曲线段 L 上对坐标 y 的曲线积分，记作 $\int_L Q(x, y)\mathrm{d}y$. 即

$$\int_L P(x, y)\mathrm{d}x = \lim_{\lambda \to 0} \sum_{i=1}^{n} P(\xi_i, \eta_i)\Delta x_i$$

$$\int_L Q(x, y)\mathrm{d}y = \lim_{\lambda \to 0} \sum_{i=1}^{n} Q(\xi_i, \eta_i)\Delta y_i$$

其中，$P(x, y)$、$Q(x, y)$ 称为**积函数**，L 称为**积分弧段**. 对坐标的曲线积分也叫作**第二类曲线积分**.

在本节第二部分中我们将看到，当 $P(x, y)$、$Q(x, y)$ 在有向光滑曲线弧 L 上连续时，对坐标的曲线积分 $\int_L P(x, y)\mathrm{d}x$ 和 $\int_L Q(x, y)\mathrm{d}y$ 都存在，以后我们总假定 $P(x, y)$、$Q(x, y)$ 在 L 上连续.

对坐标的曲线积分在应用时经常出现如下形式：

$$\int_L P(x, y)\mathrm{d}x + \int_L Q(x, y)\mathrm{d}y$$

也可简写成

$$\int_L P(x, y)\mathrm{d}x + Q(x, y)\mathrm{d}y$$

由定义可知，引例中变力所做的功可表示为

$$W = \int_L P(x, y)\mathrm{d}x + Q(x, y)\mathrm{d}y$$

假设 Γ 为空间中光滑的有向曲线弧，$P(x, y, z)$、$Q(x, y, z)$、$R(x, y, z)$ 为定义在 Γ 上的有界函数，则可按类似方法定义有向曲线弧 Γ 上对坐标的曲线积分，并记为

$$\int_\Gamma P(x, y, z)\mathrm{d}x + Q(x, y, z)\mathrm{d}y + R(x, y, z)\mathrm{d}z$$

根据定义，可以证明第二类曲线积分具有如下性质：

性质1 若有向曲线弧 L 可以分为两段光滑的有向曲线弧 L_1 和 L_2，则

$$\int_L P(x, y)\mathrm{d}x + Q(x, y)\mathrm{d}y = \int_{L_1} P(x, y)\mathrm{d}x + Q(x, y)\mathrm{d}y + \int_{L_2} P(x, y)\mathrm{d}x + Q(x, y)\mathrm{d}y$$

性质2 设 L^- 是与 L 方向相反的有向曲线弧，则

$$\int_{L^-} P(x, y)\mathrm{d}x + Q(x, y)\mathrm{d}y = -\int_L P(x, y)\mathrm{d}x + Q(x, y)\mathrm{d}y$$

注意，第二类曲线积分与曲线的方向有关，第一类曲线积分与曲线的方向无关，这是两类曲线积分的一个重要区别.

11.2.2 对坐标的曲线积分的计算

定理 设函数 $P(x,y)$、$Q(x,y)$ 在有向曲线弧 L 上有定义且连续，L 的参数方程为 $x=\varphi(t),\ y=\psi(t)$. 当参数 t 单调地由 α 变到 β 时，点 $M(x,y)$ 从 L 的起点 A 沿 L 运动到终点 B，若 $\varphi(t)$、$\psi(t)$ 在以 α 与 β 为端点的闭区间上具有一阶连续导数，且 $\varphi'^2(t)+\psi'^2(t)\neq 0$，则曲线积分 $\int_L P(x,y)\mathrm{d}x+Q(x,y)\mathrm{d}y$ 必存在，且有

$$\int_L P(x,y)\mathrm{d}x+Q(x,y)\mathrm{d}y = \int_\alpha^\beta \{P[\varphi(t),\psi(t)]\varphi'(t)+Q[\varphi(t),\psi(t)]\psi'(t)\}\mathrm{d}t. \tag{11-2}$$

这里必须注意，上式右端定积分的下限 α 对应于 L 的起点，上限 β 对应于 L 的终点，α 未必小于 β.

定理证明

如果曲线 L 的方程为 $y=\varphi(x)$，x 由 a 变到 b，则可以将其看作特殊的参数方程来处理，容易得到以下公式

$$\int_L P(x,y)\mathrm{d}x+Q(x,y)\mathrm{d}y = \int_a^b \{P[x,\varphi(x)]+Q[x,\varphi(x)]\varphi'(x)\}\mathrm{d}x$$

类似地，如果曲线 L 的方程为 $x=\psi(y)$，y 由 c 变到 d，则有

$$\int_L P(x,y)\mathrm{d}x+Q(x,y)\mathrm{d}y = \int_c^d \{P[\psi(y),y]\psi'(y)+Q[\psi(y),y]\}\mathrm{d}y$$

例 1 计算 $\int_L x\mathrm{d}y-y\mathrm{d}x$，其中 L 为：

（1）半径为 a，圆心为原点，按逆时针方向绕行的上半圆周，如图 11-5 所示；

（2）从点 $A(a,0)$ 至点 $B(-a,0)$ 的线段.

解 （1）取 L 的参数方程 $\begin{cases} x=a\cos\varphi \\ y=a\sin\varphi \end{cases}$，$\varphi$ 从 0 变到 π 进行计算，有

$$\int_L x\mathrm{d}y-y\mathrm{d}x = \int_0^\pi [a\cos\varphi\cdot a\cos\varphi-a\sin\varphi\cdot(-a\sin\varphi)]\mathrm{d}\varphi = \int_0^\pi a^2\mathrm{d}\varphi = \pi a^2$$

（2）L 是有向线段 $\overline{AB}$：$y=0$，x 从 a 变到 $-a$，所以

$$\int_{\overline{AB}} x\mathrm{d}y-y\mathrm{d}x = \int_a^{-a}(x\cdot 0-0)\mathrm{d}x = 0$$

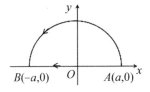

图 11-5

例2　计算 $\int_L x\mathrm{d}y + y\mathrm{d}x$，如图 11-6 所示，这里 L：

（1）沿抛物线 $y = 2x^2$ 从 $O(0,0)$ 到 $B(1,2)$；

（2）沿直线段 $\overrightarrow{OB}$：$y = 2x$；

（3）沿有向折线 OAB，其中点 $A(1,0)$.

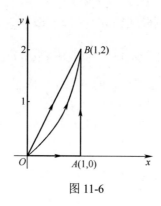

图 11-6

解　（1）沿抛物线 $y = 2x^2$ 从 O 到 B：

$$\int_L x\mathrm{d}y + y\mathrm{d}x = \int_0^1 \left[x(4x) + 2x^2 \right]\mathrm{d}x = 2$$

（2）沿直线段 $\overrightarrow{OB}$：

$$\int_L x\mathrm{d}y + y\mathrm{d}x = \int_0^1 [2x + 2x]\mathrm{d}x = 2$$

（3）直线段 $\overrightarrow{OA}$：$y = 0$，$x:0 \to 1$ 与 $\overrightarrow{AB}$：$x = 1$，$y:0 \to 2$ 分别积分再求和，有

$$\int_{OAB} x\mathrm{d}y + y\mathrm{d}x = \int_{\overrightarrow{OA}} x\mathrm{d}y + y\mathrm{d}x + \int_{\overrightarrow{AB}} x\mathrm{d}y + y\mathrm{d}x = 0 + 2 = 2$$

此例表明，虽然沿不同路径，但是曲线积分的值可以相等.

式（11-2）可推广到空间曲线，如果空间曲线 Γ 的参数方程为

$$x = \varphi(t)，\quad y = \psi(t)，\quad z = \omega(t)$$

则

$$\int_{\Gamma} P(x,y,z)\mathrm{d}x + Q(x,y,z)\mathrm{d}y + R(x,y,z)\mathrm{d}z$$

$$= \int_{\alpha}^{\beta} \{P[\varphi(t),\psi(t),\omega(t)]\varphi'(t) + Q[\varphi(t),\psi(t),\omega(t)]\psi'(t) + R[\varphi(t),\psi(t),\omega(t)]\omega'(t)\}\mathrm{d}t$$

这里下限 α 对应于 Γ 的起点，上限 β 对应于 Γ 的终点.

例3　计算 $\int_{\Gamma} xy\mathrm{d}x + (x+y)\mathrm{d}y + x^2\mathrm{d}z$，$\Gamma$ 是螺旋线：

$$x = a\cos t，\quad y = a\sin t，\quad z = bt \quad (a > 0)$$

上相应于 t 从 0 到 π 的一段弧.

解　$\int_{\Gamma} xy\mathrm{d}x + (x+y)\mathrm{d}y + x^2\mathrm{d}z$

$= \int_0^{\pi}(-a^3\cos t\sin^2 t + a^2\cos^2 t + a^2\sin t\cos t + a^2 b\cos^2 t)\mathrm{d}t$

$= \frac{1}{2}a^2(1+b)\pi$

11.2.3　两类曲线积分的联系

设有向光滑曲线弧 L 上任一点 (x,y) 处的单位切向量 $\boldsymbol{e}_\tau = (\cos\alpha)\boldsymbol{i} + (\cos\beta)\boldsymbol{j}$，$\boldsymbol{e}_\tau$ 的指向与有向曲线 L 的方向相一致，则有

$$\int_L P\mathrm{d}x + Q\mathrm{d}y = \int_L(P\cos\alpha + Q\cos\beta)\mathrm{d}s .$$

上式给出了两类曲线积分之间的联系.

类似地，空间曲线弧 Γ 上的两类曲线积分之间有如下关系式：

$$\int_\Gamma P\mathrm{d}x + Q\mathrm{d}y + R\mathrm{d}z = \int_\Gamma(P\cos\alpha + Q\cos\beta + R\cos\gamma)\mathrm{d}s$$

其中 $\cos\alpha$、$\cos\beta$、$\cos\gamma$ 为 Γ 上任一点 (x,y,z) 处的切向量的方向余弦.

习题 11.2

1. 计算下列对坐标的曲线积分：

（1）$\int_L(x^2 - y^2)\mathrm{d}x$，其中 L 是抛物线 $y = x^2$ 从点 $(0,0)$ 到点 $(2,4)$ 的一段弧；

（2）$\oint_L xy\mathrm{d}x$，其中 L 是圆周 $(x-a)^2 + y^2 = a^2$（$a > 0$）及 x 轴所围成的在第一象限内的区域的整个边界（按逆时针方向绕行）；

（3）$\int_L y\mathrm{d}x + x\mathrm{d}y$，其中 L 为圆周 $x = R\cos t$，$y = R\sin t$ 上对应 t 从 0 到 $\frac{\pi}{2}$ 的一段弧；

（4）$\oint_L \dfrac{(x+y)\mathrm{d}x - (x-y)\mathrm{d}y}{x^2+y^2}$，其中 L 为圆周 $x^2 + y^2 = a^2$（按逆时针方向绕行）；

（5）$\int_\Gamma y\mathrm{d}x + z\mathrm{d}y + x\mathrm{d}z$，其中 Γ 是螺线 $x = a\cos t$，$y = a\sin t$，$z = bt$ 上对应 t 从 0 到 2π 的一段弧；

（6）$\oint_\Gamma \mathrm{d}x - \mathrm{d}y + y\mathrm{d}z$，其中 Γ 为有向闭折线 $ABCA$，这里的 A、B、C 依次为点 $(1,0,0)$、$(0,1,0)$、$(0,0,1)$.

2. 设 z 轴与重力的方向一致，求质量为 m 的质点从位置 (x_1, y_1, z_1) 沿直线移动到 (x_2, y_2, z_2) 时重力所做的功.

11.3　格林公式及其应用

11.3.1　格林公式

先介绍平面单连通区域的概念. 设 D 为平面区域，如果 D 内任一闭曲线所围的部分都属于 D，则称 D 为**单连通区域**，否则称为**复连通区域**. 通俗地讲，平面单连通区域就是不含有"洞"（包含点"洞"）的区域，复连通区域是含有"洞"（包含点"洞"）的区域. 例如，平面上的圆形区域 $\{(x, y) \mid x^2 + y^2 < 4\}$、上半平面 $\{(x, y) \mid y > 0\}$ 都是单连通区域，圆环形区域 $\{(x, y) \mid 1 < x^2 + y^2 < 4\}$、$\{(x, y) \mid 0 < x^2 + y^2 < 1\}$ 都是复连通区域.

对于平面区域 D 的边界曲线 L，我们规定它的正向如下：当观察者沿 L 的这个方向行走时，D 内在他近处的部分总在他的左边. 例如，复连通区域 D（图 11-7）的边界曲线为 L_1 和 L_2，作为 D 的正向边界，L_1 的正向是逆时针方向，L_2 的正向是顺时针方向.

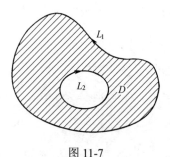

图 11-7

定理 1　设闭区域 D 由分段光滑的曲线 L 围成，函数 $P(x, y)$、$Q(x, y)$ 在 D 上具有一阶连续偏导数，则有

$$\iint\limits_{D} \left(\frac{\partial Q}{\partial x} - \frac{\partial P}{\partial y} \right) \mathrm{d}\sigma = \oint_{L} P\mathrm{d}x + Q\mathrm{d}y \tag{11-3}$$

其中 L 是 D 的正向边界曲线. 式（11-3）称为格林公式.

格林公式告诉我们，平面闭区域 D 上的二重积分可以通过沿 D 的正向边界曲线 L 上的第二类曲线积分来表达. 实际上，我们在计算闭曲线上的第二类曲线积分时，往往会利用格林公式将其转化为闭区域上的二重积分来求解.

特别注意的是，对于复连通区域 D，格林公式右端应包括沿区域 D 的全部边界的曲线积分，且边界的方向对区域 D 来说都是正向.

例 1　计算 $\oint_L (2x - y + 4)\mathrm{d}x + (5y + 3x - 6)\mathrm{d}y$，其中 L 是以点 $O(0,0)$、$A(1,1)$、$B(0,1)$ 为顶点的三角形正向边界，如图 11-8 所示.

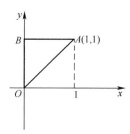

图 11-8

解　这里 $P(x,y) = 2x - y + 4$，$Q(x,y) = 5y + 3x - 6$，从而

$$\frac{\partial Q}{\partial x} - \frac{\partial P}{\partial y} = 3 - (-1) = 4$$

设 D 是以点 O、A、B 为顶点的三角形区域，则由格林公式得

$$\oint_L (2x - y + 4)\mathrm{d}x + (5y + 3x - 6)\mathrm{d}y = \iint_D 4\mathrm{d}x\mathrm{d}y = 2$$

例 2　计算 $\oint_L \dfrac{x\mathrm{d}y - y\mathrm{d}x}{x^2 + y^2}$，其中 L 为任一不包含原点的闭区域 D 的边界曲线，且 L 的方向为正向.

解　这里 $P(x,y) = -\dfrac{y}{x^2 + y^2}$，$Q(x,y) = \dfrac{x}{x^2 + y^2}$，于是 $\dfrac{\partial Q}{\partial x} = \dfrac{\partial P}{\partial y} = \dfrac{y^2 - x^2}{(x^2 + y^2)^2}$.

因为 $P(x,y)$、$Q(x,y)$ 在不包含原点的区域内具有一阶连续偏导数，则由格林公式得

$$\oint_L \frac{x\mathrm{d}y - y\mathrm{d}x}{x^2 + y^2} = \iint_D \left(\frac{\partial Q}{\partial x} - \frac{\partial P}{\partial y} \right)\mathrm{d}\sigma = \iint_D 0\mathrm{d}\sigma = 0$$

例 2 包含原点情况

例 3　计算 $\int_L (x^2 + 3y)\mathrm{d}x + (y^2 - x)\mathrm{d}y$，其中 L 为沿上半圆周 $y = \sqrt{4x - x^2}$ 从 $O(0,0)$ 到 $A(4,0)$ 的一段圆弧，如图 11-9 所示.

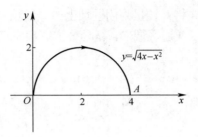

图 11-9

解 添加辅助线段 $\overrightarrow{AO}$：$y=0$，x 从 4 变到 0，与 L 围成平面闭区域 D，于是

$$\int_L (x^2+3y)\mathrm{d}x+(y^2-x)\mathrm{d}y$$

$$=\oint_{L\cup\overrightarrow{AO}}(x^2+3y)\,\mathrm{d}x+(y^2-x)\,\mathrm{d}y-\int_{\overrightarrow{AO}}(x^2+3y)\,\mathrm{d}x+(y^2-x)\mathrm{d}y$$

这里 $P(x,y)=x^2+3y$，$Q(x,y)=y^2-x$，利用格林公式得

$$\oint_{L\cup\overrightarrow{AO}}(x^2+3y)\,\mathrm{d}x+(y^2-x)\,\mathrm{d}y=-\iint_D -4\mathrm{d}x\mathrm{d}y=8\pi$$

而

$$\int_{\overrightarrow{AO}}(x^2+3y)\,\mathrm{d}x+(y^2-x)\mathrm{d}y=\int_4^0 x^2\,\mathrm{d}x=-\frac{64}{3}$$

所以

$$\int_L (x^2+3y)\,\mathrm{d}x+(y^2-x)\,\mathrm{d}y=8\pi+\frac{64}{3}$$

特别地，在格林公式中取 $P(x,y)=-y$，$Q(x,y)=x$，可得由闭曲线 L 围成的区域 D 的面积计算公式：

$$S_D=\frac{1}{2}\oint_L x\mathrm{d}y-y\mathrm{d}x$$

例 4 求椭圆 $x=a\cos\theta$，$y=b\sin\theta$ 所围成图形的面积 A.

解 根据上述面积公式有

$$A=\frac{1}{2}\oint_L x\mathrm{d}y-y\mathrm{d}x=\frac{1}{2}\int_0^{2\pi}(ab\cos^2\theta+ab\sin^2\theta)\mathrm{d}\theta$$

$$=\frac{1}{2}ab\int_0^{2\pi}\mathrm{d}\theta=\pi ab$$

11.3.2 平面上曲线积分与路径无关的条件

在力学中，经常需要研究作用于物体上的变力 F 所做的功是否与物体运动的路径无关的问题，这个问题在数学上就是要研究曲线积分与路径无关的条件. 为此，先要明确什么叫作曲线积分 $\int_L P\mathrm{d}x + Q\mathrm{d}y$ 与路径无关.

设 D 是一个区域，$P(x, y)$、$Q(x, y)$ 在区域 D 内具有一阶连续偏导数. 如果对于 D 内任意指定的两点 A、B 以及在 D 内从 A 到 B 的任意两条曲线 L_1、L_2（图 11-10），等式

$$\int_{L_1} P\mathrm{d}x + Q\mathrm{d}y = \int_{L_2} P\mathrm{d}x + Q\mathrm{d}y$$

恒成立，就称曲线积分 $\int_L P\mathrm{d}x + Q\mathrm{d}y$ 在区域 D 内与路径无关，否则就称与路径有关.

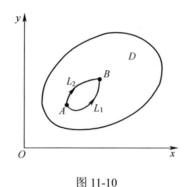

图 11-10

从以上叙述可知，如果曲线积分与路径无关，那么

$$\int_{L_1} P\mathrm{d}x + Q\mathrm{d}y = \int_{L_2} P\mathrm{d}x + Q\mathrm{d}y = -\int_{L_2^-} P\mathrm{d}x + Q\mathrm{d}y$$

所以有

$$\int_{L_1} P\mathrm{d}x + Q\mathrm{d}y + \int_{L_2^-} P\mathrm{d}x + Q\mathrm{d}y = 0$$

即

$$\oint_{L_1 + L_2^-} P\mathrm{d}x + Q\mathrm{d}y = 0$$

这里 $L_1 + L_2^-$ 是一条有向闭曲线. 因此，在区域 D 内由曲线积分与路径无关可以推得在 D 内沿任何闭曲线的曲线积分为零. 反过来，如果在区域 D 内沿任何闭曲线的曲线积分为零，也能推出在 D 内曲线积分与路径无关.

定理 2　设区域 D 为单连通区域，若函数 $P(x, y)$、$Q(x, y)$ 在 D 内具有一阶连续偏导数，则以下四个条件等价：

（1）沿 D 内任一闭曲线 L，有 $\oint_L P\mathrm{d}x + Q\mathrm{d}y = 0$；

（2）对于 D 内任一分段光滑的曲线 L，曲线积分 $\int_L P\mathrm{d}x + Q\mathrm{d}y$ 与路径无关，只与 L 的起点及终点有关；

（3） $P\mathrm{d}x+Q\mathrm{d}y$ 在 D 内是某一函数 $u(x,y)$ 的全微分，即 $\mathrm{d}u=P\mathrm{d}x+Q\mathrm{d}y$；

（4）在 D 内 $\dfrac{\partial P}{\partial y}=\dfrac{\partial Q}{\partial x}$ 恒成立.

在 11.2 节中例 2 中，所求曲线积分在三条不同路径下结果相同，正是因为满足条件 $\dfrac{\partial P}{\partial y}=\dfrac{\partial Q}{\partial x}$，从而推得曲线积分与路径无关.

如果能够根据定理推出曲线积分与路径无关，那么在计算时可选择方便的积分路径.

例5　利用曲线积分在整个平面内与路径无关求 $\displaystyle\int_{(1,1)}^{(2,3)}(x+y)\mathrm{d}x+(x-y)\mathrm{d}y$.

解　这里 $P(x,y)=x+y$，$Q(x,y)=x-y$，有 $\dfrac{\partial P}{\partial y}=\dfrac{\partial Q}{\partial x}=1$，故该曲线积分在整个平面内与路径无关. 为简便起见，可以选择平行于坐标轴的直线段连成的折线作为积分路径（图 11-11），则

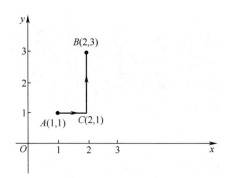

图 11-11

$$\int_{(1,1)}^{(2,3)}(x+y)\mathrm{d}x+(x-y)\mathrm{d}y=\int_1^2(x+1)\mathrm{d}x+\int_1^3(2-y)\mathrm{d}y$$

$$=\left[\frac{x^2}{2}+x\right]_1^2+\left[2y-\frac{y^2}{2}\right]_1^3=\frac{5}{2}$$

若 $P(x,y)$、$Q(x,y)$ 满足定理 2 的条件，则 $P\mathrm{d}x+Q\mathrm{d}y$ 一定是某个二元函数 $u(x,y)$ 的全微分. 由于曲线积分与路径无关，可通过积分

$$u(x,y)=\int_{(x_0,y_0)}^{(x,y)}P\mathrm{d}x+Q\mathrm{d}y$$

求出一个这样的二元函数，其中 (x_0,y_0) 是区域内的一个定点，(x,y) 是区域内的动点. 与一元函数的原函数相仿，我们称 $u(x,y)$ 为 $P\mathrm{d}x+Q\mathrm{d}y$ 的一个**原函数**.

例 6　应用曲线积分求 $(2x+\sin y)\mathrm{d}x + x\cos y\mathrm{d}y$ 的原函数.

解　令 $P(x,y)=2x+\sin y$，$Q(x,y)=x\cos y$，在整个平面上有连续的一阶偏导数，且 $\dfrac{\partial P}{\partial y}=\dfrac{\partial Q}{\partial x}=\cos y$，故曲线积分与路径无关. 取原点 $O(0,0)$ 为起点，$B(x,y)$ 为终点，取如图 11-12 所示的折线为积分路径，则有 $(2x+\sin y)\mathrm{d}x + x\cos y\mathrm{d}y$ 的原函数为

$$u(x,y)=\int_{(0,0)}^{(x,y)}(2x+\sin y)\mathrm{d}x + x\cos y\mathrm{d}y = \int_0^x 2t\mathrm{d}t + \int_0^y x\cos s\mathrm{d}s = x^2 + x\sin y$$

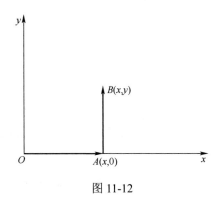

图 11-12

习题 11.3

1．计算下列曲线积分，并验证格林公式的正确性：

（1）$\oint_L (x^2 - xy^3)\mathrm{d}x + (y^2 - 2xy)\mathrm{d}y$，其中 L 是四个顶点分别为 $(0,0)$、$(2,0)$、$(2,2)$ 和 $(0,2)$ 的正方形区域的正向边界；

（2）$\oint_L (2xy - x^2)\mathrm{d}x + (x + y^2)\mathrm{d}y$，其中 L 是抛物线 $y=x^2$ 和 $y^2=x$ 所围成的区域的正向边界曲线.

2．利用曲线积分，求下列曲线所围成的图形的面积：

（1）星形线 $x = a\cos^3 t$，$y = a\sin^3 t$；

（2）圆 $x^2 + y^2 = 2ax$.

3．证明下列曲线积分在整个 xOy 面内与路径无关，并计算积分值：

（1）$\int_{(1,2)}^{(3,4)}(6xy^2 - y^3)\mathrm{d}x + (6x^2 y - 3xy^2)\mathrm{d}y$；

（2）$\int_{(1,0)}^{(2,1)}(2xy - y^4 + 3)\mathrm{d}x + (x^2 - 4xy^3)\mathrm{d}y$.

4．利用格林公式，计算下列曲线积分：

（1）$\oint_L x^2 y\mathrm{d}x - xy^2\mathrm{d}y$，其中 L 为正向圆周 $x^2 + y^2 = a^2$；

（2）$\int_L (x^2 - y)\mathrm{d}x - (x + \sin^2 y)\mathrm{d}y$，其中 L 是在圆周 $y = \sqrt{2x - x^2}$ 上由点 $(0,0)$ 到点 $(1,1)$ 的一段弧；

（3）$\int_L (2xy^3 - y^2\cos x)\mathrm{d}x + (1 - 2y\sin x + 3x^2 y^2)\mathrm{d}y$，其中 L 是抛物线 $2x = \pi y^2$ 上由点 $(0,0)$ 到点 $\left(\dfrac{\pi}{2}, 1\right)$ 的一段弧．

5．求下列全微分的原函数：

（1）$(x + 2y)\mathrm{d}x + (2x + y)\mathrm{d}y$；

（2）$2xy\mathrm{d}x + x^2\mathrm{d}y$；

（3）$4\sin x\sin 3y\cos x\mathrm{d}x - 3\cos 3y\cos 2x\mathrm{d}y$．

6．设有一变力在坐标轴上的投影为 $X = x^2 + y^2$，$Y = 2xy - 8$，这个变力确定了一个力场．证明质点在此场内移动时，场力所做的功与路径无关．

11.4　对面积的曲面积分

11.4.1　对面积的曲面积分的概念

在本章第一节引例中，如果把曲线改为曲面，线密度 $\mu(x,y)$ 改为面密度 $\mu(x,y,z)$，小段曲线的弧长 Δs_i 改为小块曲面的面积 ΔS_i，(ξ_i, η_i, ζ_i) 为第 i 个小曲面上任意取定的一点，λ 表示 n 小块曲面直径的最大值（曲面的直径是指曲面上任意两点间距离的最大者），那么在 $\mu(x,y,z)$ 连续的前提下，所求曲面的质量为

$$m = \lim_{\lambda \to 0} \sum_{i=1}^{n} \mu(\xi_i, \eta_i, \zeta_i)\Delta S_i$$

这类和式极限在研究其他问题中也会遇到，现将其抽象为以下概念．

定义　设 Σ 为光滑曲面，$f(x,y,z)$ 是定义在 Σ 上的有界函数．把 Σ 任意分成 n 个小曲面 ΔS_i $(i = 1,2,\cdots,n)$，ΔS_i 也表示第 i 个小曲面的面积，λ 为 n 个小曲面直径的最大值，在 ΔS_i 上任取一点 (ξ_i, η_i, ζ_i)，作乘积 $f(\xi_i, \eta_i, \zeta_i)\Delta S_i$．如果极限

$$\lim_{\lambda \to 0} \sum_{i=1}^{n} f(\xi_i, \eta_i, \zeta_i)\Delta S_i$$

总存在，且与曲面 Σ 的分法和点 (ξ_i,η_i,ζ_i) 的取法无关，则称此极限为 $f(x,y,z)$ 在 Σ 上对面积的曲面积分，也叫作**第一类曲面积分**，记作 $\iint\limits_{\Sigma} f(x,y,z)\mathrm{d}S$，即

$$\iint\limits_{\Sigma} f(x,y,z)\mathrm{d}S = \lim_{\lambda\to 0}\sum_{i=1}^{n} f(\xi_i,\eta_i,\zeta_i)\Delta S_i,$$

其中 $f(x,y,z)$ 称为**被积函数**，$\mathrm{d}S$ 称为**面积元素**，Σ 称为**积分曲面**．如果 Σ 为封闭曲面，那么 Σ 上对面积的曲面积分记为 $\oiint\limits_{\Sigma} f(x,y,z)\mathrm{d}S$．

我们指出，当 $f(x,y,z)$ 在光滑曲面 Σ 上连续时，对面积的曲面积分是存在的．今后总假定 $f(x,y,z)$ 在曲面 Σ 上连续．

根据上述定义，前面提到的曲面的质量可表示为 $m = \iint\limits_{\Sigma} \mu(x,y,z)\mathrm{d}S$．显然，当被积函数为常数 1 时，曲面积分 $\iint\limits_{\Sigma}\mathrm{d}S$ 就等于曲面 Σ 的面积．

如果 Σ 是分片光滑的（即 Σ 由有限片光滑曲面所组成），则规定函数在 Σ 上对面积的曲面积分等于函数在 Σ 的各片光滑曲面上对面积的曲面积分之和．

由对面积的曲面积分的定义可知，它具有与对弧长的曲线积分类似的性质，这里不再列出，读者可自行叙述．

11.4.2　对面积的曲面积分的计算

如果给定了积分曲面 Σ 的方程，那么对面积的曲面积分就可以化为二重积分来计算，具体方法如下：

设光滑曲面 Σ 的方程为 $z = z(x,y)$，Σ 在 xOy 面上的投影区域为 D_{xy}，函数 $f(x,y,z)$ 在 Σ 上连续，则

$$\iint\limits_{\Sigma} f(x,y,z)\mathrm{d}S = \iint\limits_{D_{xy}} f[x,y,z(x,y)]\sqrt{1+z_x^2+z_y^2}\,\mathrm{d}x\mathrm{d}y \tag{11-4}$$

如果积分曲面 Σ 由方程 $x = x(y,z)$ 或 $y = y(z,x)$ 给出，也可类似地把对面积的曲面积分化为相应的二重积分．

例 1　计算 $\iint\limits_{\Sigma}\dfrac{\mathrm{d}S}{z}$，其中 Σ 是球面 $x^2+y^2+z^2=a^2$ 被平面 $z=h$（$0<h<a$）所截的顶部，如图 11-13 所示．

解　曲面 Σ 的方程为 $z = \sqrt{a^2-x^2-y^2}$，Σ 在 xOy 面上的投影区域 D_{xy} 为圆形闭区域，即

$$D_{xy} = \left\{(x,y)\mid x^2 + y^2 \leqslant a^2 - h^2\right\}$$

又

$$\sqrt{1 + z_x^2 + z_y^2} = \frac{a}{\sqrt{a^2 - x^2 - y^2}}$$

根据式（11-4），有

$$\iint\limits_{\Sigma}\frac{\mathrm{d}S}{z} = \iint\limits_{D_{xy}}\frac{1}{\sqrt{a^2 - x^2 - y^2}}\cdot\frac{a}{\sqrt{a^2 - x^2 - y^2}}\mathrm{d}x\mathrm{d}y = \iint\limits_{D_{xy}}\frac{a}{a^2 - x^2 - y^2}\mathrm{d}x\mathrm{d}y$$

$$= \int_0^{2\pi}\mathrm{d}\theta\int_0^{\sqrt{a^2-h^2}}\frac{a}{a^2 - \rho^2}\rho\mathrm{d}\rho = 2a\pi\int_0^{\sqrt{a^2-h^2}}\frac{\rho}{a^2 - \rho^2}\mathrm{d}\rho$$

$$= -\pi a\ln(a^2 - \rho^2)\Big|_0^{\sqrt{a^2-h^2}} = 2\pi a\ln\frac{a}{h}$$

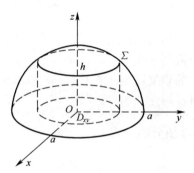

图 11-13

对面积的曲面积分也有与三重积分类似的对称性. 假设积分曲面 Σ 关于 yOz 面对称，则有如下性质：

（1）若 $f(x,y,z)$ 关于 x 为奇函数，则 $\iint\limits_{\Sigma}f(x,y,z)\mathrm{d}S = 0$；

（2）若 $f(x,y,z)$ 关于 x 为偶函数，则 $\iint\limits_{\Sigma}f(x,y,z)\mathrm{d}S = 2\iint\limits_{\Sigma_1}f(x,y,z)\mathrm{d}S$，其中 Σ_1 是 Σ 在 yOz 面前方的部分.

若 Σ 关于另外两个坐标平面对称，有类似的结论，这里不再给出.

例 2 计算 $\iint\limits_{\Sigma}\left[(x+y)^2 + z^2\right]\mathrm{d}S$，其中 Σ 是圆柱面 $x^2 + y^2 = R^2$ 介于 $0 \leqslant z \leqslant h$ 的部分.

解　原式 $= \iint\limits_{\Sigma}\left[x^2 + 2xy + y^2 + z^2\right]\mathrm{d}S = \iint\limits_{\Sigma}\left(x^2 + y^2\right)\mathrm{d}S + \iint\limits_{\Sigma}2xy\mathrm{d}S + \iint\limits_{\Sigma}z^2\mathrm{d}S$

其中，$\iint\limits_{\Sigma}(x^2 + y^2)\mathrm{d}S = \iint\limits_{\Sigma}R^2\mathrm{d}S = 2\pi R^3 h$（将 $x^2 + y^2 = R^2$ 直接代入）.

由于 Σ 关于 yOz 面对称，而 $2xy$ 关于 x 为奇函数，因此

$$\iint\limits_{\Sigma}2xy\mathrm{d}S = 0$$

由于 Σ 关于 yOz 面对称，而 z^2 关于 x 为偶函数，因此

$$\iint\limits_{\Sigma}z^2\mathrm{d}S = 2\iint\limits_{\Sigma_1}z^2\mathrm{d}S$$

其中 Σ_1 是 Σ 在 yOz 面前方的部分 $x = \sqrt{R^2 - y^2}$，在 yOz 面的投影区域为

$$D_{yz} = \{(y,z) \mid -R \leqslant y \leqslant R, 0 \leqslant z \leqslant h\}$$

于是得

$$\iint\limits_{\Sigma}z^2\mathrm{d}S = 2\iint\limits_{\Sigma_1}z^2\mathrm{d}S = 2\iint\limits_{D_{yz}}z^2\frac{R}{\sqrt{R^2 - y^2}}\mathrm{d}y\mathrm{d}z$$

$$= 2\int_0^h z^2\mathrm{d}z\int_{-R}^R \frac{R}{\sqrt{R^2 - y^2}}\mathrm{d}y = \frac{2}{3}\pi R h^3$$

因此，$\iint\limits_{\Sigma}\left[(x + y)^2 + z^2\right]\mathrm{d}S = 2\pi R^3 h + \frac{2}{3}\pi R h^3$.

习题 11.4

1．计算曲面积分 $\iint\limits_{\Sigma}f(x,y,z)\mathrm{d}S$，其中 Σ 是抛物面 $z = 2 - (x^2 + y^2)$ 在 xOy 面上方的部分，$f(x,y,z)$ 分别如下：

（1）$f(x,y,z) = 1$；　　（2）$f(x,y,z) = x^2 + y^2$；　　（3）$f(x,y,z) = 3z$.

2．计算下列对面积的曲面积分：

（1）$\iint\limits_{\Sigma}\left(z + 2x + \frac{4}{3}y\right)\mathrm{d}S$，其中 Σ 是平面 $\frac{x}{2} + \frac{y}{3} + \frac{z}{4} = 1$ 在第一卦限中的部分；

（2）$\oiint\limits_{\Sigma}(x^2 + y^2)\mathrm{d}S$，其中 Σ 为锥面 $z = \sqrt{x^2 + y^2}$ 及平面 $z = 1$ 所围成的区域的整个边界曲面；

（3）$\oiint\limits_{\Sigma}xyz\mathrm{d}S$，其中 Σ 是由平面 $x = 0$，$y = 0$，$z = 0$ 及 $x + y + z = 1$ 所围成

的四面体的整个边界曲面；

（4）$\iint\limits_{\Sigma}(x+y+z)\mathrm{d}S$，其中 Σ 为球面 $x^2+y^2+z^2=a^2$ 上 $z\geqslant h$ （$0<h<a$）

的部分．

3．求抛物面壳 $z=\dfrac{1}{2}(x^2+y^2)$ （$0\leqslant z\leqslant1$）的质量，此壳的面密度为 $\mu=z$．

11.5　对坐标的曲面积分

11.5.1　对坐标的曲面积分的概念与性质

由于对坐标的曲面积分的实际背景涉及流体经过曲面流向指定一侧的流量，故积分时需要指定积分曲面的侧．现在我们阐明曲面的侧的概念，总假定曲面是光滑的．

我们通常遇到的曲面都是双侧曲面，可以通过曲面上法向量的指向来定出曲面的侧．

由 $z=z(x,y)$ 所表示的曲面有上侧和下侧之分，当曲面上各点处的法向量与 z 轴正向夹角 γ 成锐角时，称曲面取上侧；反之称曲面取下侧．

由 $x=x(y,z)$ 所表示的曲面有前侧和后侧之分，当曲面上各点处的法向量与 x 轴正向夹角 α 成锐角时，称曲面取前侧；反之称曲面取后侧．

由 $y=y(z,x)$ 所表示的曲面有左侧和右侧之分，当曲面上各点处的法向量与 y 轴正向夹角 β 成锐角时，称曲面取右侧；反之称曲面取左侧．

当 Σ 为封闭曲面时，有外侧和内侧之分，也可以通过曲面上法向量的指向来确定．

取定了侧的曲面即指定了法向量指向的曲面称为有向曲面．

设 Σ 是有向曲面．在 Σ 上取一小块曲面 ΔS，把 ΔS 投影到 xOy 面上得一投影区域，把这块投影区域的面积记为 $(\Delta\sigma)_{xy}$．假设 ΔS 上各点处的法向量与 z 轴的夹角 γ 的余弦 $\cos\gamma$ 有相同的符号（即 $\cos\gamma$ 都是正的或都是负的）．我们规定 ΔS 在 xOy 面上的投影 $(\Delta S)_{xy}$ 为

$$(\Delta S)_{xy}=\begin{cases}(\Delta\sigma)_{xy}, & \cos\gamma>0 \\ -(\Delta\sigma)_{xy}, & \cos\gamma<0 \\ 0, & \cos\gamma\equiv0\end{cases}$$

其中 $\cos\gamma\equiv0$ 也就是 $(\Delta\sigma)_{xy}=0$ 的情形．类似地，也可以定义 ΔS 在 yOz 面及 zOx

面上的投影 $(\Delta S)_{yz}$ 及 $(\Delta S)_{zx}$.

下面讨论一个例子，然后引入对坐标的曲面积分的定义.

流向曲面一侧的流量：设 Σ 是一片有向曲面，某不可压缩流体（假设密度为 1）以流速

$$v = (P(x,y,z), Q(x,y,z), R(x,y,z))$$

流过曲面 Σ（图 11-14），其中 P、Q、R 为 Σ 上的连续函数，求单位时间内流向曲面 Σ 指定侧的流量 Φ.

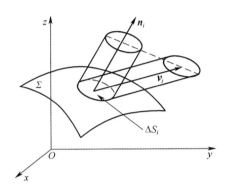

图 11-14

把 Σ 任意分成 n 个小曲面 ΔS_i（同时表示该小曲面面积）（$i = 1, 2, \cdots, n$），在 ΔS_i 上任取一点 (ξ_i, η_i, ζ_i)，该点处的速度向量为 $v_i = (P(\xi_i, \eta_i, \zeta_i), Q(\xi_i, \eta_i, \zeta_i), R(\xi_i, \eta_i, \zeta_i))$，曲面在该点处的单位法向量记为 $\boldsymbol{n}_i = (\cos\alpha_i, \cos\beta_i, \cos\gamma_i)$. 得单位时间内流经小曲面 ΔS_i 的流量的近似值为

$$\boldsymbol{v}_i \cdot \boldsymbol{n}_i \Delta S_i = \left[P(\xi_i, \eta_i, \zeta_i)\cos\alpha_i + Q(\xi_i, \eta_i, \zeta_i)\cos\beta_i + R(\xi_i, \eta_i, \zeta_i)\cos\gamma_i \right] \Delta S_i$$

又已知 $\cos\alpha_i \Delta S_i$、$\cos\beta_i \Delta S_i$、$\cos\gamma_i \Delta S_i$ 分别是 ΔS_i 在坐标面 yOz、zOx 和 xOy 上的投影，分别记为 $(\Delta S_i)_{yz}$、$(\Delta S_i)_{zx}$、$(\Delta S_i)_{xy}$. 于是单位时间内流过小曲面 ΔS_i 的流量的近似值表示为

$$P(\xi_i, \eta_i, \zeta_i)(\Delta S_i)_{yz} + Q(\xi_i, \eta_i, \zeta_i)(\Delta S_i)_{zx} + R(\xi_i, \eta_i, \zeta_i)(\Delta S_i)_{xy}$$

故单位时间流过曲面 Σ 的总流量为

$$\Phi = \lim_{\lambda \to 0} \sum_{i=1}^{n} \left[P(\xi_i, \eta_i, \zeta_i)(\Delta S_i)_{yz} + Q(\xi_i, \eta_i, \zeta_i)(\Delta S_i)_{zx} + R(\xi_i, \eta_i, \zeta_i)(\Delta S_i)_{xy} \right]$$

其中 $\lambda = \max\limits_{1 \leqslant i \leqslant n} \{\Delta S_i \text{的直径}\}$.

由于这类和式极限在研究其他问题时也会遇到，因此我们将其抽象为如下定义.

定义　设 Σ 为光滑的有向曲面，函数 $R(x,y,z)$ 在 Σ 上有界. 把曲面 Σ 任意分成 n 个小曲面 ΔS_i（$i=1,2,\cdots,n$），ΔS_i 也表示第 i 个小曲面的面积，ΔS_i 在 xOy 面上的投影为 $(\Delta S_i)_{xy}$，在 ΔS_i 上任取一点 (ξ_i,η_i,ζ_i)，如果当 n 个小曲面直径的最大值 $\lambda \to 0$ 时，极限

$$\lim_{\lambda \to 0}\sum_{i=1}^{n}R(\xi_i,\eta_i,\zeta_i)(\Delta S_i)_{xy}$$

总存在，且与曲面 Σ 的分法和点 (ξ_i,η_i,ζ_i) 的取法无关，则称此极限为函数 $R(x,y,z)$ 在有向曲面 Σ 上对坐标 x、y 的曲面积分，记作 $\iint\limits_{\Sigma}R(x,y,z)\mathrm{d}x\mathrm{d}y$，即

$$\iint\limits_{\Sigma}R(x,y,z)\mathrm{d}x\mathrm{d}y=\lim_{\lambda \to 0}\sum_{i=1}^{n}R(\xi_i,\eta_i,\zeta_i)(\Delta \sigma_i)_{xy}$$

其中，$R(x,y,z)$ 称为**被积函数**，Σ 称为**（有向）积分曲面**.

类似地，可以定义函数 $P(x,y,z)$ 在 Σ 上对坐标 y,z 的曲面积分 $\iint\limits_{\Sigma}P(x,y,z)\mathrm{d}y\mathrm{d}z$，以及函数 $Q(x,y,z)$ 在 Σ 上对坐标 z,x 的曲面积分 $\iint\limits_{\Sigma}Q(x,y,z)\mathrm{d}z\mathrm{d}x$，分别为

$$\iint\limits_{\Sigma}P(x,y,z)\mathrm{d}y\mathrm{d}z=\lim_{\lambda \to 0}\sum_{i=1}^{n}P(\xi_i,\eta_i,\zeta_i)(\Delta \sigma_i)_{yz}$$

$$\iint\limits_{\Sigma}Q(x,y,z)\mathrm{d}z\mathrm{d}x=\lim_{\lambda \to 0}\sum_{i=1}^{n}Q(\xi_i,\eta_i,\zeta_i)(\Delta \sigma_i)_{zx}$$

以上三个对坐标的曲面积分也称为**第二类曲面积分**.

我们需要指出，当 $P(x,y,z)$、$Q(x,y,z)$、$R(x,y,z)$ 在有向光滑曲面 Σ 上连续时，对坐标的曲面积分必存在，以后总假定 P,Q,R 在 Σ 上连续.

在应用上出现较多的是以上三种积分合并起来的形式：

$$\iint\limits_{\Sigma}P(x,y,z)\mathrm{d}y\mathrm{d}z+\iint\limits_{\Sigma}Q(x,y,z)\mathrm{d}z\mathrm{d}x+\iint\limits_{\Sigma}R(x,y,z)\mathrm{d}x\mathrm{d}y$$

为简便起见，我们将其简写成

$$\iint\limits_{\Sigma}P(x,y,z)\mathrm{d}y\mathrm{d}z+Q(x,y,z)\mathrm{d}z\mathrm{d}x+R(x,y,z)\mathrm{d}x\mathrm{d}y$$

根据定义，上述流向曲面 Σ 指定侧的流量 Φ 可表示为

$$\Phi=\iint\limits_{\Sigma}P(x,y,z)\mathrm{d}y\mathrm{d}z+Q(x,y,z)\mathrm{d}z\mathrm{d}x+R(x,y,z)\mathrm{d}x\mathrm{d}y$$

与对坐标的曲线积分类似，对坐标的曲面积分也有如下一些性质.

性质 1　设 Σ 为有向曲面，若 $\iint\limits_{\Sigma} R_1(x,y,z)\mathrm{d}x\mathrm{d}y$，$\iint\limits_{\Sigma} R_2(x,y,z)\mathrm{d}x\mathrm{d}y$ 都存在，则对于 $\forall \alpha,\beta \in \mathbf{R}$，有

$$\iint\limits_{\Sigma}[\alpha R_1(x,y,z)+\beta R_2(x,y,z)]\mathrm{d}x\mathrm{d}y = \alpha\iint\limits_{\Sigma} R_1(x,y,z)\mathrm{d}x\mathrm{d}y + \beta\iint\limits_{\Sigma} R_2(x,y,z)\mathrm{d}x\mathrm{d}y$$

性质 2　若有向曲面 $\Sigma = \Sigma_1 \bigcup \Sigma_2$，则有

$$\iint\limits_{\Sigma} R(x,y,z)\mathrm{d}x\mathrm{d}y = \iint\limits_{\Sigma_1} R(x,y,z)\mathrm{d}x\mathrm{d}y + \iint\limits_{\Sigma_2} R(x,y,z)\mathrm{d}x\mathrm{d}y$$

性质 3　设 Σ^- 表示与 Σ 取相反侧的有向曲面，则

$$\iint\limits_{\Sigma^-} R(x,y,z)\mathrm{d}x\mathrm{d}y = -\iint\limits_{\Sigma} R(x,y,z)\mathrm{d}x\mathrm{d}y$$

以上仅给出对坐标 x、y 的曲面积分的性质，其他类型对坐标的曲面积分有类似性质.

11.5.2　对坐标的曲面积分的计算

对坐标的曲面积分也可以化为二重积分来计算.

定理　设函数 $R(x,y,z)$ 是定义在光滑曲面 Σ 上的连续函数，Σ 的方程为 $z = z(x,y)$，Σ 在 xOy 面上的投影区域为 D_{xy}，则

$$\iint\limits_{\Sigma} R(x,y,z)\mathrm{d}x\mathrm{d}y = \pm\iint\limits_{D_{xy}} R[x,y,z(x,y)]\mathrm{d}x\mathrm{d}y$$

等式右端的符号这样决定：当 Σ 取上侧时，应取正号；当 Σ 取下侧时，应取负号.

类似地，如果曲面 Σ 由方程 $x = x(y,z)$ 给出，则有

$$\iint\limits_{\Sigma} P(x,y,z)\mathrm{d}y\mathrm{d}z = \pm\iint\limits_{D_{yz}} P[x(y,z),y,z]\mathrm{d}y\mathrm{d}z$$

当 Σ 取前侧时，等式右端取正号；当 Σ 取后侧时，等式右端取负号.

类似地，如果曲面 Σ 由方程 $y = y(z,x)$ 给出，则有

$$\iint\limits_{\Sigma} Q(x,y,z)\mathrm{d}z\mathrm{d}x = \pm\iint\limits_{D_{zx}} Q[x,y(z,x),z]\mathrm{d}z\mathrm{d}x$$

当 Σ 取右侧时，等式右端取正号；当 Σ 取左侧时，等式右端取负号.

例 1　计算曲面积分 $\iint\limits_{\Sigma} xyz\mathrm{d}x\mathrm{d}y$，其中 Σ 是球面 $x^2 + y^2 + z^2 = 1$ 的外侧在 $x \geqslant 0$，$y \geqslant 0$，$z \geqslant 0$ 的部分.

解　如图 11-15 所示，Σ 的方程为 $z = \sqrt{1-x^2-y^2}$，取上侧，即

$$D_{xy} = \{(x,y) \mid x^2 + y^2 \leqslant 1, x \geqslant 0, y \geqslant 0\}$$

则

$$\iint\limits_{\Sigma} xyz\mathrm{d}x\mathrm{d}y = \iint\limits_{D_{xy}} xy\sqrt{1-x^2-y^2}\mathrm{d}x\mathrm{d}y = \int_0^{\frac{\pi}{2}}\mathrm{d}\theta\int_0^1 \rho^3\cos\theta\sin\theta\sqrt{1-\rho^2}\mathrm{d}\rho = \frac{1}{15}$$

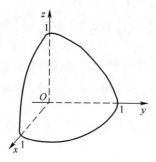

图 11-15

例 2　计算 $\displaystyle\oiint\limits_{\Sigma}(x+1)\mathrm{d}y\mathrm{d}z + y\mathrm{d}z\mathrm{d}x + \mathrm{d}x\mathrm{d}y$，其中 Σ 是由平面 $x+y+z=1$ 及三个坐标平面所围四面体的外侧.

解　如图 11-16 所示，Σ 由以下四部分组成：

Σ_1：$z=0$（$x+y\leqslant 1$，$x\geqslant 0$，$y\geqslant 0$），取下侧；

Σ_2：$y=0$（$x+z\leqslant 1$，$x\geqslant 0$，$z\geqslant 0$），取左侧；

Σ_3：$x=0$（$y+z\leqslant 1$，$y\geqslant 0$，$z\geqslant 0$），取后侧；

Σ_4：$x+y+z=1$（$x\geqslant 0$，$y\geqslant 0$，$z\geqslant 0$），取上侧.

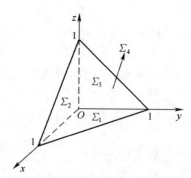

图 11-16

显然，在 Σ_1 上，$z=0$，$\mathrm{d}y\mathrm{d}z=0$，$\mathrm{d}z\mathrm{d}x=0$；在 Σ_2 上，$y=0$，$\mathrm{d}y\mathrm{d}z=0$，$\mathrm{d}x\mathrm{d}y=0$；在 Σ_3 上，$x=0$，$\mathrm{d}z\mathrm{d}x=0$，$\mathrm{d}x\mathrm{d}y=0$.

所以

$$\iint\limits_{\Sigma}(x+1)\mathrm{d}y\mathrm{d}z + y\mathrm{d}z\mathrm{d}x + \mathrm{d}x\mathrm{d}y$$

$$= \iint\limits_{\Sigma_1}\mathrm{d}x\mathrm{d}y + \iint\limits_{\Sigma_2} y\mathrm{d}z\mathrm{d}x + \iint\limits_{\Sigma_3}(x+1)\mathrm{d}y\mathrm{d}z + \iint\limits_{\Sigma_4}(x+1)\mathrm{d}y\mathrm{d}z + y\mathrm{d}z\mathrm{d}x + \mathrm{d}x\mathrm{d}y$$

$$= -\iint\limits_{D_{xy}}\mathrm{d}x\mathrm{d}y - \iint\limits_{D_{zx}}0\mathrm{d}z\mathrm{d}x - \iint\limits_{D_{yz}}(0+1)\mathrm{d}y\mathrm{d}z$$

$$+ \iint\limits_{D_{yz}}(1-y-z+1)\mathrm{d}y\mathrm{d}z - \iint\limits_{D_{zx}}(1-x-z)\mathrm{d}z\mathrm{d}x + \iint\limits_{D_{xy}}\mathrm{d}x\mathrm{d}y$$

$$= -\frac{1}{2} - 0 - \frac{1}{2} + \int_0^1\mathrm{d}y\int_0^{1-y}(2-y-z)\mathrm{d}z + \int_0^1\mathrm{d}x\int_0^{1-x}(1-x-z)\mathrm{d}z + \frac{1}{2}$$

$$= -\frac{1}{2} + \int_0^1\left(\frac{1}{2}y^2 - 2y + \frac{3}{2}\right)\mathrm{d}y + \frac{1}{2}\int_0^1(1-x)^2\mathrm{d}x = \frac{1}{3}$$

下面我们给出两类曲面积分之间的联系.

设 Σ 是有向光滑曲面, 其上任一点 (x,y,z) 处的法向量的方向余弦为 $\cos\alpha$、$\cos\beta$、$\cos\gamma$, 函数 $P(x,y,z)$、$Q(x,y,z)$、$R(x,y,z)$ 在曲面 Σ 上连续, 则有

$$\iint\limits_{\Sigma}P\mathrm{d}y\mathrm{d}z + Q\mathrm{d}z\mathrm{d}x + R\mathrm{d}x\mathrm{d}y = \iint\limits_{\Sigma}(P\cos\alpha + Q\cos\beta + R\cos\gamma)\mathrm{d}S$$

习题 11.5

计算下列对坐标的曲面积分:

(1) $\iint\limits_{\Sigma}x^2\mathrm{d}y\mathrm{d}z + y^2\mathrm{d}z\mathrm{d}x + z^2\mathrm{d}x\mathrm{d}y$, 其中 Σ 是长方体 Ω 的整个表面的外侧, $\Omega = \{(x,y,z)\,|\,0\leqslant x\leqslant a, 0\leqslant y\leqslant b, 0\leqslant z\leqslant c\}$;

(2) $\iint\limits_{\Sigma}x^2y^2z\mathrm{d}x\mathrm{d}y$, 其中 Σ 是球面 $x^2+y^2+z^2=R^2$ 的下半部分的下侧;

(3) $\oiint\limits_{\Sigma}xz\mathrm{d}x\mathrm{d}y + xy\mathrm{d}y\mathrm{d}z + yz\mathrm{d}z\mathrm{d}x$, 其中 Σ 是由平面 $x=0$, $y=0$, $z=0$ 和 $x+y+z=1$ 所围的四面体的整个边界曲面的外侧;

(4) $\iint\limits_{\Sigma}z\mathrm{d}x\mathrm{d}y + x\mathrm{d}y\mathrm{d}z + y\mathrm{d}z\mathrm{d}x$, 其中 Σ 是柱面 $x^2+y^2=1$ 被平面 $z=0$ 及 $z=3$ 所截得的在第一卦限内的部分的前侧.

11.6　高斯公式与斯托克斯公式

11.6.1　高斯公式

格林公式表达了平面闭区域上的二重积分与其边界曲线上的曲线积分之间的关系，而高斯公式表达了空间闭区域上的三重积分与其边界曲面上的曲面积分之间的关系，可陈述如下．

定理 1　设空间闭区域 Ω 由分片光滑的闭曲面 Σ 围成，若函数 $P(x,y,z)$、$Q(x,y,z)$、$R(x,y,z)$ 在 Ω 上具有一阶连续偏导数，则有

$$\iiint\limits_{\Omega}\left(\frac{\partial P}{\partial x}+\frac{\partial Q}{\partial y}+\frac{\partial R}{\partial z}\right)\mathrm{d}v = \oiint\limits_{\Sigma}P\mathrm{d}y\mathrm{d}z + Q\mathrm{d}z\mathrm{d}x + R\mathrm{d}x\mathrm{d}y$$

或

$$\iiint\limits_{\Omega}\left(\frac{\partial P}{\partial x}+\frac{\partial Q}{\partial y}+\frac{\partial R}{\partial z}\right)\mathrm{d}v = \oiint\limits_{\Sigma}(P\cos\alpha + Q\cos\beta + R\cos\gamma)\mathrm{d}S$$

其中 Σ 是 Ω 的整个边界曲面的外侧，$\cos\alpha$、$\cos\beta$、$\cos\gamma$ 是 Σ 在点 (x,y,z) 处的法向量的方向余弦．上述公式称为**高斯公式**．

在高斯公式中，如果令 $P(x,y,z)=x$，$Q(x,y,z)=y$，$R(x,y,z)=z$，则有

$$\iiint\limits_{\Omega}(1+1+1)\mathrm{d}x\mathrm{d}y\mathrm{d}z = \oiint\limits_{\Sigma}x\mathrm{d}y\mathrm{d}z + y\mathrm{d}z\mathrm{d}x + z\mathrm{d}x\mathrm{d}y$$

于是可得应用第二类曲面积分计算空间闭区域 Ω 的体积公式：

$$V = \frac{1}{3}\oiint\limits_{\Sigma}x\mathrm{d}y\mathrm{d}z + y\mathrm{d}z\mathrm{d}x + z\mathrm{d}x\mathrm{d}y$$

例 1　计算 $\oiint\limits_{\Sigma}y(x-z)\mathrm{d}y\mathrm{d}z + x^2\mathrm{d}z\mathrm{d}x + (y^2+xz)\mathrm{d}x\mathrm{d}y$，其中 Σ 是边长为 a 的正方体（$0\leqslant x\leqslant a$，$0\leqslant y\leqslant a$，$0\leqslant z\leqslant a$）的外侧表面．

解　这里 $P=y(x-z)$，$Q=x^2$，$R=y^2+xz$，有

$$\frac{\partial P}{\partial x}=y,\frac{\partial Q}{\partial y}=0,\frac{\partial R}{\partial z}=x$$

应用高斯公式，把所求对坐标的曲面积分化为三重积分：

$$\oiint\limits_{\Sigma} y(x-z)\mathrm{d}y\mathrm{d}z + x^2\mathrm{d}z\mathrm{d}x + (y^2+xz)\mathrm{d}x\mathrm{d}y$$

$$= \iiint\limits_{\Omega}\left(\frac{\partial P}{\partial x}+\frac{\partial Q}{\partial y}+\frac{\partial R}{\partial z}\right)\mathrm{d}v$$

$$= \iiint\limits_{\Omega}(y+x)\mathrm{d}v = \int_0^a \mathrm{d}z\int_0^a \mathrm{d}y\int_0^a (y+x)\mathrm{d}x$$

$$= a\int_0^a\left(ay+\frac{1}{2}a^2\right)\mathrm{d}y = a^4$$

例 2　利用高斯公式计算例 11.5 节的例 2.

解　如图 11-16 所示，Ω 是由三个坐标面与平面 $x+y+z=1$ 所围成的四面体，这里有 $P=x+1$，$Q=y$，$R=1$，由高斯公式得

$$\oiint\limits_{\Sigma}(x+1)\mathrm{d}y\mathrm{d}z + y\mathrm{d}z\mathrm{d}x + \mathrm{d}x\mathrm{d}y$$

$$= \iiint\limits_{\Omega}\left(\frac{\partial P}{\partial x}+\frac{\partial Q}{\partial y}+\frac{\partial R}{\partial z}\right)\mathrm{d}x\mathrm{d}y\mathrm{d}z = \iiint\limits_{\Omega}2\mathrm{d}x\mathrm{d}y\mathrm{d}z = 2\times\frac{1}{6} = \frac{1}{3}$$

11.6.2　斯托克斯公式

斯托克斯公式是格林公式的推广．格林公式表达了平面闭区域上的二重积分与其边界曲线上的曲线积分间的关系，而斯托克斯公式把曲面 Σ 上的曲面积分与沿着 Σ 的边界曲线的曲线积分联系起来．

首先对有向曲面 Σ 的侧与其边界曲线 Γ 的方向作如下的规定：设有人站在 Σ 指定的一侧，若沿 Γ 行走时，邻近处的 Σ 总在他的左方，则称人前进的方向为边界曲线 Γ 的正向．这个规定也称为右手法则，如图 11-17 所示．

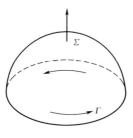

图 11-17

定理 2　设 Σ 是光滑或分片光滑的有向曲面，Σ 的正向边界 Γ 是光滑或分段光滑的有向闭曲线．若函数 $P(x,y,z)$、$Q(x,y,z)$、$R(x,y,z)$ 在曲面 Σ（连同边界

Γ）上有一阶连续偏导数，则有

$$\iint\limits_{\Sigma}\left(\frac{\partial R}{\partial y}-\frac{\partial Q}{\partial z}\right)dydz+\left(\frac{\partial P}{\partial z}-\frac{\partial R}{\partial x}\right)dzdx+\left(\frac{\partial Q}{\partial x}-\frac{\partial P}{\partial y}\right)dxdy=\oint_{\Gamma}Pdx+Qdy+Rdz$$

（11-5）

上述公式称为**斯托克斯公式**.

为了便于记忆，利用行列式记号可以把斯托克斯公式（11-5）写成如下形式：

$$\iint\limits_{\Sigma}\begin{vmatrix} dydz & dzdx & dxdy \\ \dfrac{\partial}{\partial x} & \dfrac{\partial}{\partial y} & \dfrac{\partial}{\partial z} \\ P & Q & R \end{vmatrix}=\oint_{\Gamma}Pdx+Qdy+Rdz$$

把其中的行列式按第一行展开，并把 $\dfrac{\partial}{\partial y}$ 与 R 的"积"理解为 $\dfrac{\partial R}{\partial y}$，$\dfrac{\partial}{\partial z}$ 与 Q 的 "积"理解为 $\dfrac{\partial Q}{\partial z}$，依此类推.

例 3　计算 $\oint_{\Gamma}(2y+z)dx+(x-z)dy+(y-x)dz$，其中 Γ 为平面 $x+y+z=1$ 与各坐标面的交线，沿逆时针方向，如图 11-18 所示.

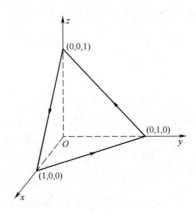

图 11-18

解　Γ 的方向与其围成的平面三角形 Σ 的上侧符合右手法则，应用斯托克斯公式，有

$$\oint_{\Gamma}(2y+z)dx+(x-z)dy+(y-x)dz$$

$$=\iint\limits_{\Sigma}(1+1)dydz+(1+1)dzdx+(1-2)dxdy=\iint\limits_{\Sigma}2dydz+2dzdx-dxdy$$

$$= 2\iint\limits_{D_{yz}} \mathrm{d}\sigma + 2\iint\limits_{D_{zx}} \mathrm{d}\sigma - \iint\limits_{D_{xy}} \mathrm{d}\sigma = 1 + 1 - \frac{1}{2} = \frac{3}{2}$$

习题 11.6

1．应用高斯公式计算下列曲面积分：

（1）$\oiint\limits_{\Sigma} x^2 \mathrm{d}y\mathrm{d}z + y^2 \mathrm{d}z\mathrm{d}x + z^2 \mathrm{d}x\mathrm{d}y$，其中 Σ 是由三个坐标平面与平面 $x = a$, $y = a$, $z = a$ 所围成的立体表面的外侧；

（2）$\oiint\limits_{\Sigma} x\mathrm{d}y\mathrm{d}z + y\mathrm{d}z\mathrm{d}x + z\mathrm{d}x\mathrm{d}y$，其中 Σ 是界于 $z = 0$ 和 $z = 3$ 之间的圆柱体 $x^2 + y^2 \leqslant 9$ 的整个表面的外侧；

（3）$\oiint\limits_{\Sigma} 2xy\mathrm{d}y\mathrm{d}z + yz\mathrm{d}z\mathrm{d}x - z^2\mathrm{d}x\mathrm{d}y$，其中 Σ 是由锥面 $z = \sqrt{x^2 + y^2}$ 与半球面 $z = \sqrt{2 - x^2 - y^2}$ 所围成的区域的边界曲面的外侧.

2．应用斯托克斯公式计算下列曲线积分：

（1）$\oint_{\Gamma} xy\mathrm{d}x + yz\mathrm{d}y + zx\mathrm{d}z$，其中 Γ 是以点 $(1,0,0)$、$(0,3,0)$、$(0,0,3)$ 为顶点的三角形的边界，从 z 轴的正向看去，Γ 取逆时针方向；

（2）$\oint_{\Gamma} 2y\mathrm{d}x + 3x\mathrm{d}y - z^2\mathrm{d}z$，其中 Γ 是圆周 $x^2 + y^2 + z^2 = 9$，$z = 0$，若从 z 轴正向看去，此圆周取逆时针方向.

第 12 章　无穷级数

无穷级数是高等数学的重要组成部分，其主要研究有次序的可数或者无穷个函数的和的收敛性及和的数值方法，它是函数表示、函数性质研究以及进行数值计算的一种工具．本章主要介绍常数项级数和函数项级数．

12.1　常数项级数的概念和性质

12.1.1　常数项级数的概念

由初等数学知，有限个实数 $u_1, u_2, \cdots, u_n$ 相加一定是一个实数，但是无限个实数相加又会出现什么样的情形？例如以《庄子·天下篇》中所说"一尺之棰，日取其半，万世不竭"为实例，将每天截下的部分记为

$$u_1 = \frac{1}{2}, u_2 = \frac{1}{2^2}, \cdots, u_n = \frac{1}{2^n}, \cdots$$

然后把它们都加起来，即 $u_1 + u_2 + \cdots + u_n + \cdots$，从直观上看，这个和等于 1. 再如下面的实例

$$1 + (-1) + 1 + (-1) + \cdots$$

我们可以写成如下的形式：

$$(1-1) + (1-1) + (1-1) + \cdots = 0 + 0 + 0 + \cdots$$

其结果无疑是 0，若写成如下形式

$$1 + [(-1)+1] + [(-1)+1] + [(-1)+1] + \cdots = 1 + 0 + 0 + \cdots$$

其结果为 1. 显然两个结果完全不同，由此我们发现，无限个实数相加和有限个实数相加存在区别，所以无限个实数相加不能简单地引用有限个实数相加的理论，需要建立它本身的严格理论．

　　定义 1　如果给定一个数列 $\{u_n\}$，对它的各项依次用"+"连接起来的表达式

$$u_1 + u_2 + \cdots + u_n + \cdots \tag{12-1}$$

叫作**常数项级数**或者**无穷级数**，简称为**级数**，其中 u_n 称为数项级数的**通项**或一**般项**.

级数还可以写为 $\sum\limits_{n=1}^{\infty} u_n$ 或简单地写为 $\sum u_n$.

数项级数的前 n 项之和，记为

$$s_n = \sum_{k=1}^{n} u_k = u_1 + u_2 + \cdots + u_n$$

称它为数项级数（12-1）的部分和. 数项级数的部分和构成一个数列，这个数列称为**部分和数列**，记作 $\{s_n\}$.

根据部分和的极限存在与否可以给出数项级数的收敛与发散的概念.

定义 2　若数项级数的部分和数列 $\{s_n\}$ 收敛于 s，即 $\lim\limits_{n \to \infty} s_n = s$，则称数项级数**收敛**，称 s 为数项级数的和，记作

$$s = u_1 + u_2 + \cdots + u_n + \cdots \quad \text{或} \quad s = \sum u_n$$

若 $\{s_n\}$ 没有极限，则称数项级数**发散**.

显然，当数项级数收敛时，其部分和 s_n 是级数和 s 的近似值，它们之间的差值

$$r_n = s - s_n = u_{n+1} + u_{n+2} + \cdots$$

叫作级数的**余项**. 它表示以部分和 s_n 代替 s 时所产生的误差.

例 1　讨论几何级数（等比级数）

$$a + aq + \cdots + aq^{n-1} + \cdots \tag{12-2}$$

的敛散性（$a \neq 0$）.

解　$q \neq 1$ 时，几何级数的前 n 部分和

$$s_n = a + aq + \cdots + aq^{n-1} = a\frac{1-q^n}{1-q}$$

（1）当 $|q| < 1$ 时，$\lim\limits_{n \to \infty} s_n = \lim\limits_{n \to \infty} a\frac{1-q^n}{1-q} = \frac{a}{1-q}$，因此级数（12-2）收敛，其和为 $\frac{a}{1-q}$.

（2）当 $|q| > 1$ 时，$\lim\limits_{n \to \infty} s_n = \infty$，所以级数（12-2）发散.

（3）当 $q = 1$ 时，$\lim\limits_{n \to \infty} s_n = \lim\limits_{n \to \infty} na = \infty$，所以级数（12-2）发散.

（4）当 $q = -1$ 时，$s_n = a - a + a - a \cdots + a(-1)^{n-1}$，当 n 为偶数时，$s_n = 0$；当 n 为奇数时，$s_n = a$，所以 s_n 极限不存在，即级数（12-2）发散.

综上所述，我们可以得到：几何级数（12-2）在 $|q| < 1$ 时，收敛；在 $|q| \geqslant 1$ 时，发散.

例2　讨论数项级数

$$\sum_{n=1}^{\infty} \ln\left(\frac{n+1}{n}\right)$$

的敛散性.

解　级数的部分和为

$$s_n = \ln\frac{2}{1} + \ln\frac{3}{2} + \cdots + \ln\frac{n+1}{n}$$

$$= \ln\left(\frac{2}{1} \cdot \frac{3}{2} \cdot \cdots \cdot \frac{n+1}{n}\right)$$

$$= \ln(n+1)$$

由于

$$\lim_{n \to \infty} s_n = \lim_{n \to \infty} \ln(n+1) = \infty$$

因此该数项级数发散.

12.1.2　收敛级数的基本性质

根据数项级数收敛、发散以及和的概念，可以得到数项级数的基本性质.

性质 1　若级数 $\sum\limits_{n=1}^{\infty} u_n$ 收敛于和 s，则 $\sum\limits_{n=1}^{\infty} ku_n$ 也收敛，其和为 ks.

由此可知，级数的每一项乘以同一个不为零的常数后，它的敛散性不变.

性质 2　若级数 $\sum\limits_{n=1}^{\infty} u_n$ 与 $\sum\limits_{n=1}^{\infty} v_n$ 分别收敛于和 s 和 σ，则级数 $\sum\limits_{n=1}^{\infty} (u_n \pm v_n)$ 也收敛，其和为 $s \pm \sigma$.

也就是说，两个收敛级数可以进行逐项相加和逐项相减.

由性质 1 和性质 2 我们可以得到如下定理.

定理　若级数 $\sum\limits_{n=1}^{\infty} u_n$ 与 $\sum\limits_{n=1}^{\infty} v_n$ 都收敛，则对于任意的常数 k 和 l，级数 $\sum\limits_{n=1}^{\infty} (ku_n \pm lv_n)$ 也收敛，且

$$\sum_{n=1}^{\infty} (ku_n \pm lv_n) = k\sum_{n=1}^{\infty} u_n \pm l\sum_{n=1}^{\infty} v_n$$

性质 3　去掉、增加或者改变级数的有限项不改变级数的敛散性.

性质 4　在收敛级数的项中任意加括号后所成级数仍收敛，且和不变.

需要注意：当级数加括号之后收敛是不能断定去掉括号后的级数也是收敛

的．例如 $(1-1)+(1-1)+(1-1)+\cdots=0+0+0+\cdots$，其是收敛的，但是去掉括号之后的 $1-1+1-1+\cdots$ 却是发散的．

由此可以得到，当级数加括号之后是发散的，则原级数一定是发散的．

性质 5（收敛级数的必要条件）　若级数 $\displaystyle\sum_{n=1}^{\infty}u_n$ 收敛，则它的一般项满足

$$\lim_{n\to\infty}u_n=0$$

由性质 5 可以知道，如果级数的一般项 u_n 的极限不是零，则级数一定是发散的．同时我们还需要注意级数的一般项 u_n 的极限即使是零，级数也不一定收敛，如下例．

例 3　讨论调和级数

$$\sum_{n=1}^{\infty}\frac{1}{n}=1+\frac{1}{2}+\frac{1}{3}+\cdots+\frac{1}{n}+\cdots$$

调和级数

的敛散性．

解　假设该级数是收敛的，其部分和为 s_n，且 $\displaystyle\lim_{n\to\infty}s_n=s$．

由收敛的定义可知，$\displaystyle\lim_{n\to\infty}s_{2n}=s$．

于是

$$\lim_{n\to\infty}(s_{2n}-s_n)=s-s=0$$

但是

$$s_{2n}-s_n=\frac{1}{n+1}+\frac{1}{n+2}+\cdots+\frac{1}{2n}>\frac{1}{2n}+\frac{1}{2n}+\cdots+\frac{1}{2n}=\frac{1}{2}$$

故 $\displaystyle\lim_{n\to\infty}(s_{2n}-s_n)\neq0$，与假设相矛盾，所以级数是发散的．

习题 12.1

1．根据级数收敛与发散的定义判定下列级数的敛散性：

（1）$\displaystyle\sum_{n=1}^{\infty}\left(\sqrt{n+1}-\sqrt{n}\right)$；

（2）$\displaystyle\sum_{n=1}^{\infty}\left(\sqrt[2n+1]{a}-\sqrt[2n-1]{a}\right)(a>0)$；

（3）$\displaystyle\sum_{n=1}^{\infty}\frac{1}{n(n+1)}$；

（4）$\displaystyle\sum_{n=1}^{\infty}\frac{1}{(2n-1)(2n+1)}$；

（5）$\displaystyle\sum_{n=1}^{\infty}\frac{2n-1}{3^n}$．

2．判定下列级数的敛散性：

（1）$\displaystyle\sum_{n=1}^{\infty}\frac{1}{5^n}$；

（2）$\displaystyle\sum_{n=1}^{\infty}(-1)^n\frac{8^n}{9^n}$；

（3）$\displaystyle\sum_{n=1}^{\infty}\frac{3^n}{2^n}$；

（4）$\displaystyle\sum_{n=1}^{\infty}\left(\frac{1}{2^n}+\frac{1}{3^n}\right)$；

（5）$\displaystyle\sum_{n=1}^{\infty}\frac{1}{3n}$；

（6）$\displaystyle\sum_{n=1}^{\infty}\frac{1}{\sqrt[n]{3}}$．

12.2　正项级数及其审敛法

在数项级数中，若各项的符号都是相同的，则称它们为**同号级数**，对于同号级数，只需要研究各项都是正号的情形，我们将数项级数各项都是正数或零的级数称为**正项级数**．若级数的各项都是负数或零，只要对每项乘以 -1 就会变成正项级数，根据数项级数的性质，它们具有相同的敛散性．所以我们重点研究正项级数收敛的条件，有如下定理．

定理 1　正项级数 $\displaystyle\sum_{n=1}^{\infty}u_n$ 收敛的充分必要条件是它的部分和数列 $\{s_n\}$ 有界．

因为正项级数的部分和数列 $\{s_n\}$ 是一个单调增加的数列，即

$$s_1 \leqslant s_2 \leqslant \cdots \leqslant s_n \leqslant \cdots$$

根据极限存在的准则，单调有界的数列一定存在极限，所以部分和数列 $\{s_n\}$ 有极限，即 $\displaystyle\sum_{n=1}^{\infty}u_n$ 收敛．反之，若正项级数 $\displaystyle\sum_{n=1}^{\infty}u_n$ 收敛，即 $\{s_n\}$ 有极限，从而数列 $\{s_n\}$ 有界．

由定理 1 可以得到，若正项级数是发散的，则 $\displaystyle\lim_{n\to\infty}s_n=+\infty$，即 $\displaystyle\sum_{n=1}^{\infty}u_n=+\infty$．

在定理 1 的基础上，我们给出正项级数审敛法的第一种判别法——比较审敛法．

定理 2（比较审敛法）　设 $\displaystyle\sum_{n=1}^{\infty}u_n$ 和 $\displaystyle\sum_{n=1}^{\infty}v_n$ 均是正项级数，且 $u_n\leqslant v_n$ $(n=1,2,\cdots)$．若级数 $\displaystyle\sum_{n=1}^{\infty}v_n$ 收敛，则级数 $\displaystyle\sum_{n=1}^{\infty}u_n$ 收敛；反之若级数 $\displaystyle\sum_{n=1}^{\infty}u_n$ 发散，则 $\displaystyle\sum_{n=1}^{\infty}v_n$ 发散．

证明　（1）设级数 $\sum\limits_{n=1}^{\infty}v_n$ 收敛于 σ ，则 $\sum\limits_{n=1}^{\infty}u_n$ 的部分和

$$s_n = u_1 + u_2 + \cdots + u_n \leqslant v_1 + v_2 + \cdots + v_n \leqslant v_1 + v_2 + \cdots + v_n + \cdots = \sigma$$

即 $\sum\limits_{n=1}^{\infty}u_n$ 的部分和数列 $\{s_n\}$ 有界，由定理 1 知 $\sum\limits_{n=1}^{\infty}u_n$ 收敛.

（2）用反证法. 假设级数 $\sum\limits_{n=1}^{\infty}v_n$ 收敛，由（1）可知 $\sum\limits_{n=1}^{\infty}u_n$ 也收敛，与题目条件矛盾，所以 $\sum\limits_{n=1}^{\infty}v_n$ 发散.

注意到级数的每一项乘以不为零的常数以及去掉级数前面部分有限项不会影响级数的敛散性，我们可以得出下面的推论.

推论　设 $\sum\limits_{n=1}^{\infty}u_n$ 和 $\sum\limits_{n=1}^{\infty}v_n$ 均是正项级数，若级数 $\sum\limits_{n=1}^{\infty}v_n$ 收敛，且存在正整数 N，使得当 $n \geqslant N$ 时有 $u_n \leqslant kv_n (k>0)$ 成立，则级数 $\sum\limits_{n=1}^{\infty}u_n$ 收敛；若级数 $\sum\limits_{n=1}^{\infty}v_n$ 发散，且当 $n \geqslant N$ 时有 $u_n \geqslant kv_n (k>0)$ 成立，则级数 $\sum\limits_{n=1}^{\infty}u_n$ 发散.

例 1　讨论 p 级数 $\sum\limits_{n=1}^{\infty}\dfrac{1}{n^p}$ 的敛散性，其中 $p>0$.

解　当 $p \leqslant 1$ 时，$\dfrac{1}{n^p} \geqslant \dfrac{1}{n}$ ，由于调和级数 $\sum\limits_{n=1}^{\infty}\dfrac{1}{n}$ 发散，所以 $\sum\limits_{n=1}^{\infty}\dfrac{1}{n^p}$ 发散.

当 $p > 1$ 时，当 $n-1 \leqslant x \leqslant n$ 时，$\dfrac{1}{n^p} \leqslant \dfrac{1}{x^p}$ ，所以

$$\frac{1}{n^p} = \int_{n-1}^{n}\frac{1}{n^p}\mathrm{d}x \leqslant \int_{n-1}^{n}\frac{1}{x^p}\mathrm{d}x = \frac{1}{p-1}\left[\frac{1}{(n-1)^{p-1}} - \frac{1}{n^{p-1}}\right] (n=2,3,\cdots)$$

对于级数 $\sum\limits_{n=2}^{\infty}\left[\dfrac{1}{(n-1)^{p-1}} - \dfrac{1}{n^{p-1}}\right]$ ，其部分和为

$$s_n = \left[1 - \frac{1}{2^{p-1}}\right] + \left[\frac{1}{2^{p-1}} - \frac{1}{3^{p-1}}\right] + \cdots + \left[\frac{1}{n^{p-1}} - \frac{1}{(n+1)^{p-1}}\right] = 1 - \frac{1}{(n+1)^{p-1}}$$

因为 $\lim\limits_{n \to \infty}s_n = \lim\limits_{n \to \infty}\left[1 - \dfrac{1}{(n+1)^{p-1}}\right] = 1$. 所以级数 $\sum\limits_{n=2}^{\infty}\left[\dfrac{1}{(n-1)^{p-1}} - \dfrac{1}{n^{p-1}}\right]$ 收敛. 从

而根据比较审敛法的推论可知，级数 $\sum\limits_{n=1}^{\infty} \dfrac{1}{n^p}$ 当 $p>1$ 时收敛.

综上所述，对于 p 级数 $\sum\limits_{n=1}^{\infty} \dfrac{1}{n^p}$ ，当 $p \leqslant 1$ 时，其收敛；当 $p>1$ 时，其发散.

例 2　判定级数 $\sum\limits_{n=1}^{\infty} \dfrac{1}{n^2-n+1}$ 的敛散性.

解　当 $n \geqslant 2$ 时，$\dfrac{1}{n^2-n+1} \leqslant \dfrac{1}{n^2-n} = \dfrac{1}{n(n-1)} \leqslant \dfrac{1}{(n-1)^2}$.

由 p 级数结论，$\sum\limits_{n=2}^{\infty} \dfrac{1}{(n-1)^2}$ 收敛，再由推论可得：$\sum\limits_{n=1}^{\infty} \dfrac{1}{n^2-n+1}$ 收敛.

定理 3（比较审敛法的极限形式）　设 $\sum\limits_{n=1}^{\infty} u_n$ 和 $\sum\limits_{n=1}^{\infty} v_n$ 都是正项级数，如果

$\lim\limits_{n \to \infty} \dfrac{u_n}{v_n} = l$ ，可以得到：

（1）当 $0 < l < +\infty$ 时，级数 $\sum\limits_{n=1}^{\infty} u_n$ ，$\sum\limits_{n=1}^{\infty} v_n$ 具有相同的敛散性；

（2）当 $l=0$ 时，若 $\sum\limits_{n=1}^{\infty} v_n$ 收敛，则 $\sum\limits_{n=1}^{\infty} u_n$ 收敛；

（3）当 $l=+\infty$ 时，若 $\sum\limits_{n=1}^{\infty} v_n$ 发散，则 $\sum\limits_{n=1}^{\infty} u_n$ 发散.

注意：极限形式的比较审敛法，在两个正项级数的一般项均趋于零的情况下，就是上册中一般项无穷小阶的比较. 定理内容表明，当 $n \to \infty$ ，若 u_n 和 v_n 是同阶无穷小或者 u_n 是比 v_n 高阶无穷小时，若 $\sum\limits_{n=1}^{\infty} v_n$ 收敛，则 $\sum\limits_{n=1}^{\infty} u_n$ 一定收敛；若 u_n 和 v_n 是同阶无穷小或者 u_n 是比 v_n 低阶无穷小时，若 $\sum\limits_{n=1}^{\infty} v_n$ 发散，则 $\sum\limits_{n=1}^{\infty} u_n$ 一定发散.

例 3　判定级数 $\sum\limits_{n=1}^{\infty} \sin \dfrac{1}{n}$ 的敛散性.

解　因为

$$\lim_{n \to \infty} \frac{\sin \dfrac{1}{n}}{\dfrac{1}{n}} = 1 > 0$$

而级数 $\displaystyle\sum_{n=1}^{\infty}\frac{1}{n}$ 是发散的，由定理 3 可以得到 $\displaystyle\sum_{n=1}^{\infty}\sin\frac{1}{n}$ 是发散的.

例 4　判定级数 $\displaystyle\sum_{n=1}^{\infty}\frac{1}{2^n-n}$ 的敛散性.

解　因为

$$\lim_{n\to\infty}\frac{\dfrac{1}{2^n-n}}{\dfrac{1}{2^n}}=\lim_{n\to\infty}\frac{2^n}{2^n-n}=1>0$$

而级数 $\displaystyle\sum_{n=1}^{\infty}\frac{1}{2^n}$ 是收敛的，由定理 3 可以得到 $\displaystyle\sum_{n=1}^{\infty}\frac{1}{2^n-n}$ 是收敛的.

例 5　判定级数 $\displaystyle\sum_{n=1}^{\infty}\sqrt{n+1}\left(1-\cos\frac{\pi}{n}\right)$ 的敛散性.

解　因为当 $n\to\infty$ 时，$1-\cos\dfrac{\pi}{n}\sim\dfrac{1}{2}\left(\dfrac{\pi}{n}\right)^2$，所以

$$\lim_{n\to\infty}\frac{\sqrt{n+1}\left(1-\cos\dfrac{\pi}{n}\right)}{\dfrac{1}{n^{\frac{3}{2}}}}=\lim_{n\to\infty}n^{\frac{3}{2}}\sqrt{n+1}\left(1-\cos\frac{\pi}{n}\right)$$

$$=\lim_{n\to\infty}n^{\frac{3}{2}}\sqrt{n+1}\,\frac{1}{2}\left(\frac{\pi}{n}\right)^2$$

$$=\frac{1}{2}\lim_{n\to\infty}n^2\sqrt{\frac{n+1}{n}}\left(\frac{\pi}{n}\right)^2$$

$$=\frac{1}{2}\pi^2$$

而级数 $\displaystyle\sum_{n=1}^{\infty}\frac{1}{n^{\frac{3}{2}}}$ 是收敛的，根据定理 3 得，级数 $\displaystyle\sum_{n=1}^{\infty}\sqrt{n+1}\left(1-\cos\frac{\pi}{n}\right)$ 收敛.

通过上述例题可知，在利用比较审敛法进行敛散性的判定时，需要选取一个适当的已知收敛性的级数作为比较的基准，一般选取几何级数、调和级数、p 级数.

由于比较审敛法要选取一个适当的基准级数，因此有时这种方法不好掌握，如果能从级数自身出发进行判别则更加方便，于是我们将所给正项级数与几何级

数比较，可以得到比较实用的比值审敛法和根值审敛法.

定理4（比值审敛法，达朗贝尔判别法） 设 $\sum\limits_{n=1}^{\infty} u_n$ 是正项级数，若

$$\lim_{n\to\infty} \frac{u_{n+1}}{u_n} = \rho$$

则可以得到：

（1）当 $\rho < 1$ 时，级数收敛；

（2）当 $\rho > 1$ 时，级数发散；

（3）当 $\rho = 1$ 时，级数可能收敛也可能发散.

例6 判定级数 $\sum\limits_{n=1}^{\infty} \dfrac{n^2}{2^n}$ 的敛散性.

解 因为

$$\lim_{n\to\infty} \frac{u_{n+1}}{u_n} = \lim_{n\to\infty} \frac{\dfrac{(n+1)^2}{2^{n+1}}}{\dfrac{n^2}{2^n}}$$

$$= \lim_{n\to\infty} \frac{(n+1)^2}{2n^2} = \frac{1}{2} < 1$$

由定理4可得，级数 $\sum\limits_{n=1}^{\infty} \dfrac{n^2}{2^n}$ 收敛.

例7 判定级数 $\sum\limits_{n=1}^{\infty} \dfrac{1\times 3\times \cdots \times (2n-1)}{n!}$ 的敛散性.

解 因为

$$\lim_{n\to\infty} \frac{u_{n+1}}{u_n} = \lim_{n\to\infty} \frac{\dfrac{1\times 3\times \cdots \times (2n-1)(2n+1)}{(n+1)!}}{\dfrac{1\times 3\times \cdots \times (2n-1)}{n!}}$$

$$= \lim_{n\to\infty} \frac{2n+1}{n+1} = 2 > 1$$

由定理4可得，级数 $\sum\limits_{n=1}^{\infty} \dfrac{1\times 3\times \cdots \times (2n-1)}{n!}$ 发散.

定理 5（根值审敛法，柯西判别法）　设 $\sum\limits_{n=1}^{\infty} u_n$ 是正项级数，若

$$\lim_{n\to\infty} \sqrt[n]{u_n} = \rho \, ,$$

则可以得到：

（1）当 $\rho < 1$ 时，级数收敛；

（2）当 $\rho > 1$ 时，级数发散；

（3）当 $\rho = 1$ 时，级数可能收敛也可能发散.

例 8　判定级数 $\sum\limits_{n=1}^{\infty} \left(\dfrac{n}{2n+1}\right)^n$ 的敛散性.

解　因为

$$\lim_{n\to\infty} \sqrt[n]{\left(\frac{n}{2n+1}\right)^n} = \lim_{n\to\infty} \frac{n}{2n+1} = \frac{1}{2} < 1$$

由定理 5 可得，级数 $\sum\limits_{n=1}^{\infty} \left(\dfrac{n}{2n+1}\right)^n$ 收敛.

比值审敛法和根值审敛法应用情形说明

习题 12.2

1．用比较审敛法或极限形式的比较审敛法判定下列级数的敛散性：

（1）$\sum\limits_{n=1}^{\infty} \dfrac{1}{2n-1}$ ；

（2）$\sum\limits_{n=1}^{\infty} \dfrac{1}{3n+5}$ ；

（3）$\sum\limits_{n=1}^{\infty} \dfrac{1}{n^2-1}$ ；

（4）$\sum\limits_{n=1}^{\infty} \dfrac{1}{(n-1)(n+2)}$ ；

（5）$\sum\limits_{n=1}^{\infty} \dfrac{1+n}{n^2-1}$ ；

（6）$\sum\limits_{n=1}^{\infty} \dfrac{2n}{n^2+2n-5}$ ；

（7）$\sum\limits_{n=1}^{\infty} \sin\dfrac{\pi}{2^n}$ ；

（8）$\sum\limits_{n=1}^{\infty} \sin\dfrac{\pi}{n^2}$ ；

（9）$\sum\limits_{n=1}^{\infty} \tan\dfrac{\pi}{5n^2}$ ；

（10）$\sum\limits_{n=1}^{\infty} \tan\dfrac{\pi}{5n^2}$ ；

（11）$\sum\limits_{n=1}^{\infty} \dfrac{1}{1+a^n}$ 　（$a > 0$）.

2．用比值审敛法判定下列级数的敛散性：

（1）$\displaystyle\sum_{n=1}^{\infty}\frac{1}{(n-1)!}$;

（2）$\displaystyle\sum_{n=1}^{\infty}\frac{n+1}{n!}$;

（3）$\displaystyle\sum_{n=1}^{\infty}\frac{1}{3^n}$;

（4）$\displaystyle\sum_{n=1}^{\infty}n\left(\frac{3}{4}\right)^n$;

（5）$\displaystyle\sum_{n=1}^{\infty}\frac{(n+1)!}{10^n}$;

（6）$\displaystyle\sum_{n=1}^{\infty}\frac{n!}{5^n}$;

（7）$\displaystyle\sum_{n=1}^{\infty}\frac{n!}{n^n}$;

（8）$\displaystyle\sum_{n=1}^{\infty}\frac{2^n n!}{n^n}$;

（9）$\displaystyle\sum_{n=1}^{\infty}n\tan\frac{\pi}{2^{n+1}}$;

（10）$\displaystyle\sum_{n=1}^{\infty}2^n\sin\frac{\pi}{3^n}$.

3．用根值审敛法判定下列级数的敛散性：

（1）$\displaystyle\sum_{n=1}^{\infty}\left(\frac{n}{2n+1}\right)^n$;

（2）$\displaystyle\sum_{n=1}^{\infty}\frac{1}{\left[\ln(n+1)\right]^n}$;

（2）$\displaystyle\sum_{n=1}^{\infty}n\left(\frac{3}{2}\right)^n$;

（4）$\displaystyle\sum_{n=1}^{\infty}\frac{2+(-1)^n}{2^n}$;

（5）$\displaystyle\sum_{n=1}^{\infty}\left(\frac{n}{3n-1}\right)^{2n}$;

（6）$\displaystyle\sum_{n=1}^{\infty}\left(\frac{n}{2n-1}\right)^{2n-1}$;

（7）$\displaystyle\sum_{n=1}^{\infty}\left(\frac{b}{a_n}\right)^n$ ，其中 $a_n\to a\ (n\to\infty)$, a_n、b、a 均为正数.

12.3　交错级数与任意项级数

上一节我们讨论了正项级数的敛散性问题，关于 $\displaystyle\sum_{n=1}^{\infty}u_n=u_1+u_2+\cdots+u_n+\cdots$，

它的各项是任意实数（可以是正数，也可以为负数或零），我们称其为**任意项级数**. 而任意项级数的敛散性的判定是比较复杂的，本节谈论比较特殊的任意项级数的敛散性.

12.3.1　交错级数

定义 1　若级数的正负项是交错出现的，即形如

$$\sum_{n=1}^{\infty}(-1)^{n-1}u_n = u_1 - u_2 + u_3 - u_4 + \cdots \tag{12-3}$$

或

$$\sum_{n=1}^{\infty}(-1)^{n}u_n = -u_1 + u_2 - u_3 + u_4 - \cdots \tag{12-4}$$

的级数，其中 $u_1, u_2, u_3, \cdots$ 都是正数，这样的级数称为**交错级数**.

由于 $\sum_{n=1}^{\infty}(-1)^{n-1}u_n = -\sum_{n=1}^{\infty}(-1)^{n}u_n$，所以级数（12-3）和（12-4）具有相同的敛散性. 本节主要讨论级数（12-3）的敛散性.

定理 1（莱布尼茨定理）　若交错级数 $\sum_{n=1}^{\infty}(-1)^{n-1}u_n$ 满足条件：

（1）$u_n \geqslant u_{n+1}$ $(n=1,2,3,\cdots)$；

（2）$\lim\limits_{n\to\infty}u_n = 0$，

则级数收敛，且其和 $s \leqslant u_1$，其余项 r_n 的绝对值 $|r_n| \leqslant u_{n+1}$.

证明　设前 n 项部分和为 s_n. 由

$$s_{2n} = (u_1-u_2)+(u_3-u_4)+\cdots+(u_{2n-1}-u_{2n}), u_n \geqslant u_{n+1} (n=1,2,3,\cdots)$$

可以得到 $\{s_{2n}\}$ 单调增加.

又

$$s_{2n} = u_1-(u_2-u_3)-(u_4-u_5)-\cdots-(u_{2n-2}-u_{2n-1})-u_{2n}, u_n \geqslant u_{n+1} \quad (n=1,2,3,\cdots)$$

可以得到 $s_{2n} < u_1$. 看出数列 $\{s_{2n}\}$ 单调增加且有界，所以收敛.

设 $s_{2n} \to s(n\to\infty)$，则也有 $s_{2n+1} = s_{2n}+u_{2n+1} \to s(n\to\infty)$，所以 $s_n \to s(n\to\infty)$，从而级数是收敛的，且 $s_n < u_1$.

因为 $|r_n| = u_{n+1}-u_{n+2}+\cdots$ 也是收敛的交错级数，所以 $|r_n| \leqslant u_{n+1}$.

例 1　证明级数 $\sum_{n=1}^{\infty}(-1)^{n-1}\dfrac{1}{n}$ 收敛，并估计和及余项.

证　这是一个交错级数. 因为此级数满足条件：

（1）$u_n = \dfrac{1}{n} > \dfrac{1}{n+1} = u_{n+1}$ $(n=1,2,\cdots)$；

（2）$\lim\limits_{n\to\infty}u_n = \lim\limits_{n\to\infty}\dfrac{1}{n} = 0$，

由莱布尼茨定理，级数是收敛的，且其和 $s < u_1 = 1$，余项 $|r_n| \leqslant u_{n+1} = \dfrac{1}{n+1}$.

例2   判定交错级数 $\sum\limits_{n=1}^{\infty}(-1)^{n-1}\dfrac{\sqrt{n}}{n+1}$ 的敛散性.

解   设 $u_n=\dfrac{\sqrt{n}}{n+1}$，令 $f(x)=\dfrac{\sqrt{x}}{x+1}$，因为

$$f'(x)=\frac{1-x}{2\sqrt{x}(x+1)^2}<0\,(x>1)$$

所以函数 $f(x)$ 在 $[1,+\infty)$ 上单调递减，则 $u_n=\dfrac{\sqrt{n}}{n+1}$ 单调递减.

又因为 $\lim\limits_{n\to\infty}u_n=\lim\limits_{n\to\infty}\dfrac{\sqrt{n}}{n+1}=0$．根据莱布尼茨定理，级数 $\sum\limits_{n=1}^{\infty}(-1)^{n-1}\dfrac{\sqrt{n}}{n+1}$ 收敛.

12.3.2　任意项级数与绝对收敛、条件收敛

任意项级数 $\sum\limits_{n=1}^{\infty}u_n=u_1+u_2+\cdots+u_n+\cdots$ 的各项正负不能确定，其敛散性不好判

定，但是级数每一项都加上绝对值，级数就可以变成正项级数 $\sum\limits_{n=1}^{\infty}|u_n|$，其敛散性

在 12.2 节已经讨论过，那么 $\sum\limits_{n=1}^{\infty}|u_n|$ 的敛散性与 $\sum\limits_{n=1}^{\infty}u_n$ 的敛散性之间存在什么样的关

系呢？

定义2   若级数 $\sum\limits_{n=1}^{\infty}u_n$ 各项的绝对值构成的级数 $\sum\limits_{n=1}^{\infty}|u_n|$ 收敛，我们称级数 $\sum\limits_{n=1}^{\infty}u_n$

绝对收敛．若级数 $\sum\limits_{n=1}^{\infty}u_n$ 收敛，而级数 $\sum\limits_{n=1}^{\infty}|u_n|$ 发散，我们称级数 $\sum\limits_{n=1}^{\infty}u_n$ **条件收敛**.

定理2   如果级数 $\sum\limits_{n=1}^{\infty}u_n$ 绝对收敛，则级数 $\sum\limits_{n=1}^{\infty}u_n$ 必定收敛.

证明   令

$$v_n=\frac{1}{2}(u_n+|u_n|)\ \ (n=1,2,\cdots)$$

显然 $v_n\geqslant 0$ 且 $v_n\leqslant|u_n|$（$n=1,2,\cdots$），由于 $\sum\limits_{n=1}^{\infty}|u_n|$ 收敛，由比较审敛法知，

级数 $\sum\limits_{n=1}^{\infty}v_n$ 收敛．又因为 $u_n=2v_n-|u_n|$，由收敛级数的基本性质可知：

$$\sum_{n=1}^{\infty} u_n = 2\sum_{n=1}^{\infty} v_n - \sum_{n=1}^{\infty} |u_n|$$

所以级数 $\sum\limits_{n=1}^{\infty} u_n$ 收敛.

例 3 判定下列级数是否收敛, 若收敛, 是条件收敛还是绝对收敛?

（1） $\sum\limits_{n=1}^{\infty} \dfrac{\sin n}{n^2}$ 　　　　　　　　（2） $\sum\limits_{n=1}^{\infty} (-1)^{n-1} \dfrac{1}{n}$

解 （1）因为 $\left| \dfrac{\sin n}{n^2} \right| \leqslant \dfrac{1}{n^2}$, 而级数 $\sum\limits_{n=1}^{\infty} \dfrac{1}{n^2}$ 收敛, 所以级数 $\sum\limits_{n=1}^{\infty} \left| \dfrac{\sin n}{n^2} \right|$ 收敛, 由

定理 2 可得, 级数 $\sum\limits_{n=1}^{\infty} \dfrac{\sin n}{n^2}$ 绝对收敛.

（2）因为 $\left| (-1)^{n-1} \dfrac{1}{n} \right| = \dfrac{1}{n}$, 而级数 $\sum\limits_{n=1}^{\infty} \dfrac{1}{n}$ 发散, 而由例 1 知级数 $\sum\limits_{n=1}^{\infty} (-1)^{n-1} \dfrac{1}{n}$ 收

敛. 所以根据定理 2 可知, 级数 $\sum\limits_{n=1}^{\infty} (-1)^{n-1} \dfrac{1}{n}$ 条件收敛.

定理 2 表明, 对于任意项级数 $\sum\limits_{n=1}^{\infty} u_n$, 我们采用正项级数审敛法判定 $\sum\limits_{n=1}^{\infty} |u_n|$ 收

敛, 就可以判定 $\sum\limits_{n=1}^{\infty} u_n$ 收敛. 这样就可以将任意项级数敛散性的判定转化为正项级

数敛散性的判定, 但是这种方法可以解决一类问题, 不可能解决所有问题.

由例 3（2）可知, 如果级数 $\sum\limits_{n=1}^{\infty} u_n$ 收敛, 级数 $\sum\limits_{n=1}^{\infty} |u_n|$ 不一定收敛.

例 4 判定级数 $\sum\limits_{n=1}^{\infty} (-1)^{n-1} \dfrac{3^n}{n^3}$ 是否收敛, 若收敛, 是条件收敛还是绝对收敛?

解 因为 $\left| (-1)^{n-1} \dfrac{3^n}{n^3} \right| = \dfrac{3^n}{n^3}$, 对于级数 $\sum\limits_{n=1}^{\infty} \dfrac{3^n}{n^3}$, 因为

$$\lim_{n\to\infty} \left| \dfrac{\dfrac{3^{n+1}}{(n+1)^3}}{\dfrac{3^n}{n^3}} \right| = \lim_{n\to\infty} 3\left(\dfrac{n}{n+1} \right)^3 = 3 > 1$$

所以 $\sum\limits_{n=1}^{\infty}\left|(-1)^{n-1}\dfrac{3^n}{n^3}\right|$ 发散，由于我们采用的是比值审敛法，因此可以得到原级数

$\sum\limits_{n=1}^{\infty}(-1)^{n-1}\dfrac{3^n}{n^3}$ 是发散的.

定理 2 及例 4 表明，$\sum\limits_{n=1}^{\infty}|u_n|$ 发散时，我们无法断定 $\sum\limits_{n=1}^{\infty}u_n$ 发散. 但是，如果采

用比值法或根值法判定级数 $\sum\limits_{n=1}^{\infty}|u_n|$ 发散，则我们可以断定级数 $\sum\limits_{n=1}^{\infty}u_n$ 必定发散.

习题 12.3

1. 判定下列交错级数的敛散性：

（1）$\sum\limits_{n=1}^{\infty}(-1)^{n-1}\dfrac{1}{\sqrt{n}}$；

（2）$\sum\limits_{n=1}^{\infty}(-1)^{n-1}\dfrac{1}{n+1}$；

（3）$\sum\limits_{n=1}^{\infty}(-1)^{n-1}\dfrac{n}{n+1}$；

（4）$\sum\limits_{n=1}^{\infty}(-1)^{n}\dfrac{2n}{4n-5}$；

（5）$\sum\limits_{n=1}^{\infty}(-1)^{n-1}\sin\dfrac{2}{n}$；

（6）$\sum\limits_{n=1}^{\infty}(-1)^{n}\tan\dfrac{2}{n+1}$.

2. 判定下列级数是否收敛，若收敛，是条件收敛还是绝对收敛？

（1）$\sum\limits_{n=1}^{\infty}\dfrac{n\sin n}{2^n}$；

（2）$\sum\limits_{n=1}^{\infty}\dfrac{\cos n}{n^3}$；

（3）$\sum\limits_{n=1}^{\infty}(-1)^{n-1}\dfrac{1}{3}\cdot\dfrac{1}{2^n}$；

（4）$\sum\limits_{n=1}^{\infty}(-1)^{n-1}\dfrac{1}{3^{n-1}}$；

（5）$\sum\limits_{n=1}^{\infty}(-1)^{n-1}\dfrac{1}{\ln(n+1)}$；

（6）$\sum\limits_{n=1}^{\infty}\dfrac{(-1)^{n-1}\ln(n+1)}{n+1}$；

（7）$\sum\limits_{n=1}^{\infty}(-1)^{n-1}(\sqrt{n+1}-\sqrt{n-1})$；

（8）$\sum\limits_{n=1}^{\infty}(-1)^{n-1}\left(\dfrac{1}{\sqrt{n}-\sqrt{n-1}}\right)$；

（9）$\sum\limits_{n=1}^{\infty}(-1)^{n+1}\dfrac{2^{n^2}}{n!}$；

（10）$\sum\limits_{n=1}^{\infty}(-1)^{n}\dfrac{1}{n^p}\,(p>0)$.

3. 讨论级数 $\sum\limits_{n=1}^{\infty}\dfrac{x^n}{n^p}\,(p>0)$ 的敛散性（x 为任意实数）.

12.4　幂级数

12.4.1　函数项级数的概念

给定一个定义在区间 I 上的函数列 $\{u_n(x)\}$，由这函数列构成的表达式

$$u_1(x) + u_2(x) + u_3(x) + \cdots + u_n(x) + \cdots \tag{12-5}$$

称为定义在区间 I 上的**函数项级数**，记为 $\sum\limits_{n=1}^{\infty} u_n(x)$．

对于每一个确定的值 $x_0 \in I$，函数项级数（12-5）为常数项级数：

$$u_1(x_0) + u_2(x_0) + u_3(x_0) + \cdots + u_n(x_0) + \cdots$$

这个级数有可能收敛也有可能发散．若级数收敛，则称 x_0 是函数项级数（12-5）的**收敛点**；若级数发散，则称 x_0 是函数项级数（12-5）的**发散点**．函数项级数收敛点的全体构成**收敛域**，发散点的全体构成**发散域**．

对应于收敛域内的任意一个 x，函数项级数成为一个收敛的常数项级数，因而有一确定的和 s，且 s 是关于 x 的函数 $s(x)$，称之为函数项级数的**和函数**，和函数 $s(x)$ 的定义域就是级数的收敛域，于是有

$$s(x) = u_1(x) + u_2(x) + \cdots + u_n(x) + \cdots$$

如将函数项级数（12-5）的前 n 项的部分和记作 $s_n(x)$，则在收敛域上有

$$\lim_{n \to \infty} s_n(x) = s(x)$$

记 $r_n(x) = s(x) - s_n(x)$，作为函数项级数 $\sum\limits_{n=1}^{\infty} u_n(x)$ 的余项．则在收敛域上有 $\lim\limits_{n \to \infty} r_n(x) = 0$．

本节我们先讨论简单而常见的函数项级数——幂级数．

12.4.2　幂级数及其收敛性

定义　形如

$$\sum_{n=0}^{\infty} a_n (x - x_0)^n = a_0 + a_1(x - x_0) + a_2(x - x_0)^2 + \cdots + a_n(x - x_0)^n + \cdots \tag{12-6}$$

的函数项级数称为**幂级数**．其中常数 $a_0, a_1, a_2, \cdots, a_n, \cdots$ 叫作**幂级数的系数**．

通常我们讨论 $x_0 = 0$，即

$$\sum_{n=0}^{\infty} a_n x^n = a_0 + a_1 x + a_2 x^2 + \cdots + a_n x^n + \cdots \qquad (12\text{-}7)$$

的情形，因为只要将式（12-7）中的 x 换成 $x - x_0$ 就可以变成式（12-6），不会影响其一般性.

　　首先，我们讨论幂级数（12-7）的收敛性问题，显然幂级数（12-7）在 $x = 0$ 处一定是收敛的. 那么，除此之外还有哪些点收敛？我们有如下重要定理.

　　定理 1（阿贝尔定理）　若级数 $\sum\limits_{n=0}^{\infty} a_n x^n$ 在 $x = x_0 (x_0 \neq 0)$ 处收敛，则适合不等式 $|x| < |x_0|$ 的一切 x 使这幂级数绝对收敛. 反之，如果级数 $\sum\limits_{n=0}^{\infty} a_n x^n$ 在 $x = x_0$ 处发散，则适合不等式 $|x| > |x_0|$ 的一切 x 使这幂级数发散.

　　证明　先设 x_0 是幂级数 $\sum\limits_{n=0}^{\infty} a_n x^n$ 的收敛点，即级数 $\sum\limits_{n=0}^{\infty} a_n x_0^n$ 收敛. 根据级数收敛的必要条件，有

$$\lim_{n \to \infty} a_n x_0^n = 0$$

于是存在一个常数 M，使

$$\left| a_n x_0^n \right| \leqslant M \quad (n = 0,\ 1,\ 2, \cdots)$$

这样级数 $\sum\limits_{n=0}^{\infty} a_n x^n$ 的一般项的绝对值

$$| a_n x^n | = \left| a_n x_0^n \cdot \frac{x^n}{x_0^n} \right| = | a_n x_0^n | \cdot \left| \frac{x}{x_0} \right|^n \leqslant M \cdot \left| \frac{x}{x_0} \right|^n$$

因为当 $|x| < |x_0|$ 时，等比级数 $\sum\limits_{n=0}^{\infty} M \cdot \left| \dfrac{x}{x_0} \right|^n$ 收敛，所以级数 $\sum\limits_{n=0}^{\infty} | a_n x^n |$ 收敛，也就是级数 $\sum\limits_{n=0}^{\infty} a_n x^n$ 绝对收敛.

　　定理的第二部分可用反证法证明. 假设幂级数在 $x = x_0$ 处发散，而有一点 x_1 适合 $|x_1| > |x_0|$ 使级数收敛，则根据本定理的第一部分，级数在 $x = x_0$ 处应收敛，这与假设矛盾. 定理得证.

　　由本定理可知：幂级数（12-7）的收敛域是以原点为中心的对称区间. 若以 $2R$ 表示区间的长度，则称 R 为幂级数的收敛半径.

　　当 $R = 0$ 时，幂级数（12-7）仅在 $x = 0$ 处收敛；

当 $R = +\infty$ 时，幂级数（12-7）在 $(-\infty, +\infty)$ 收敛；

当 $0 < R < +\infty$ 时，幂级数（12-7）在 $(-R, +R)$ 内收敛，至于在 $x = \pm R$ 处，幂级数（12-7）可能收敛，也有可能发散，需要单独讨论．开区间 $(-R, +R)$ 称为幂级数（12-7）的收敛区间．根据幂级数（12-7）在区间端点 $x = \pm R$ 处的收敛情况，可以确定收敛域为以下四种之一：

$$(-R, +R), \quad [-R, +R), \quad (-R, +R], \quad [-R, +R]$$

若幂级数收敛半径 $R = +\infty$，则这时收敛域为 $R = (-\infty, +\infty)$．

如何求得收敛半径，有如下定理．

收敛半径求解
定理证明

定理 2　若

$$\lim_{n \to \infty} \left| \frac{a_{n+1}}{a_n} \right| = \rho$$

其中 a_n 和 a_{n+1} 是幂级数 $\sum_{n=0}^{\infty} a_n x^n$ 的相邻两项的系数，则该幂级数的收敛半径为

$$R = \begin{cases} +\infty, & \rho = 0 \\ \dfrac{1}{\rho}, & \rho \neq 0 \\ 0, & \rho = +\infty \end{cases}$$

定理 3　若

$$\lim_{n \to \infty} \sqrt[n]{|a_n|} = \rho$$

其中 a_n 是幂级数 $\sum_{n=0}^{\infty} a_n x^n$ 的系数，则该幂级数的收敛半径为

$$R = \begin{cases} +\infty, & \rho = 0 \\ \dfrac{1}{\rho}, & \rho \neq 0 \\ 0, & \rho = +\infty \end{cases}$$

定理证明从略．

例 1　求幂级数 $\sum_{n=1}^{\infty} \dfrac{1}{n^2} x^n$ 的收敛半径与收敛域．

解　因为

$$\rho = \lim_{n \to \infty} \left| \frac{a_{n+1}}{a_n} \right| = \lim_{n \to \infty} \frac{\dfrac{1}{(n+1)^2}}{\dfrac{1}{n^2}} = \lim_{n \to \infty} \frac{n^2}{(n+1)^2} = 1$$

所以 $R=1$.

对于端点 $x=-1$ ，级数变成 $\displaystyle\sum_{n=1}^{\infty}\dfrac{(-1)^n}{n^2}$ ，该级数为交错级数，由莱布尼茨判别法，此级数收敛.

对于端点 $x=1$ ，级数变成 $\displaystyle\sum_{n=1}^{\infty}\dfrac{1}{n^2}$ ，此级数为 p 级数，且 $p=2>1$ ，所以收敛. 因此收敛域为 $[-1,1]$.

例 2　求幂级数 $\displaystyle\sum_{n=1}^{\infty}(-1)^{n-1}\dfrac{1}{n}x^n$ 的收敛半径与收敛域.

解　因为

$$\rho=\lim_{n\to\infty}\left|\frac{a_{n+1}}{a_n}\right|=\lim_{n\to\infty}\frac{\dfrac{1}{n+1}}{\dfrac{1}{n}}=\lim_{n\to\infty}\frac{n}{n+1}=1$$

所以 $R=1$.

对于端点 $x=-1$ ，级数变成 $\displaystyle\sum_{n=1}^{\infty}\dfrac{(-1)^{2n-1}}{n}=-\sum_{n=1}^{\infty}\dfrac{1}{n}$ ，此级数发散.

对于端点 $x=1$ ，级数变成 $\displaystyle\sum_{n=1}^{\infty}(-1)^{n-1}\dfrac{1}{n}$ ，此级数收敛. 因此收敛域为 $(-1,1]$.

例 3　求幂级数 $\displaystyle\sum_{n=0}^{\infty}\dfrac{1}{n!}x^n$ 的收敛半径与收敛域.

解　因为

$$\rho=\lim_{n\to\infty}\left|\frac{a_{n+1}}{a_n}\right|=\lim_{n\to\infty}\frac{\dfrac{1}{(n+1)!}}{\dfrac{1}{n!}}=\lim_{n\to\infty}\frac{n!}{(n+1)!}=0$$

所以 $R=+\infty$ ，因此收敛域为 $(-\infty,+\infty)$.

例 4　求幂级数 $\displaystyle\sum_{n=0}^{\infty}n!x^n$ 的收敛半径与收敛域.

解　因为

$$\rho=\lim_{n\to\infty}\left|\frac{a_{n+1}}{a_n}\right|=\lim_{n\to\infty}\frac{(n+1)!}{n!}=+\infty$$

所以 $R=0$ ，因此级数仅在 $x=0$ 处收敛.

例5　求幂级数 $\displaystyle\sum_{n=1}^{\infty}\frac{(-1)^{n}}{2^{n}}x^{n}$ 的收敛半径与收敛域.

解　因为

$$\rho=\lim_{n\to\infty}\sqrt[n]{\left|\frac{(-1)^{n}}{2^{n}}\right|}=\frac{1}{2}$$

所以 $R=2$.

对于端点 $x=-2$，级数变成 $\displaystyle\sum_{n=1}^{\infty}1^{2n}=\sum_{n=1}^{\infty}1$，此级数发散.

对于端点 $x=2$，级数变成 $\displaystyle\sum_{n=1}^{\infty}(-1)^{n}$，此级数发散. 因此收敛域为 $(-2,2)$.

例6　求幂级数 $\displaystyle\sum_{n=1}^{\infty}\frac{1}{5n}(x-2)^{n}$ 的收敛半径与收敛域.

解　令 $t=x-2$，则级数变为 $\displaystyle\sum_{n=1}^{\infty}\frac{1}{5n}t^{n}$.

因为

$$\rho=\lim_{n\to\infty}\left|\frac{a_{n+1}}{a_{n}}\right|=\lim_{n\to\infty}\frac{\frac{1}{5(n+1)}}{\frac{1}{5n}}=\lim_{n\to\infty}\frac{5n}{5(n+1)}=1$$

所以 $R=1$. 收敛区间为 $|t|<1$，即 $1<x<3$.

对于端点 $x=1$，级数变成 $\displaystyle\sum_{n=1}^{\infty}\frac{(-1)^{n}}{5n}$，此级数收敛.

对于端点 $x=3$，级数变成 $\displaystyle\sum_{n=1}^{\infty}\frac{1}{5n}$，此级数发散. 因此收敛域为 $[1,3)$.

例7　求幂级数 $\displaystyle\sum_{n=1}^{\infty}\frac{1}{n\cdot 3^{n}}x^{2n-1}$ 的收敛半径与收敛域.

解　该级数缺少偶次幂级数项，定理的方法无法使用，只能应用比值审敛法求解收敛半径. 因为

$$\lim_{n\to\infty}\left|\frac{a_{n+1}}{a_{n}}\right|=\lim_{n\to\infty}\left|\frac{\frac{x^{2n+1}}{(n+1)3^{n+1}}}{\frac{x^{2n-1}}{n3^{n}}}\right|=\lim_{n\to\infty}\frac{n}{3(n+1)}x^{2}=\frac{x^{2}}{3}$$

当 $\dfrac{x^2}{3} < 1$，即 $|x| < \sqrt{3}$ 时，级数收敛；当 $\dfrac{x^2}{3} > 1$，即 $|x| > \sqrt{3}$ 时，级数发散. 所以收敛半径为 $R = \sqrt{3}$.

对于端点 $x = -\sqrt{3}$，级数变成 $\displaystyle\sum_{n=0}^{\infty} \dfrac{-1}{\sqrt{3}n}$，此级数发散.

对于端点 $x = \sqrt{3}$，级数变成 $\displaystyle\sum_{n=0}^{\infty} \dfrac{1}{\sqrt{3}n}$，此级数发散. 因此收敛域为 $(-\sqrt{3}, \sqrt{3})$.

12.4.3 幂级数的性质

设幂级数 $\displaystyle\sum_{n=0}^{\infty} a_n x^n$ 及 $\displaystyle\sum_{n=0}^{\infty} b_n x^n$ 分别在区间 $(-R, R)$ 及 $(-R', R')$ 内收敛，则在 $(-R, R)$ 与 $(-R', R')$ 中较小的区间内有如下运算成立.

加法：$\displaystyle\sum_{n=0}^{\infty} a_n x^n + \sum_{n=0}^{\infty} b_n x^n = \sum_{n=0}^{\infty} (a_n + b_n) x^n$；

减法：$\displaystyle\sum_{n=0}^{\infty} a_n x^n - \sum_{n=0}^{\infty} b_n x^n = \sum_{n=0}^{\infty} (a_n - b_n) x^n$；

乘法：$\displaystyle\left(\sum_{n=0}^{\infty} a_n x^n\right) \cdot \left(\sum_{n=0}^{\infty} b_n x^n\right) = a_0 b_0 + (a_0 b_1 + a_1 b_0) x + (a_0 b_2 + a_1 b_1 + a_2 b_0) x^2 + \cdots$

$$+ (a_0 b_n + a_1 b_{n-1} + \cdots + a_n b_0) x^n + \cdots;$$

除法：$\dfrac{\displaystyle\sum_{n=0}^{\infty} a_n x^n}{\displaystyle\sum_{n=0}^{\infty} b_n x^n} = \displaystyle\sum_{n=0}^{\infty} c_n x^n$，这里假设 $b_0 \neq 0$. 为了决定系数 $c_0, c_1, \cdots, c_n, \cdots$，可以通过乘法

$$\sum_{n=0}^{\infty} a_n x^n = \left(\sum_{n=0}^{\infty} b_n x^n\right) \cdot \left(\sum_{n=0}^{\infty} c_n x^n\right)$$

让等式两端同次幂系数相等而依次求解. 但需要注意的是新幂级数的收敛半径比 R_1、R_2 要小得多.

关于幂级数的和函数有下列性质.

性质 1 幂级数 $\displaystyle\sum_{n=0}^{\infty} a_n x^n$ 的和函数 $s(x)$ 在其收敛域 I 上连续.

如果幂级数在 $x = R$ （或 $x = -R$ ）处也收敛，则和函数 $s(x)$ 在 $(-R, R]$ （或 $[-R, R)$ ）上连续.

性质 2　幂级数 $\sum\limits_{n=0}^{\infty} a_n x^n$ 的和函数 $s(x)$ 在其收敛域 I 上可积，并且有逐项积分公式：

$$\int_0^x s(x)\mathrm{d}x = \int_0^x \left(\sum_{n=0}^{\infty} a_n x^n \right) \mathrm{d}x = \sum_{n=0}^{\infty} \int_0^x a_n x^n \mathrm{d}x = \sum_{n=0}^{\infty} \frac{a_n}{n+1} x^{n+1} \quad (x \in I)$$

逐项积分后所得到的幂级数和原级数有相同的收敛半径.

性质 3　幂级数 $\sum\limits_{n=0}^{\infty} a_n x^n$ 的和函数 $s(x)$ 在其收敛区间 $(-R, R)$ 内可导，并且有逐项求导公式：

$$s'(x) = \left(\sum_{n=0}^{\infty} a_n x^n \right)' = \sum_{n=0}^{\infty} (a_n x^n)' = \sum_{n=1}^{\infty} n a_n x^{n-1} \quad (|x| < R)$$

逐项求导后所得到的幂级数和原级数有相同的收敛半径.

反复应用上面的性质可以得到，幂级数 $\sum\limits_{n=0}^{\infty} a_n x^n$ 的和函数 $s(x)$ 在其收敛区间 $(-R, R)$ 内具有任意阶导数.

例 8　求 $\sum\limits_{n=0}^{\infty} (-1)^n \dfrac{x^{2n+1}}{2n+1}$ 在 $[-1, 1]$ 上的和函数，并求级数 $\sum\limits_{n=0}^{\infty} \dfrac{(-1)^n}{(2n+1)3^n}$ 的和.

解　观察题目特点，可以先对级数逐项求导数，然后再求积分.

设 $s(x) = \sum\limits_{n=0}^{\infty} (-1)^n \dfrac{x^{2n+1}}{2n+1}$ ，则

$$s'(x) = \left(\sum_{n=0}^{\infty} (-1)^n \frac{x^{2n+1}}{2n+1} \right)' = \sum_{n=0}^{\infty} \left((-1)^n \frac{x^{2n+1}}{2n+1} \right)'$$

$$= \sum_{n=0}^{\infty} (-1)^n x^{2n} = \frac{1}{1+x^2}$$

所以

$$s(x) = \int_0^x s'(x)\mathrm{d}x = \int_0^x \frac{1}{1+x^2} \mathrm{d}x = \arctan x \quad (-1 \leqslant x \leqslant 1)$$

由上式可知

$$\sum_{n=0}^{\infty}\frac{(-1)^n}{(2n+1)3^n}=\sum_{n=0}^{\infty}\frac{(-1)^n}{(2n+1)\sqrt{3}^{2n}}$$

$$=\sum_{n=0}^{\infty}\frac{(-1)^n\sqrt{3}}{(2n+1)\sqrt{3}^{2n+1}}=\sqrt{3}\sum_{n=0}^{\infty}\frac{(-1)^n}{(2n+1)}\left(\frac{1}{\sqrt{3}}\right)^{2n+1}$$

比较 $\displaystyle\sum_{n=0}^{\infty}\frac{(-1)^n}{(2n+1)3^n}$ 与 $\displaystyle\sum_{n=0}^{\infty}(-1)^n\frac{x^{2n+1}}{2n+1}$ 之间的关系，代入 $x=\dfrac{1}{\sqrt{3}}$ 得

$$\sum_{n=0}^{\infty}\frac{(-1)^n}{(2n+1)3^n}=\sqrt{3}\arctan\frac{1}{\sqrt{3}}=\sqrt{3}\cdot\frac{\pi}{6}=\frac{\sqrt{3}}{6}\pi$$

通过上例，给出了求解函数项级数和函数的方法，针对函数项级数的不同特点，根据幂级数的和函数的性质，可以采用以下两种方法：

幂级数求和问题：
先求导再积分以及
先积分再求导数

（1）先对和函数逐项求导数，然后再求积分；

（2）先对和函数逐项求积分，然后再求导数.

通过上例也给出了求解一些特殊的常数项级数和的问题的思路.

习题 12.4

1. 求下列幂级数的收敛半径与收敛域：

（1）$\displaystyle\sum_{n=1}^{\infty}\frac{1}{2n-1}x^n$；

（2）$\displaystyle\sum_{n=1}^{\infty}\frac{1}{4n+3}x^n$；

（3）$\displaystyle\sum_{n=1}^{\infty}\frac{1}{n^2+1}x^n$；

（4）$\displaystyle\sum_{n=1}^{\infty}\frac{1}{(n+1)(n+2)}x^n$；

（5）$\displaystyle\sum_{n=1}^{\infty}\frac{x^n}{3^n}$；

（6）$\displaystyle\sum_{n=1}^{\infty}\frac{x^n}{5^n}$；

（7）$\displaystyle\sum_{n=1}^{\infty}\frac{x^n}{n\cdot 2^n}$；

（8）$\displaystyle\sum_{n=1}^{\infty}\frac{x^n}{3^n n^2}$；

（9）$\displaystyle\sum_{n=1}^{\infty}\frac{(x-1)^n}{n\cdot 2^n}$；

（10）$\displaystyle\sum_{n=1}^{\infty}\frac{(x-5)^n}{\sqrt{n}}$；

（11）$\displaystyle\sum_{n=1}^{\infty}(-1)^n\frac{x^{2n+1}}{1+2n}$；

（12）$\displaystyle\sum_{n=1}^{\infty}\frac{(2n-1)x^{2n-2}}{2^n}$.

2. 利用逐项求导或者是逐项积分，求下列级数的和函数：

（1）$\displaystyle\sum_{n=1}^{\infty}\frac{1}{4n+1}x^{4n+1}$；

（2）$\displaystyle\sum_{n=1}^{\infty}\frac{1}{2n-1}x^{2n-1}$；

（3）$\displaystyle\sum_{n=1}^{\infty} n x^{n-1}$；　　　　（4）$\displaystyle\sum_{n=1}^{\infty} \frac{n}{2^{n-1}} x^{n-1}$；

（5）$\displaystyle\sum_{n=1}^{\infty} n(n+1) x^{n}$；　　　（6）$\displaystyle\sum_{n=0}^{\infty} (n+2)(n+1) x^{n}$．

12.5　函数展开成幂级数

12.4 节讨论了幂级数的收敛域以及和函数的性质，可我们经常会遇到相反的问题：给定函数 $f(x)$，要考虑它是否能在某个区间内"展开成幂级数"，也就是说，是否能找到这样一个幂级数，它在某区间内收敛，且其和恰好就是给定的函数 $f(x)$．如果能找到这样的幂级数，我们就说，函数 $f(x)$ 在该区间内能展开成幂级数，或简单地说函数 $f(x)$ 能展开成幂级数，而该级数在收敛区间内就表达了函数 $f(x)$．

12.5.1　泰勒级数

假设函数 $f(x)$ 在点 x_0 的某邻域 $U(x_0)$ 内能展开成幂级数，即
$$f(x) = a_0 + a_1(x-x_0) + a_2(x-x_0)^2 + \cdots + a_n(x-x_0)^n + \cdots$$
根据和函数的性质，可知 $f(x)$ 在点 x_0 的某邻域 $U(x_0)$ 内具有任意阶导数，这里 $a_0, a_1, \cdots, a_n$ 为幂级数的系数，则
$$f'(x) = a_1 + 2a_2(x-x_0) + 3a_3(x-x_0)^2 + \cdots + n a_n(x-x_0)^{n-1} + \cdots$$
$$f''(x) = 2! a_2 + 3 \cdot 2 a_3(x-x_0) + \cdots + n(n-1)a_n(x-x_0)^{n-2} + \cdots$$
$$\cdots\cdots$$
$$f^{(n)}(x) = n! a_n + (n+1)! a_{n+1}(x-x_0) + \frac{(n+2)!}{2!} a_{n+2}(x-x_0)^2 + \cdots$$
$$\cdots\cdots$$
由此可以得到
$$a_n = \frac{f^{(n)}(x_0)}{n!} \quad (n = 0,1,2,\cdots)$$
由此可见，如果函数可以展开为幂级数，则将 $a_n(n=0,1,2,\cdots)$ 代回原式，可以得到如下幂级数：
$$f(x) = f(x_0) + f'(x_0)(x-x_0) + \frac{f''(x_0)}{2!}(x-x_0)^2 + \cdots + \frac{f^{(n)}(x_0)}{n!}(x-x_0)^n + \cdots$$

$$= \sum_{n=0}^{\infty} \frac{f^{(n)}(x_0)}{n!}(x-x_0)^n , \quad x \in U(x_0) . \qquad （12\text{-}8）$$

式（12-8）右端的幂级数叫作函数 $f(x)$ 在点 x_0 处的**泰勒级数**. 展开式叫作函数 $f(x)$ 在点 x_0 处的**泰勒展开式**.

需注意的是，除了 $x = x_0$ 外，$f(x)$ 的泰勒级数是否收敛? 如果收敛，它是否一定收敛于 $f(x)$?

定理　设函数 $f(x)$ 在点 x_0 的某一邻域 $U(x_0)$ 内具有各阶导数，则 $f(x)$ 在该邻域内能展开成泰勒级数的充分必要条件是 $f(x)$ 的泰勒公式中的余项 $R_n(x)$ 当 $n \to 0$ 时的极限为零，即

$$\lim_{n \to \infty} R_n(x) = 0 \quad (x \in U(x_0))$$

证明　先证必要性. 设 $f(x)$ 在 $U(x_0)$ 内能展开为泰勒级数，即

$$f(x) = f(x_0) + f'(x_0)(x-x_0) + \frac{f''(x_0)}{2!}(x-x_0)^2 + \cdots + \frac{f^{(n)}(x_0)}{n!}(x-x_0)^n + \cdots$$

又设 $s_{n+1}(x)$ 是 $f(x)$ 的泰勒级数前 $n+1$ 项的和，则在 $U(x_0)$ 内 $\lim\limits_{n \to \infty} s_{n+1}(x) = f(x)$，而 $f(x)$ 的 n 阶泰勒公式可写成 $f(x) = s_{n+1}(x) + R_n(x)$，于是

$$R_n(x) = f(x) - s_{n+1}(x) \to 0 \quad （n \to \infty）$$

再证充分性. 设 $R_n(x) \to 0 (n \to \infty)$ 对一切 $x \in U(x_0)$ 成立.

因为 $f(x)$ 的 n 阶泰勒公式可写成 $f(x) = s_{n+1}(x) + R_n(x)$. 于是

$$s_{n+1}(x) = f(x) - R_n(x) \to f(x) ,$$

即 $f(x)$ 的泰勒级数在 $U(x_0)$ 内收敛，并且收敛于 $f(x)$.

12.5.2　麦克劳林级数

在 $x_0 = 0$ 时，泰勒级数可以变成如下形式:

$$f(0) + f'(0)x + \frac{f''(0)}{2!}x^2 + \cdots + \frac{f^{(n)}(0)}{n!}x^n + \cdots = \sum_{n=0}^{\infty} \frac{f^{(n)}(0)}{n!}x^n \qquad （12\text{-}9）$$

级数（12-9）称为函数 $f(x)$ 的**麦克劳林级数**. 若 $f(x)$ 能在 $(-r, r)$ 内展开成 x 的幂级数，则有

$$f(x) = \sum_{n=0}^{\infty} \frac{1}{n!} f^{(n)}(0)x^n \qquad （12\text{-}10）$$

式（12-10）称为函数 $f(x)$ 的**麦克劳林展开式**.

这里需要注意的是：

（1）如果 $f(x)$ 能展开成 x 的幂级数，那么这种展开式是唯一的，它一定与 $f(x)$ 的麦克劳林级数一致.

（2）如果 $f(x)$ 的麦克劳林级数在点 $x_0 = 0$ 的某邻域内收敛，它却不一定收敛于 $f(x)$. 因此，如果 $f(x)$ 在点 $x_0 = 0$ 处具有各阶导数，则 $f(x)$ 的麦克劳林级数虽然能作出来，但这个级数是否在某个区间内收敛，以及是否收敛于 $f(x)$ 却需要进一步考察.

12.5.3　函数展开成幂级数

通过泰勒展开式和麦克劳林展开式的讲解，下面总结出把函数 $f(x)$ 展开成 x 的幂级数的步骤.

（1）求出 $f(x)$ 的各阶导数：$f'(x), f''(x), \cdots, f^{(n)}(x), \cdots$；

（2）求函数及其各阶导数在 $x = 0$ 处的值：

$$f(0), f'(0), f''(0), \cdots, f^{(n)}(0), \cdots$$

（3）写出幂级数：

$$f(0) + f'(0)x + \frac{f''(0)}{2!}x^2 + \cdots + \frac{f^{(n)}(0)}{n!}x^n + \cdots$$

并求出收敛半径 R；

（4）考察在区间 $(-R, R)$ 内时是否有 $R_n(x) \to 0 (n \to \infty)$，即

$$\lim_{n \to \infty} R_n(x) = \lim_{n \to \infty} \frac{f^{(n+1)}(\xi)}{(n+1)!}x^{n+1} \quad (\xi \text{ 介于 } 0 \text{ 与 } x \text{ 之间})$$

是否为零，如果 $R_n(x) \to 0 (n \to \infty)$，则 $f(x)$ 在 $(-R, R)$ 内有展开式

$$f(x) = f(0) + f'(0)x + \frac{f''(0)}{2!}x^2 + \cdots + \frac{f^{(n)}(0)}{n!}x^n + \cdots \quad (-R < x < R)$$

例 1　求函数 $f(x) = \mathrm{e}^x$ 展开成 x 的幂级数.

解　由于 $f^{(n)}(x) = \mathrm{e}^x$，$f^{(n)}(0) = 1$，$n = 1, 2, \cdots$，于是得到级数

$$1 + x + \frac{1}{2!}x^2 + \cdots + \frac{1}{n!}x^n + \cdots$$

它的收敛半径为 $R = +\infty$.

对于任何有限的数 x 与 ξ（ξ 介于 0 与 x 之间），有

$$|R_n(x)| = \left| \frac{\mathrm{e}^\xi}{(n+1)!}x^{n+1} \right| < \mathrm{e}^{|x|} \cdot \frac{|x|^{n+1}}{(n+1)!}$$

考虑级数 $\sum_{n=0}^{\infty} e^{|x|} \dfrac{|x|^{n+!}}{(n+1)!}$ ，由比值审敛法可知其收敛，再由级数收敛的必要条件知其一般项的极限为零，于是对于 $(-\infty, +\infty)$ 内的一切 x ，有 $\lim\limits_{n \to \infty} |R_n(x)| = 0$ ，从而有展开式

$$e^x = 1 + x + \frac{1}{2!}x^2 + \cdots + \frac{1}{n!}x^n + \cdots \quad (-\infty < x < +\infty)$$

例 2 将函数 $f(x) = \sin x$ 展开成 x 的幂级数.

解 求出函数的各阶导数为

$$f^{(n)}(x) = \sin\left(x + n \cdot \frac{\pi}{2}\right) \quad (n = 1, 2, \cdots)$$

$f^{(n)}(x)$ 顺序循环地取 $0, 1, 0, -1, \cdots (n = 0, 1, 2, 3, \cdots)$ ，于是得级数

$$x - \frac{x^3}{3!} + \frac{x^5}{5!} - \cdots + (-1)^n \frac{x^{2n+1}}{(2n+1)!} + \cdots$$

它的收敛半径为 $R = +\infty$.

对于任何有限的数 x 与 ξ （ξ 介于 0 与 x 之间），有

$$|R_n(x)| = \left| \frac{\sin\left[\xi + \dfrac{(n+1)\pi}{2}\right]}{(n+1)!} x^{n+1} \right| \leqslant \frac{|x|^{n+1}}{(n+1)!} \to 0 \ (n \to \infty)$$

因此得展开式

$$\sin x = x - \frac{x^3}{3!} + \frac{x^5}{5!} - \cdots + (-1)^n \frac{x^{2n+1}}{(2n+1)!} + \cdots \quad (-\infty < x < +\infty)$$

例 3 将函数 $f(x) = (1+x)^m$ 展开成 x 的幂级数，其中 m 为任意常数.

解 $f(x)$ 的各阶导数为

$$f'(x) = m(1+x)^{m-1}, \quad f''(x) = m(m-1)(1+x)^{m-2}, \cdots$$

$$f^{(n)}(x) = m(m-1)(m-2)\cdots(m-n+1)(1+x)^{m-n}, \cdots$$

则

$$f(0) = 1, f'(0) = m, f''(0) = m(m-1), \cdots, f^{(n)}(0) = m(m-1)(m-2)\cdots(m-n+1)\cdots$$

于是得幂级数

$$1 + mx + \frac{m(m-1)}{2!}x^2 + \cdots + \frac{m(m-1)\cdots(m-n+1)}{n!}x^n + \cdots$$

这里，考虑到研究余项 $R_n(x)$ 是否趋于 0 过于复杂，所以用其他方式可以证明

$$(1+x)^m = 1 + mx + \frac{m(m-1)}{2!}x^2 + \cdots + \frac{m(m-1)\cdots(m-n+1)}{n!}x^n + \cdots \quad (-1 < x < 1)$$

上式叫作**二项式展开式**. 特别地, 当 m 是正整数时, 级数为 x 的 m 次多项式, 就是代数学中的二项式定理.

一般来说, 只有少数比较简单的函数, 其幂级数展开式能直接根据定义求出, 因为考察余项 $R_n(x)$ 是否趋于 0 过于复杂, 所以更多的情况是从已知的展开式出发. 通过变量代换、四则运算或逐项求导、逐项积分等方法, 间接地求出函数的幂级数展开式.

前面我们已经求得的幂级数展开式有

$$e^x = 1 + x + \frac{1}{2!}x^2 + \cdots + \frac{1}{n!}x^n + \cdots = \sum_{n=0}^{\infty} \frac{x^n}{n!} \quad (-\infty < x < +\infty) \quad (12\text{-}11)$$

$$\sin x = x - \frac{x^3}{3!} + \frac{x^5}{5!} - \cdots + (-1)^n \frac{x^{2n+1}}{(2n+1)!} + \cdots = \sum_{n=0}^{\infty} (-1)^n \frac{x^{2n+1}}{(2n+1)!} \quad (-\infty < x < +\infty)$$

$$(12\text{-}12)$$

$$\frac{1}{1+x} = 1 - x + x^2 - \cdots + (-1)^n x^n + \cdots = \sum_{n=0}^{\infty} (-1)^n x^n \quad (-1 < x < 1) \quad (12\text{-}13)$$

$$\frac{1}{1-x} = 1 + x + x^2 + \cdots + x^n + \cdots = \sum_{n=0}^{\infty} x^n \quad (-1 < x < 1) \quad (12\text{-}14)$$

利用上述展开式, 可以求得很多函数的幂级数展开式. 如

将式 (12-11) 中的 x 换成 $x\ln a$, 可得

$$a^x = \sum_{n=0}^{\infty} \frac{(\ln a)^n}{n!} x^n \quad (-\infty < x < +\infty) \quad (12\text{-}15)$$

对式 (12-12) 两边求导数, 可得

$$\cos x = \sum_{n=0}^{\infty} (-1)^n \frac{x^{2n}}{2n!} \quad (-\infty < x < +\infty) \quad (12\text{-}16)$$

对式 (12-13) 两边从 0 到 x 积分, 可得

$$\ln(1+x) = \sum_{n=0}^{\infty} \frac{(-1)^n}{n+1} x^{n+1} = \sum_{n=1}^{\infty} \frac{(-1)^{n-1}}{n} x^n \quad (-1 < x \leqslant 1) \quad (12\text{-}17)$$

将式 (12-13) 中的 x 换成 x^2, 可得

$$\frac{1}{1+x^2} = \sum_{n=0}^{\infty} (-1)^n x^{2n} \quad (-1 < x < 1) \quad (12\text{-}18)$$

对式 (12-18) 从 0 到 x 积分, 可得

$$\arctan x = \sum_{n=0}^{\infty} \frac{(-1)^n}{2n+1} x^{2n+1} \quad (-1 \leqslant x \leqslant 1) \tag{12-19}$$

例4　将 $f(x) = \dfrac{x}{1+x^2}$ 展开成 x 的幂级数.

解　由式（12-18）可知

$$\frac{1}{1+x^2} = \sum_{n=0}^{\infty} (-1)^n x^{2n} \quad (-1 < x < 1)$$

所以

$$f(x) = \frac{x}{1+x^2} = x \sum_{n=0}^{\infty} (-1)^n x^{2n} = \sum_{n=0}^{\infty} (-1)^n x^{2n+1}$$

例5　将函数 $f(x) = \dfrac{1}{x^2+4x+3}$ 展开成 x 的幂级数.

解　由于

$$f(x) = \frac{1}{x^2+4x+3} = \frac{1}{(x+3)(x+1)} = \frac{1}{2}\left(\frac{1}{x+1} - \frac{1}{x+3}\right)$$

而

$$\frac{1}{1+x} = \sum_{n=0}^{\infty} (-1)^n x^n \quad (-1 < x < 1)$$

$$\frac{1}{3+x} = \frac{1}{3} \cdot \frac{1}{1+\frac{x}{3}} = \frac{1}{3} \sum_{n=0}^{\infty} (-1)^n \left(\frac{x}{3}\right)^n = \sum_{n=0}^{\infty} \frac{(-1)^n}{3^{n+1}} x^n \quad (-3 < x < 3)$$

所以

$$f(x) = \sum_{n=0}^{\infty} \left[\frac{1}{2}(-1)^n - \frac{1}{2} \cdot \frac{(-1)^n}{3^{n+1}}\right] x^n \quad (-1 < x < 1)$$

例6　将函数 $f(x) = \ln x$ 展开成 $(x-2)$ 的幂级数.

解　由于

$$f(x) = \ln x = \ln(2+x-2) = \ln 2\left(1 + \frac{x-2}{2}\right) = \ln 2 + \ln\left(1 + \frac{x-2}{2}\right)$$

再由式（12-17）可以得到

$$\ln\left(1 + \frac{x-2}{2}\right) = \sum_{n=0}^{\infty} \frac{(-1)^n}{n+1}\left(\frac{x-2}{2}\right)^{n+1} = \sum_{n=0}^{\infty} \frac{(-1)^n}{(n+1)2^{n+1}}(x-2)^{n+1}$$

所以

$$f(x) = \ln 2 + \sum_{n=0}^{\infty} \frac{(-1)^n}{(n+1)2^{n+1}}(x-2)^{n+1}$$

其中 $-1 < \dfrac{x-2}{2} \leqslant 1$，即 $0 < x \leqslant 4$．

例 7　将函数 $f(x) = \sin x$ 展开成 $\left(x - \dfrac{\pi}{4}\right)$ 的幂级数．

解　因为

$$\sin x = \sin \left[\frac{\pi}{4} + \left(x - \frac{\pi}{4}\right)\right]$$

$$= \sin \frac{\pi}{4} \cos\left(x - \frac{\pi}{4}\right) + \cos \frac{\pi}{4} \sin\left(x - \frac{\pi}{4}\right)$$

$$= \frac{\sqrt{2}}{2}\left[\cos\left(x - \frac{\pi}{4}\right) + \sin\left(x - \frac{\pi}{4}\right)\right]$$

由式（12-12）和式（12-16）可得

$$\sin\left(x - \frac{\pi}{4}\right) = \sum_{n=0}^{\infty} (-1)^n \frac{\left(x - \dfrac{\pi}{4}\right)^{2n+1}}{(2n+1)!} \quad (-\infty < x < +\infty)$$

$$\cos\left(x - \frac{\pi}{4}\right) = \sum_{n=0}^{\infty} (-1)^n \frac{\left(x - \dfrac{\pi}{4}\right)^{2n}}{2n!} \quad (-\infty < x < +\infty)$$

所以

$$\sin x = \frac{\sqrt{2}}{2}\left[\sum_{n=0}^{\infty} (-1)^n \frac{\left(x - \dfrac{\pi}{4}\right)^{2n}}{2n!} + \sum_{n=0}^{\infty} (-1)^n \frac{\left(x - \dfrac{\pi}{4}\right)^{2n+1}}{(2n+1)!}\right] \quad (-\infty < x < +\infty).$$

函数展成幂级数——
间接展开法

习题 12.5

1. 将下列函数展开成 x 的幂级数，并求出展开式成立的区间：

（1）e^{x^2}；　　　　　　　　　　　　（2）e^{x^3}；

（3）$\sin\left(x - \dfrac{\pi}{4}\right)$；　　　　　　　（4）$\cos\left(x - \dfrac{\pi}{3}\right)$；

（5）$\dfrac{1}{\sqrt{1+x}}$；　　　　　　　　　（6）$\sqrt{1+x}$；

（7） $\dfrac{x^{10}}{1-x}$;   （8） $\dfrac{x}{\sqrt{1-2x}}$;

（9） $\dfrac{1}{1-x^2}$;   （10） $\dfrac{x}{1+x-2x^2}$;

（11） $\sin^2 x$;   （12） $\cos^2 x$;

（13） $\ln\sqrt{1+x}$;   （14） $\ln\sqrt{\dfrac{1+x}{1-x}}$.

2．将下面的函数展开成 $(x-1)$ 的幂级数，并求出展开式成立的区间：

（1） $\ln x$;   （2） $\ln(x+1)$;

（3） $\dfrac{1}{2+x}$;   （4） $\dfrac{1}{x}$.

3．将下列函数展开成 $\left(x+\dfrac{\pi}{3}\right)$ 的幂级数，并求出展开式成立的区间：

（1） $\cos x$;   （2） $\sin x$.

12.6　傅里叶级数

本节将讨论在数学与工程技术中都有广泛应用的一类函数项级数，由三角函数所组成的三角级数.

12.6.1　三角函数系

我们称

$$1, \cos x, \sin x, \cos 2x, \sin 2x, \cdots, \cos nx, \sin nx, \cdots$$

为一个三角函数系.

三角函数系具有正交性，是指在三角函数系中任取两个不同函数，它们的乘积在区间 $[-\pi,\pi]$ 上的积分为零．即有以下 5 个等式：

$$\int_{-\pi}^{\pi} \cos nx\,\mathrm{d}x = 0 \quad (n=1,2,\cdots)$$

$$\int_{-\pi}^{\pi} \sin nx\,\mathrm{d}x = 0 \quad (n=1,2,\cdots)$$

$$\int_{-\pi}^{\pi} \sin kx \cos nx\,\mathrm{d}x = 0 \quad (k,n=1,2,\cdots)$$

$$\int_{-\pi}^{\pi} \sin kx \sin nx\,\mathrm{d}x = 0 \quad (k,n=1,2,\cdots,k\neq n)$$

$$\int_{-\pi}^{\pi} \cos kx \cos nx\,\mathrm{d}x = 0 \quad (k,n=1,2,\cdots,k\neq n)$$

以上等式都可以通过计算定积分来验证.

在区间 $[-\pi,\pi]$ 上，三角函数系的任意两个相同的的函数乘积的积分不等于零，如

$$\int_{-\pi}^{\pi} 1^2 \,\mathrm{d}x = 2\pi\ ,\qquad \int_{-\pi}^{\pi} \sin^2 nx \,\mathrm{d}x = \pi\ ,\qquad \int_{-\pi}^{\pi} \cos^2 nx \,\mathrm{d}x = \pi\quad (n=1,2,\cdots)$$

设 $a_0,a_1,b_1,\cdots,a_n,b_n,\cdots$ 为常数，则形如

$$\frac{a_0}{2} + \sum_{n=1}^{\infty}(a_n\cos nx + b_n\sin nx)$$

的级数称为**三角级数**.

12.6.2 函数展开成傅里叶级数

设函数 $f(x)$ 是周期为 2π 的周期函数，且能展开成三角级数

$$f(x) = \frac{a_0}{2} + \sum_{n=1}^{\infty}\left(a_n\cos nx + b_n\sin nx\right) \qquad (12\text{-}20)$$

对于三角级数我们需要解决以下三个问题：

（1） $f(x)$ 满足什么条件可以展开成三角级数？

（2） $f(x)$ 可以展开成三角级数，系数 $a_0,a_1,b_1,\cdots,a_n,b_n,\cdots$ 如何确定？

（3） $f(x)$ 的三角级数的敛散性如何？

我们先来解决问题（2）.

设 $f(x)$ 可以展开为三角级数（12.20），为了求解系数 a_0，利用三角函数系的正交性，对等式两边在 $[-\pi,\pi]$ 上积分，即

$$\int_{-\pi}^{\pi} f(x)\,\mathrm{d}x = \int_{-\pi}^{\pi}\frac{a_0}{2}\,\mathrm{d}x + \sum_{n=1}^{\infty}\left(a_n\int_{-\pi}^{\pi}\cos nx\,\mathrm{d}x + b_n\int_{-\pi}^{\pi}\sin nx\,\mathrm{d}x\right)$$

这里 $\int_{-\pi}^{\pi}\cos nx\,\mathrm{d}x = 0$，$\int_{-\pi}^{\pi}\sin nx\,\mathrm{d}x = 0$，$n=1,2,\cdots$，于是得到

$$\int_{-\pi}^{\pi} f(x)\,\mathrm{d}x = \frac{a_0}{2}\cdot 2\pi$$

所以，$a_0 = \dfrac{1}{\pi}\int_{-\pi}^{\pi} f(x)\,\mathrm{d}x$.

其次求 a_n. 在式（12-20）左右两边同时乘以 $\cos kx$，再对等式两边在 $[-\pi,\pi]$ 上积分，即

$$\int_{-\pi}^{\pi} f(x)\cos kx\,\mathrm{d}x = \int_{-\pi}^{\pi}\frac{a_0}{2}\cos kx\,\mathrm{d}x + \sum_{n=1}^{\infty}\left(a_n\int_{-\pi}^{\pi}\cos nx\cos kx\,\mathrm{d}x + b_n\int_{-\pi}^{\pi}\sin nx\cos kx\,\mathrm{d}x\right)$$

根据三角函数系的正交性，等式右端除 $k=n$ 的一项之外，其余各项均为零，所以

$$\int_{-\pi}^{\pi} f(x)\cos nx\mathrm{d}x = a_n\int_{-\pi}^{\pi}\cos^2 nx\mathrm{d}x = a_n\pi$$

于是得到 $a_n = \dfrac{1}{\pi}\displaystyle\int_{-\pi}^{\pi} f(x)\cos nx\mathrm{d}x$ $(n = 1,2,\cdots)$.

类似地，在式（12-20）左右两边同时乘以 $\sin kx$，再对等式两边在 $[-\pi,\pi]$ 上积分，可以得到 $b_n = \dfrac{1}{\pi}\displaystyle\int_{-\pi}^{\pi} f(x)\sin nx\mathrm{d}x$ $(n = 1,2,\cdots)$.

由于当 $n = 0$ 时，a_n 的表达式恰好给出 a_0，因此结果可以合并写成

$$a_n = \frac{1}{\pi}\int_{-\pi}^{\pi} f(x)\cos nx\mathrm{d}x \quad (n = 0,1,2,\cdots) \tag{12-21}$$

$$b_n = \frac{1}{\pi}\int_{-\pi}^{\pi} f(x)\sin nx\mathrm{d}x \quad (n = 1,2,\cdots) \tag{12-22}$$

若式（12-21）和式（12-22）积分都存在，这时它们求出的系数 $a_0, a_1, b_1, \cdots, a_n, b_n, \cdots$ 叫作函数 $f(x)$ 的**傅里叶系数**，将这些系数代入式（12-20）右端，所得的三角级数

$$\frac{a_0}{2} + \sum_{n=1}^{\infty}\left(a_n\cos nx + b_n\sin nx\right)$$

称为函数 $f(x)$ 的**傅里叶级数**.

对于问题（1）和（3），我们给出一个收敛定理（不加证明）.

定理 1（收敛定理，狄利克雷充分条件） 设 $f(x)$ 是以 2π 为周期的函数，如果它满足：

（1）在一个周期内连续或者只有有限个第一类间断点；

（2）在一个周期内至多只有有限个极值点；

那么 $f(x)$ 的傅里叶级数收敛，并且当 x 是 $f(x)$ 的连续点时，级数收敛于 $f(x)$，当 x 是 $f(x)$ 的间断点时，级数收敛于 $\dfrac{f(x^-) + f(x^+)}{2}$.

收敛定理告诉我们：只要函数在 $[-\pi,\pi]$ 上至多有有限个第一类间断点，并且不做无限次振动，函数的傅里叶级数在连续点处就收敛于该点的函数值，在间断点处收敛于该点左极限与右极限的算术平均值.

例 1 设 $f(x)$ 是周期为 2π 的周期函数，它在 $[-\pi,\pi)$ 上的表达式为

$$f(x) = \begin{cases} -1, & -\pi \leqslant x < 0 \\ 1, & 0 \leqslant x < \pi \end{cases}$$

将 $f(x)$ 展开成傅里叶级数.

解 所给函数满足收敛定理的条件，它在点 $x = k\pi$ $(k = 0, \pm1, \pm2, \cdots)$ 处不连续，在其他点处连续，从而由收敛定理知道 $f(x)$ 的傅里叶级数收敛，并且当 $x = k\pi$ 时

收敛于

$$\frac{1}{2}[f(x^-)+f(x^+)]=\frac{1}{2}(-1+1)=0$$

当 $x\neq k\pi$ 时级数收敛于 $f(x)$.

傅里叶系数计算为

$$a_n=\frac{1}{\pi}\int_{-\pi}^{\pi}f(x)\cos nx\mathrm{d}x$$

$$=\frac{1}{\pi}\int_{-\pi}^{0}(-1)\cos nx\mathrm{d}x+\frac{1}{\pi}\int_{0}^{\pi}1\cdot\cos nx\mathrm{d}x$$

$$=0\ (n=0,1,2,\cdots)$$

$$b_n=\frac{1}{\pi}\int_{-\pi}^{\pi}f(x)\sin nx\mathrm{d}x$$

$$=\frac{1}{\pi}\int_{-\pi}^{0}(-1)\sin nx\mathrm{d}x+\frac{1}{\pi}\int_{0}^{\pi}1\cdot\sin nx\mathrm{d}x$$

$$=\frac{1}{\pi}\left[\frac{\cos nx}{n}\right]_{-\pi}^{0}+\frac{1}{\pi}\left[-\frac{\cos nx}{n}\right]_{0}^{\pi}=\frac{1}{n\pi}[1-\cos n\pi-\cos n\pi+1]$$

$$=\frac{2}{n\pi}[1-(-1)^n]$$

$$=\begin{cases}\dfrac{4}{n\pi},&n=1,\ 3,\ 5,\ \cdots\\[2mm]0,&n=2,\ 4,\ 6,\ \cdots\end{cases}$$

于是 $f(x)$ 的傅里叶级数展开式为

$$f(x)=\frac{4}{\pi}\left[\sin x+\frac{1}{3}\sin 3x+\cdots+\frac{1}{2k-1}\sin(2k-1)x+\cdots\right]$$

$$(-\infty<x<+\infty;x\neq 0,\pm\pi,\pm2\pi,\cdots)$$

级数的和函数的图形如图 12-1 所示.

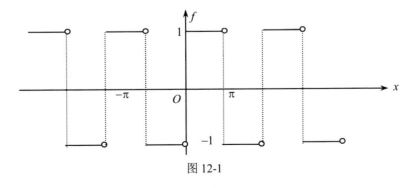

图 12-1

如果把例 1 的函数理解为矩形波的波形图（周期为 2π ，振幅为 1，自变量 x 表示时间），那么上面所得的展开式表明：矩形波是由一系列不同频率的正弦波叠加而成的，这些正弦波的频率依次为基波频率的奇数倍．其中，正弦波是频率成分最为单一的一种信号，因这种信号的波形是数学上的正弦曲线，故命名为正弦波。基波是指在复杂的周期性振荡中与该振荡最长周期相等的正弦波分量，相应于这个周期的频率称为基波频率。

例2　设函数 $f(x)$ 是周期为 2π 的周期函数，且

$$f(x)=\begin{cases}0, & -\pi\leqslant x\leqslant 0 \\ x, & 0<x<\pi\end{cases}$$

将 $f(x)$ 展开成傅里叶级数．

解　所给的函数满足收敛定理，其在点 $x=(2k+1)\pi\,(k=0,\pm 1,\pm 2,\cdots)$ 处不连续．因此，$f(x)$ 在不连续点收敛于

$$\frac{1}{2}[f(\pi^-)+f(\pi^+)]=\frac{1}{2}(\pi+0)=\frac{\pi}{2}$$

在 $f(x)$ 的连续点级数收敛于 $f(x)$ ．且由式（12-21）和式（12-22），傅里叶系数计算如下：

$$a_0=\frac{1}{\pi}\int_{-\pi}^{\pi}f(x)\mathrm{d}x=\frac{1}{\pi}\left(\int_{-\pi}^{0}0\mathrm{d}x+\int_{0}^{\pi}x\mathrm{d}x\right)=\frac{1}{\pi}\cdot\frac{\pi^2}{2}=\frac{\pi}{2}$$

$$a_n=\frac{1}{\pi}\int_{-\pi}^{\pi}f(x)\cos nx\mathrm{d}x$$

$$=\frac{1}{\pi}\int_{0}^{\pi}x\cos nx\mathrm{d}x$$

$$=\frac{1}{\pi}\left(\frac{x\sin nx}{n}\bigg|_{0}^{\pi}-\frac{1}{n}\int_{0}^{\pi}\sin nx\mathrm{d}x\right)$$

$$=\frac{1}{n\pi}\cdot\frac{\cos nx}{n}\bigg|_{0}^{\pi}=\frac{1}{n^2\pi}(\cos n\pi-1)$$

$$=\begin{cases}-\dfrac{2}{n^2\pi}, & n=1,3,5,\cdots \\ 0, & n=2,4,6,\cdots\end{cases}$$

$$b_n=\frac{1}{\pi}\int_{-\pi}^{\pi}f(x)\sin nx\mathrm{d}x$$

$$=\frac{1}{\pi}\int_{0}^{\pi}x\sin nx\mathrm{d}x$$

$$= \frac{1}{\pi}\left(-\frac{x\cos nx}{n}\bigg|_0^\pi + \frac{1}{n}\int_0^\pi \cos nx\mathrm{d}x\right)$$

$$= -\frac{1}{n}\cos n\pi$$

$$= \begin{cases} \dfrac{1}{n}, & n=1,3,5,\cdots \\[2mm] -\dfrac{1}{n}, & n=2,4,6,\cdots \end{cases}$$

于是得到 $f(x)$ 的傅里叶级数展开式

$$f(x) = \frac{\pi}{4} - \frac{2}{\pi}\left(\frac{\cos x}{1^2} + \frac{\cos 3x}{3^2} + \frac{\cos 5x}{5^2} + \cdots\right) + \left(\sin x - \frac{1}{2}\sin 2x + \frac{1}{3}\sin 3x - \cdots\right)$$

$$(-\infty < x < +\infty; x \neq \pm\pi, \pm 3\pi, \cdots)$$

由上式, 当 $x = \pm\pi$ 时, 可以得到

$$\frac{\pi}{4} - \frac{2}{\pi}\left(-\frac{1}{1^2} - \frac{1}{3^2} - \frac{1}{5^2} - \cdots\right) = \frac{\pi}{2}$$

由此可以得到常数项级数 $\displaystyle\sum_{n=1}^{\infty}\frac{1}{(2n-1)^2}$ 的和, 即

$$\sum_{n=1}^{\infty}\frac{1}{(2n-1)^2} = \frac{1}{1^2} + \frac{1}{3^2} + \frac{1}{5^2} + \cdots = \frac{\pi^2}{8}$$

需要注意, 若函数 $f(x)$ 仅在 $[-\pi,\pi]$ 上有定义, 并且满足收敛定理的条件, 则 $f(x)$ 也可以展开成傅里叶级数. 实际上我们可以在 $[-\pi,\pi)$ 或者 $(-\pi,\pi]$ 外补充定义, 使其拓展成周期为 2π 的周期函数 $F(x)$, 我们称这个过程为**周期延拓**. 再将 $F(x)$ 展开成傅里叶级数, 因为 $F(x) \equiv f(x), x \in (-\pi,\pi)$, 将展开式中的 x 限定在区间 $(-\pi,\pi)$ 上, 这样就可以得到 $f(x)$ 的傅里叶级数展开式. 最后根据收敛定理, 在区间端点 $x = \pm\pi$ 处, 级数收敛于 $C = \dfrac{1}{2}[f(\pi^-) + f(\pi^+)]$.

例 3 将函数 $f(x) = \begin{cases} -x, & -\pi \leqslant x < 0 \\ x, & 0 \leqslant x \leqslant \pi \end{cases}$ 展开成傅里叶级数.

解 所给函数在区间 $[-\pi,\pi]$ 上满足收敛定理的条件, 并且拓广为周期函数时, 它在每一点 x 处都连续, 因此拓广的周期函数的傅里叶级数在 $[-\pi,\pi]$ 上收敛于 $f(x)$.

傅里叶系数为

$$a_0 = \frac{1}{\pi}\int_{-\pi}^{\pi} f(x)\mathrm{d}x = \frac{1}{\pi}\int_{-\pi}^{0}(-x)\mathrm{d}x + \frac{1}{\pi}\int_{0}^{\pi} x\mathrm{d}x = \pi$$

$$a_n = \frac{1}{\pi}\int_{-\pi}^{\pi} f(x)\cos nx\mathrm{d}x = \frac{1}{\pi}\int_{-\pi}^{0}(-x)\cos nx\mathrm{d}x + \frac{1}{\pi}\int_{0}^{\pi} x\cos nx\mathrm{d}x$$

$$= \frac{2}{n^2\pi}(\cos n\pi - 1) = \begin{cases} -\dfrac{4}{n^2\pi}, & n=1,\ 3,\ 5,\ \cdots \\ 0, & n=2,4,6,\ \cdots \end{cases}$$

$$b_n = \frac{1}{\pi}\int_{-\pi}^{\pi} f(x)\sin nx\mathrm{d}x = \frac{1}{\pi}\int_{-\pi}^{0}(-x)\sin nx\mathrm{d}x + \frac{1}{\pi}\int_{0}^{\pi} x\sin nx\mathrm{d}x = 0\ (n=1,2,\cdots)$$

于是 $f(x)$ 的傅里叶级数展开式为

$$f(x) = \frac{\pi}{2} - \frac{4}{\pi}\left(\cos x + \frac{1}{3^2}\cos 3x + \frac{1}{5^2}\cos 5x + \cdots\right)\quad(-\pi \leqslant x \leqslant \pi)$$

12.6.3　正弦级数与余弦级数

一般来说，一个函数的傅里叶级数中既含有正弦项，又含有余弦项. 但是一些函数的傅里叶级数中只含有正弦项或者是只含有常数项和余弦项. 这些情况的出现与所给的函数的奇偶性存在着密切的联系. 对于周期是 2π 的函数 $f(x)$，当 $f(x)$ 为奇函数时，$f(x)\cos nx$ 是奇函数，$f(x)\sin nx$ 是偶函数，故傅里叶系数为

$$a_n = 0\ (n=0,1,2,\cdots)$$

$$b_n = \frac{2}{\pi}\int_{0}^{\pi} f(x)\sin nx\mathrm{d}x\quad(n=1,2,3,\cdots)$$

因此奇函数的傅里叶级数是只含有正弦项的**正弦级数** $\displaystyle\sum_{n=1}^{\infty} b_n\sin nx$.

当 $f(x)$ 为偶函数时，$f(x)\cos nx$ 是偶函数，$f(x)\sin nx$ 是奇函数，故傅里叶系数为

$$a_n = \frac{2}{\pi}\int_{0}^{\pi} f(x)\cos nx\mathrm{d}x\quad(n=0,1,2,3,\cdots)$$

$$b_n = 0\quad(n=1,2,\cdots).$$

因此偶函数的傅里叶级数是只含常数项和余弦项的**余弦级数** $\dfrac{a_0}{2} + \displaystyle\sum_{n=1}^{\infty} a_n\cos nx$.

在实际应用过程中，有时需要将定义在区间 $[0,\pi]$ 上的函数 $f(x)$ 展开成正弦级数或者余弦级数. 对于此类问题，需要首先在开区间 $(-\pi,0)$ 内按要求进行补充

定义，使其成为$(-\pi,\pi)$上的奇函数或偶函数，此时称为**奇延拓**或**偶延拓**，然后再进行周期性延拓，才能展开成傅里叶级数，从而得到正弦级数或余弦级数.

　例4　将函数$f(x)=x+1\,(0\leqslant x\leqslant\pi)$分别展开成正弦级数和余弦级数.

　解　先求正弦级数，为此对函数$f(x)$进行奇延拓，如图 12-2 所示. 则

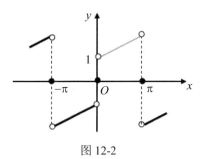

图 12-2

$$b_n=\frac{2}{\pi}\int_0^\pi f(x)\sin nx\mathrm{d}x=\frac{2}{\pi}\int_0^\pi(x+1)\sin nx\mathrm{d}x$$

$$=\frac{2}{\pi}\left(-\frac{x\cos nx}{n}+\frac{\sin nx}{n^2}-\frac{\cos nx}{n}\right)\Bigg|_0^\pi$$

$$=\frac{2}{n\pi}(1-\pi\cos n\pi-\cos n\pi)=\begin{cases}\dfrac{2}{\pi}\cdot\dfrac{\pi+2}{n}, & n=1,\ 3,\ 5,\ \cdots\\[2mm] -\dfrac{2}{n}, & n=2,4,6,\ \cdots\end{cases}$$

函数的正弦级数展开式为

$$x+1=\frac{2}{\pi}[(\pi+2)\sin x-\frac{\pi}{2}\sin 2x+\frac{1}{3}(\pi+2)\sin 3x-\frac{\pi}{4}\sin 4x+\cdots\,]\ (0<x<\pi)$$

在端点$x=0$及$x=\pi$处，级数的和显然为零，它不代表原来函数$f(x)$的值.

再求余弦级数，为此对$f(x)$进行偶延拓（如图 12-3 所示）. 则

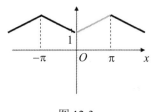

图 12-3

$$a_n = \frac{2}{\pi} \int_0^\pi f(x) \cos nx \, dx = \frac{2}{\pi} \int_0^\pi (x+1) \cos nx \, dx$$

$$= \frac{2}{\pi} \left(-\frac{x \sin nx}{n} + \frac{\cos nx}{n^2} - \frac{\sin nx}{n} \right) \Bigg|_0^\pi$$

$$= \frac{2}{n^2 \pi} (\cos n\pi - 1) = \begin{cases} 0, & n = 2,\ 4,\ 6,\ \cdots \\ -\dfrac{4}{n^2 \pi}, & n = 1,\ 3,\ 5,\ \cdots \end{cases}$$

$$a_0 = \frac{2}{\pi} \int_0^\pi (x+1) \mathrm{d}x = \frac{2}{\pi} \left(\frac{x^2}{2} + x \right) \Bigg|_0^\pi = \pi + 2$$

函数的余弦级数展开式为

$$x + 1 = \frac{\pi}{2} + 1 - \frac{4}{\pi} \left(\cos x + \frac{1}{3^2} \cos 3x + \frac{1}{5^2} \cos 5x + \cdots \right) \quad (0 \leqslant x \leqslant \pi)$$

12.6.4　一般周期函数的傅里叶级数

前面我们所讨论的周期函数都是以 2π 为周期的. 但是实际问题中所遇到的周期函数，它的周期不一定是 2π. 怎样把周期为 $2l$ 的周期函数 $f(x)$ 展开成三角级数呢？

首先，我们把周期为 $2l$ 的周期函数 $f(x)$ 变换为周期为 2π 的周期函数.

令 $x = \dfrac{l}{\pi} t$ 及 $f(x) = f\left(\dfrac{l}{\pi} t \right) = F(t)$，则 $F(t)$ 是以 2π 为周期的函数. 这是因为

$$F(t + 2\pi) = f\left[\frac{l}{\pi} (t + 2\pi) \right] = f\left(\frac{l}{\pi} t + 2l \right) = f\left(\frac{l}{\pi} t \right) = F(t)$$

于是，当 $F(t)$ 满足收敛定理的条件时，$F(t)$ 可展开成傅里叶级数：

$$F(t) = \frac{a_0}{2} + \sum_{n=1}^\infty (a_n \cos nt + b_n \sin nt)$$

其中

$$a_n = \frac{1}{\pi} \int_{-\pi}^\pi F(t) \cos nt \, \mathrm{d}t, \quad (n = 0,1,2,\cdots)$$

$$b_n = \frac{1}{\pi} \int_{-\pi}^\pi F(t) \sin nt \, \mathrm{d}t, \quad (n = 1,2,\cdots)$$

从而有如下定理.

定理 2　设周期为 $2l$ 的周期函数 $f(x)$ 满足收敛定理的条件，则它的傅里叶级数展开式为

$$\frac{a_0}{2} + \sum_{n=1}^{\infty} \left(a_n \cos \frac{n\pi x}{l} + b_n \sin \frac{n\pi x}{l} \right) \quad (x \in C)$$

其中系数 a_n, b_n 为

$$a_n = \frac{1}{l} \int_{-l}^{l} f(x) \cos \frac{n\pi x}{l} dx \quad (n = 0, 1, 2, \cdots)$$

$$b_n = \frac{1}{l} \int_{-l}^{l} f(x) \sin \frac{n\pi x}{l} dx \quad (n = 1, 2, \cdots)$$

$$C = \left\{ x \mid f(x) = \frac{1}{2}[f(x^-) + f(x^+)] \right\}$$

一般周期函数的
傅里叶级数

另外，当 $f(x)$ 为奇函数时，即

$$f(x) = \sum_{n=1}^{\infty} b_n \sin \frac{n\pi x}{l} \quad (x \in C)$$

其中， $b_n = \frac{2}{l} \int_{0}^{l} f(x) \sin \frac{n\pi x}{l} dx \quad (n = 1, 2, \cdots)$.

当 $f(x)$ 为偶函数时， $f(x) = \frac{a_0}{2} + \sum_{n=1}^{\infty} a_n \cos \frac{n\pi x}{l} \quad (x \in C)$ ，

其中， $a_n = \frac{2}{l} \int_{0}^{l} f(x) \cos \frac{n\pi x}{l} dx \quad (n = 0, 1, 2, \cdots)$.

例 5　设 $f(x)$ 是周期为 4 的周期函数，它在 $[-2, 2)$ 上的表达式为

$$f(x) = \begin{cases} 0, & -2 \leqslant x < 0 \\ k, & 0 \leqslant x < 2 \end{cases} \quad (\text{常数 } k \neq 0)$$

将 $f(x)$ 展开成傅里叶级数.

解　这里 $l = 2$. 则

$$a_n = \frac{1}{2} \int_{0}^{2} k \cos \frac{n\pi x}{2} dx = \left(\frac{k}{n\pi} \sin \frac{n\pi x}{2} \right) \Big|_{0}^{2} = 0 \quad (n \neq 0)$$

$$a_0 = \frac{1}{2} \int_{-2}^{0} 0 dx + \frac{1}{2} \int_{0}^{2} k dx = k$$

$$b_n = \frac{1}{2} \int_{0}^{2} k \sin \frac{n\pi x}{2} dx$$

$$= \left(-\frac{k}{n\pi} \cos \frac{n\pi x}{2} \right) \Big|_{0}^{2}$$

$$= \frac{k}{n\pi} (1 - \cos n\pi) = \begin{cases} \dfrac{2k}{n\pi}, & n = 2, 4, 6, \cdots \\ 0, & n = 2, 4, 6, \cdots \end{cases}$$

于是

$$f(x) = \frac{k}{2} + \frac{2k}{\pi}\left(\sin\frac{\pi x}{2} + \frac{1}{3}\sin\frac{3\pi x}{2} + \frac{1}{5}\sin\frac{5\pi x}{2} + \cdots\right)$$

$$(-\infty < x < +\infty, x \neq 0, \pm 2, \pm 4, \cdots)$$

同时，我们可以得到在 $x = 0, \pm 2, \pm 4, \cdots$ 处 $f(x)$ 收敛于 $\dfrac{k}{2}$.

级数的和函数的图形如图 12-4 所示.

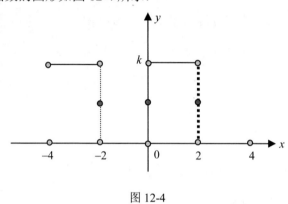

图 12-4

习题 12.6

1. 下列周期函数 $f(x)$ 的周期为 2π，试将 $f(x)$ 展开成傅里叶级数，如果 $f(x)$ 在 $[-\pi, \pi)$ 上的表达式为：

（1）$f(x) = x^3$ （$-\pi \leqslant x < \pi$）；

（2）$f(x) = 3x^2 + 1$ （$-\pi \leqslant x < \pi$）；

（3）$f(x) = e^{2x}$ （$-\pi \leqslant x < \pi$）；

（4）$f(x) = e^x + 1$ （$-\pi \leqslant x < \pi$）.

2. 将下列函数 $f(x)$ 展开成傅里叶级数：

（1）$f(x) = 2\sin\dfrac{x}{3}$ （$-\pi \leqslant x \leqslant \pi$）；

（2）$f(x) = \left|\sin\dfrac{x}{2}\right|$ （$-\pi \leqslant x \leqslant \pi$）；

（3）$f(x) = \begin{cases} -x, & -\pi < x < 0 \\ 2x, & 0 \leqslant x \leqslant \pi \end{cases}$；

（4）$f(x)=\begin{cases}\mathrm{e}^x, & -\pi\leqslant x<0 \\ 1, & 0\leqslant x\leqslant\pi\end{cases}$.

3．将下面的函数 $f(x)$ 展开成正弦级数和余弦级数：

（1）$f(x)=x$　（$0\leqslant x\leqslant\pi$）；

（2）$f(x)=2x^2$　（$0\leqslant x\leqslant\pi$）．

4．将函数 $f(x)$ 展开成傅里叶级数：

（1）$f(x)=\begin{cases}0, & -5\leqslant x<0 \\ 3, & 0\leqslant x<5\end{cases}$；

（2）$f(x)=\begin{cases}2x+1, & -3\leqslant x\leqslant0 \\ x, & 0<x\leqslant3\end{cases}$.

参考文献

[1] 同济大学数学系. 高等数学[M]. 7 版. 北京：高等教育出版社，2014.

[2] 蒋兴国，吴延东. 高等数学：经济类[M]. 3 版. 北京：机械工业出版社，2011.

[3] 朱福臣. 高等数学[M]. 北京：中国水利水电出版社，2013.

[4] 陈纪修，於崇华，金路. 数学分析[M]. 北京：高等教育出版社，2004.

[5] 《马克思主义基本原理概论》编写组. 马克思主义基本原理概论[M]. 7 版. 北京：高等教育出版社，2018.

[6] 华东师范大学数学系. 数学分析[M]. 4 版. 北京：高等教育出版社，2010.